工信学术出版基金
Industry and Information Technology
Academic Publishing Fund

密度泛函理论
在材料计算中的应用

温 静 张喜田●主 编
马新志 王春来●副主编

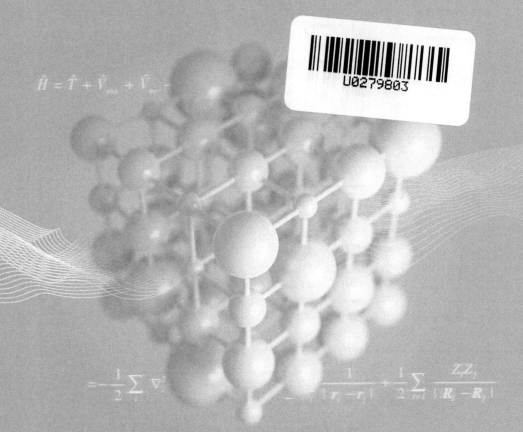

人民邮电出版社
北 京

图书在版编目（CIP）数据

密度泛函理论在材料计算中的应用 / 温静，张喜田
主编. -- 北京 ：人民邮电出版社，2022.12（2023.9重印）
ISBN 978-7-115-59376-4

Ⅰ. ①密… Ⅱ. ①温… ②张… Ⅲ. ①密度泛函法－
应用－材料科学－计算 Ⅳ. ①TB3

中国版本图书馆CIP数据核字(2022)第102411号

内 容 提 要

　　本书从密度泛函理论出发，详细介绍理论框架及其在材料计算中的应用。首先介绍密度泛函的基础理论框架及计算编程思路，进而按照解决实际问题的思路，对热门材料（包括半导体材料和储能材料）进行具体的计算和分析。本书内容由浅入深、逐步递进，带领读者深入了解密度泛函理论的实际应用和阶梯式计算研究的模式。

　　本书提供详细的材料计算案例和分析，可以帮助读者快速了解材料计算和模拟领域的前沿知识，进行实践研究，适合材料计算和模拟领域的科研人员阅读，也适合物理化学、材料化学、计算物理等相关专业的师生阅读。

◆ 主　　编　温　静　张喜田
　　副 主 编　马新志　王春来
　　责任编辑　邓昱洲
　　责任印制　李　东　焦志炜

◆ 人民邮电出版社出版发行　　北京市丰台区成寿寺路 11 号
　　邮编 100164　　电子邮件 315@ptpress.com.cn
　　网址 https://www.ptpress.com.cn
　　北京七彩京通数码快印有限公司印刷

◆ 开本：720×960　1/16　　　　　彩插：9
　　印张：11.75　　　　　　　　　2022 年 12 月第 1 版
　　字数：204 千字　　　　　　　2023 年 9 月北京第 2 次印刷

定价：99.00 元
读者服务热线：(010)81055552　印装质量热线：(010)81055316
反盗版热线：(010)81055315
广告经营许可证：京东市监广登字 20170147 号

前　言

密度泛函理论(Density Functional Theory，DFT)是从多粒子薛定谔方程出发，将电荷分布密度作为给定多粒子体系的决定量，由此求解在自洽给定电荷分布密度下单电子定态薛定谔方程的近似理论。随着材料科学的兴起，目前该理论已经成为物理、化学、材料等众多领域对实际体系进行模拟计算的强有力工具，为各类复杂体系和复杂现象提供了具有强针对性的定量计算方法和可靠的计算结果，因而成为当前计算物理、计算化学、计算材料学等领域应用最为广泛的理论之一。

目前详细介绍密度泛函理论基本方法的教材和学术专著很多，适合不涉及实际体系的基础学习，但是结合实际体系介绍密度泛函理论计算方法的图书并不多。本书结合已有的研究成果，按照解决实际问题的思路，采用层层递进的科学思维，详细介绍密度泛函理论在计算材料学中的应用。其中，第1章介绍密度泛函的基础理论框架及计算编程思路，第2章至第8章介绍实例的计算。本书主要的计算实例包括以下两个方面。

(1) 半导体金属氧化物材料：透明导电氧化物通常都具有 n 型电导和宽带隙的普遍特征，它们在透明光电子器件的开发和应用方面具有举足轻重的作用。这主要归因于它们兼具较低的电阻率和在整个可见光范围内的光学透明性。

第2章介绍了同构化合物 $InMO_3(ZnO)_m$(M 为 In 或 Ga，m 为正整数)，即 $IMZO_m$ 体系，其特殊的层状晶体结构和光电性质，例如特殊的高电导率、在可见光和近紫外光区域的光学透明性，以及优异的热稳定性等，吸引了研究者的广泛关注。作为透明导电氧化物的一员，它有望成为替代 In_2O_3 材料的主要备选者，被广泛应用于下一代柔性和透明光电子器件及纳米光电子器件之中。此外，一维半导体纳米结构因其特殊的电学性质和几何特征，有望成为下一代光电子器件的基本组建单元。因此，这两方面的结合应用要求人们必须深入了解这类材料的物理性质及其纳米结构的电学性质。到目前为止，对这类材料的理论计算研究非常匮乏，无法满足指导实验工作者的要求。一个主要原因是该体系的基态原子结构特征仍然存在争议。本书以 $In_2O_3(ZnO)_m$（简称 IZO_m）体系为代表，系统地计算其晶体结构、电子结构，及其一维纳米结构的电子输运性质，进而揭示它们与结构相关的大量特有物理特征。这些物理特征可以被划分为 3 个层次，上一层次是下一层次研究的前提条件和基础。

第 3 章介绍了 V 字形调制结构模型，并给出其形成规则，这种模型是 $IMZO_m$ 体系的一种基态结构。基于该模型，我们可以对已有的各类高分辨实验结果给出很好的解释。在此基础上，考察了该体系当前比较有争议的 4 种模型（平面结构模型、V 字形调制结构模型、DYW 模型以及准随机结构模型）的结构稳定性，计算 IZO_m 体系多态和准多型的结构特征。

基于平面结构模型和 V 字形调制结构模型，第 4 章介绍了 IZO_m 体系的电子结构特征，结果表明它们的带隙和电子有效质量随着 m 值的增加具有单调递增的趋势。电子有效质量表现出显著的各向异性特征。这一明显的各向异性对应于在实验中观察到的该体系电导率各向异性的实验结果，并可用于推测该体系的结构特征。第 4 章还介绍了计算 IZO_m 层状结构中电子最优化输运路径的方法，在实验中，IZO_m 材料比 ZnO 表现出更为优越的电子输运能力。

第 5 章介绍了计算本征及掺杂 IZO_m 纳米带的电子输运性质的方法，基于实验上"金属-半导体-金属"结构直接测量的纳米带的电学性质，发现其 $I-V$ 特性曲线表现出非欧姆输运特征。通常情况下，当测量的一维半导体纳米结构的 $I-V$ 特性曲线为非线性时，大家会普遍认为这一特征是测量时的肖特基势垒接触所造成的，或者是空间电荷限制（Space Charge Limit，SCL）输运机制所导致的。为了澄清该体系的输运机制，本书给出一种模拟 MSM 结构下半导体纳米线 $I-V$ 特性曲线的方法。通过利用该方法对实验结果进行模拟计算以及利用 SCL 输运机制对其进行拟合，发现该体系的非线性 $I-V$ 特性曲线并不是源于 MSM 结构肖特基势垒或者 SCL 输运机制。为了阐明这一特殊的非欧姆输运机制，本书将讨论一种基于声子辅助的束缚电子跃迁输运模型。

（2）储能材料：储能材料领域研究者追求的目标是发现高能量密度和高功率密度的材料。随着对安全、功能强大的储能设备的需求不断增加，人们一直致力于探索新材料，因为这一领域的重大进展高度依赖发现和优化新材料。大量的研究主要集中于开发不同体系新材料，探索与结构相关的储能机制逐渐成为关注点。目前，二维过渡金属碳化物 MXenes 因具有超高的体积比电容值（900 F/cm³）和特有的易嵌入不同类型离子的特征，成为制备多样化高功率储能电极材料最具潜力的备选者之一。然而，人们对于该类材料中决定其储能效果和机制的因素和结构关联性的了解还远远不够。因此，建立理论模型、阐明该类性质、探索新的高效储能机制，对于加速储能材料实用化进程具有决定性意义。

第 6 章通过 DFT 计算，系统讨论 MXenes 电极材料的嵌入结构形成问题和储能问题。主要嵌入成分包括第 IA 族到第 ⅦA 族的元素，如 H、Li、Na、K、Mg、Al、Si、P、O、S、F、Cl 等元素。

第 7 章介绍了如何计算 MXenes（$Ti_3C_2T_x$）二维体系中的离子嵌入结构的稳定性、表面官能团的形成、表面吸附离子类型和含量，由此研究其储能机制。利用上述系列结构模型，讨论 MXenes 体系层状结构的变化规律，实验发现，不同合成条件下该类体系层间距在很大范围内波动，计算结果给出了该类体系层间距波动微观结构动力学因素和支柱条件。

在此基础上，第 8 章通过支柱结构，结合分子动力学，介绍了计算不同电解液离子嵌入 MXenes 电极结构的离子扩散机制的方法，同时介绍了计算二维全平面输运势垒和三维扩散通道的方法。这些有关离子扩散和嵌入结构的研究结果以及计算方法，为进一步计算、筛选、研究 MXenes 体系，优化其离子输运动力学结果奠定了基础。

本书第 1~5 章主要由温静、张喜田编写，第 6~8 章主要由温静编写，哈尔滨师范大学光电带隙材料教育部重点实验室的马新志、王春来参与了第 2~8 章部分内容的编写，全书由温静统稿。

本书的出版得到国家自然科学基金（No. 51772069、No. 52072099）和黑龙江省自然科学基金（No. JJ2021TD0011）的支持，在此表示诚挚的感谢。由于编者水平有限，错误和不足在所难免，殷切希望广大读者批评指正。

目　录

I

第 1 章
密度泛函基础理论框架

1.1 薛定谔方程

从 1965 年科恩–沈方程（Kohn-Sham equation，KS 方程）提出至今[1]，密度泛函理论已经发展得非常成熟，被广泛应用到物理、化学、材料等众多领域，取得了显著的成就。由于其原理和计算应用可以完全不依赖实验参数，因此通常又被称为第一性原理。它为处理多粒子体系提供了一种普适的、强有力的计算手段，从而为实验和理论工作者解释和预测各种已知体系的物理性质、反应变化机理，预言未知体系的物理化学性质等提供了可靠的理论工具。本书介绍利用密度泛函理论对具有代表性的半导体材料、储能材料的晶体结构稳定性、电子结构、电子输运性质、储能性质等进行计算研究。特别是对于某些具有特殊结构的材料体系，由于合成和表征的困难，针对其物理性质的实验研究较为困难，因此利用理论手段对其物理性质进行研究和预测是一条捷径，这也是本书筛选代表性材料进行研究的依据之一。

由于第一性原理计算方法所涉及的密度泛函理论已经发展得非常成熟，因此这里只介绍本书所用到的基本理论和计算方法，所涉及的理论框架除了特别标注的原始文献外，部分内容的扩展可以参考其他文献[2]。

密度泛函理论的出发点为多粒子薛定谔方程：

$$\hat{H} = \hat{T} + \hat{V}_{\text{ext}} + \hat{V}_{\text{ee}} + E_{\text{NN}}$$

$$= -\frac{1}{2}\sum_i \nabla_i^2 - \sum_{i,I} \frac{Z_I}{|\boldsymbol{r}_i - \boldsymbol{R}_I|} + \frac{1}{2}\sum_{i \neq j} \frac{1}{|\boldsymbol{r}_i - \boldsymbol{r}_j|} + \frac{1}{2}\sum_{I \neq J} \frac{Z_I Z_J}{|\boldsymbol{R}_I - \boldsymbol{R}_J|} \tag{1-1}$$

取哈特里（Hartree）原子单位 $\hbar = e = m_e = 4\pi\varepsilon_0 = 1$，式（1-1）的第一项表示多电子动能，第二项表示核-电子库仑相互作用能，第三项表示电子-电子相互作用能，最后一项表示核-核相互作用能。上述哈密顿量在多粒子波函数态矢下的期望值即为该体系的总能。在不考虑多粒子波函数具体形式的前提下，其总能可以普适地表达为

$$E = \frac{\langle \Psi \mid \hat{H} \mid \Psi \rangle}{\langle \Psi \mid \Psi \rangle} = \langle \hat{T} \rangle + E_C + (\langle \hat{V}_{ee} \rangle - E_{Hartree}) \tag{1-2}$$

其中 $E_{Hartree} = \frac{1}{2} \iint d^3 r d^3 r' \frac{n(r)n(r')}{|r - r'|}$ 为电子密度自相互作用能, $E_C = E_{Hartree} +$

$\int d^3 r V_{ext}(r) n(r) + E_{NN}$ 为经典的多粒子库仑相互作用能。如何有效地计算这部分能量是能带理论数值计算中的一个核心部分。式(1-2)的第三项为相互关联的多电子库仑相互作用能与具有相同密度且为连续分布的经典电荷库仑相互作用能之差。如果我们不考虑多粒子体系动能算符与单粒子体系动能算符的差异, 可以近似地将此差值定义为电子的交换关联能 E_{xc}。该差值说明所有的库仑长程相互作用特征已经被消除, 也就是说, 交换关联能 E_{xc} 具有短程局域的特征。

密度泛函理论解决多粒子体系电子结构问题的方法类似于早期 Hartree 使用的方法, 就是将多粒子问题转化为一个在给定有效势场下运动的单粒子问题。这个有效势场由体系的电子密度唯一确定。

根据霍恩伯格-科恩定理(Hohenberg-Kohn theorems, HK 定理)[3], 上述总能在基态情形下可以表示为密度函数的唯一泛函, 即

$$E_{KS} = T[n] + E_{Hartree}[n] + \int d^3 r V_{ext}(r) n(r) + E_{NN} + E_{xc}[n] \tag{1-3}$$

此时具有 $N = N_\uparrow + N_\downarrow$ 个电子体系的电子密度在单粒子近似下可以表示为单个粒子概率密度的叠加, 即

$$n(r) = \sum_\sigma \sum_i^{N_\sigma} |\psi_i^\sigma(r)|^2 \tag{1-4}$$

因而 KS 总能中的动能部分可以近似表示为

$$T_s = -\frac{1}{2} \sum_{i=1}^{N} \langle \psi_i \mid \nabla^2 \mid \psi_i \rangle \tag{1-5}$$

基于式(1-5), 令体系基态总能对波函数进行变分可以得到 KS 有效哈密顿量为

$$H_{KS}^\sigma(r) = -\frac{1}{2} \nabla^2 + V_{KS}^\sigma(r) \tag{1-6}$$

其中 $V_{KS}^\sigma(r) = V_{ext}(r) + \int d^3 r' \frac{n(r')}{|r - r'|} + \frac{\delta E_{xc}[n]}{\delta n(r, \sigma)}$, 并且有 $V_{xc}^\sigma = \frac{\delta E_{xc}[n]}{\delta n(r, \sigma)}$, 被定义为交换关联势。从式(1-6)可以看出, 自旋方向不同的电子 KS 方程的差异主要表现在交换关联势方面的差异, 其他的势能贡献是相同的。

利用 KS 有效哈密顿量, 可以写出单粒子 KS 方程为

$$\left[-\frac{1}{2} \nabla^2 + V_{KS}^\sigma(r) \right] \psi_i^\sigma(r) = \varepsilon_i^\sigma \psi_i^\sigma(r) \tag{1-7}$$

通过求解 KS 方程的本征值(简称 KS 本征值), 可以替换总能表达式中的未

知动能部分，得到求解基态总能的表达式

$$E_{KS} = \sum_i \varepsilon_i - E_{Hartree} + \int n(r)(\varepsilon_{xc} - V_{xc}) d^3r + E_{NN} \qquad (1-8)$$

这里已假设交换关联能具有局域密度泛函的形式 $E_{xc} = \int n(r)\varepsilon_{xc}[n] d^3r$。如果需要考虑自旋差异，式(1-8)只须对 KS 本征值、交换关联能密度和交换关联势对应的不同自旋求和即可。

对于晶体来说，它是由每立方厘米接近 10^{23} 数量级数目的原子按照一定的周期结构排列而成的。讨论晶体结构总能的一种可行办法是基于以下赝势理论观点：在玻恩-奥本海默近似（Born-Oppenheimer approximation）下，晶体中的原子核的动能部分可以忽略不计。其总能主要来源于原子核-原子核、电子-原子核、电子-电子之间的库仑相互作用能以及电子的动能贡献。这些能量按照能量稳定性和大小差异一般可以划分为两部分。第一部分为单个原子内壳层电子动能及其与该原子核之间的相互作用能，称之为离子实能量。这部分能量约为每原子 -10^4 eV，一般只与原子类型有关，不受晶体结构影响。如果将离子实看成屏蔽的原子核-离子，那么第二部分能量来源于离子-价电子、价电子-价电子、离子-离子之间的相互作用能以及价电子的动能。这部分能量约为每原子 -10^2 eV。晶体的结合能定义为将分散的原子汇聚结合成晶体所释放的能量，通常为正值。如果我们主要关注的是晶体的结合能，即组成晶体的孤立原子能量之和与晶体总能之差，那么上述第一部分能量可以认为前后是不变的，即可以将该部分能量取为 0，这也是赝势理论的核心思想。而上述第二部分能量则可以被视为赝势理论框架下的晶体总能，此时的孤立原子也同时被视为赝原子。从原理上讲，这种近似并不会由于引入赝势而改变晶体结合能的大小，故晶体结合能可以被重新定义为组成晶体的孤立赝原子能量之和与赝势晶体总能之差。

基于赝势理论，原子内壳层电子能量及其占据轨道情形在孤立和成键环境下基本相同，因而我们首先可以将电子密度函数改写成内壳层电子和价电子贡献之和，即

$$n(r) = \sum_{i \in core}^{N_{core}} \phi_i^*(r)\phi_i(r) + \sum_{i \in val}^{N_{val}} \psi_i^*(r)\psi_i(r) = n_{core}(r) + n_{val}(r) \qquad (1-9)$$

其中 $N_{core} + N_{val} = N_{occ}$，$N_{occ}$ 为体系已占据轨道的电子总数，包括自旋向上和自旋向下两部分电子的贡献。上述 $\phi_i(r)$ 表示成键原子内壳层电子状态与孤立原子的内壳层电子状态相同。

利用改写的密度函数，KS 基态总能表达式可以写为内壳层电子与价电子两部分的总能之和，即

$$E_{KS} = W_{core} + W_{val} + \int V_{ext}(r)n_{val}(r) d^3r +$$
$$\iint \frac{n_{core}(r)n_{val}(r')}{|r-r'|} d^3r d^3r' + E_{xc}[n_{core} + n_{val}] + E_{NN} \qquad (1-10)$$

3

其中

$$W_{\text{core}} = \sum_{i \in \text{core}}^{N_{\text{core}}} \langle \phi_i \mid -\frac{1}{2} \nabla^2 \mid \phi_i \rangle + \int V_{\text{ext}}(\boldsymbol{r}) n_{\text{core}}(\boldsymbol{r}) \mathrm{d}^3 r +$$

$$\frac{1}{2} \iint \frac{n_{\text{core}}(\boldsymbol{r}) n_{\text{core}}(\boldsymbol{r}')}{|\boldsymbol{r} - \boldsymbol{r}'|} \mathrm{d}^3 r \mathrm{d}^3 r' \tag{1-11}$$

$$W_{\text{val}} = \sum_{i \in \text{val}}^{N_{\text{val}}} \langle \psi_i \mid -\frac{1}{2} \nabla^2 \mid \psi_i \rangle + \frac{1}{2} \iint \frac{n_{\text{val}}(\boldsymbol{r}) n_{\text{val}}(\boldsymbol{r}')}{|\boldsymbol{r} - \boldsymbol{r}'|} \mathrm{d}^3 r \mathrm{d}^3 r' \tag{1-12}$$

如前所述，我们关心的问题主要是价电子所具有的那部分能量。从式(1-10)的电子密度的划分可以看出，价电子所受到的原子核和内壳层电子的共同作用势场可以被等价为一个受库仑屏蔽作用的离子实势场，其大小可以表示为

$$V_{\text{ext}}^{\text{eff}}(\boldsymbol{r}) = -\sum_I \frac{Z_I^{\text{val}}}{|\boldsymbol{r} - \boldsymbol{R}_I|} + \left(-\sum_I \frac{Z_I^{\text{core}}}{|\boldsymbol{r} - \boldsymbol{R}_I|} + \iint \frac{n_{\text{core}}(\boldsymbol{r}')}{|\boldsymbol{r} - \boldsymbol{r}'|} \mathrm{d}^3 r'\right) \tag{1-13}$$

此时，完全由价电子和离子实贡献的 KS 总能可以表示为

$$E_{\text{val}} = W_{\text{val}} + \int V_{\text{ext}}^{\text{eff}}(\boldsymbol{r}) n_{\text{val}}(\boldsymbol{r}) \mathrm{d}^3 r + E_{\text{xc}}[n_{\text{core}} + n_{\text{val}}] + \frac{1}{2} \sum_{I \neq J} \frac{Z_{I,\text{val}} Z_{J,\text{val}}}{|\boldsymbol{R}_I - \boldsymbol{R}_J|} \tag{1-14}$$

式(1-14)的最后一项为离子-离子库仑相互作用能，记为 E_Π。其离子带电量大小为对应原子的价电子数。由于组成晶体的各原子按照晶体结构排列的间距一般远大于孤立原子半径，因此在考虑核-核相互作用能时，离子实的屏蔽效应可以忽略不计，从而使得与价电子数目相同的带正电离子可以等效为与价电子对应的原子核，并且可直接使用离子-离子相互作用能替代总能中的核-核相互作用能。通过上述讨论可以看到，完全有可能合理地剥离内壳层电子的贡献，而只考虑价电子对电子密度函数的贡献。同时，我们完全可以通过价电子构造的密度函数来构造体系的 KS 有效哈密顿量并求解体系的总能。密度泛函理论在赝势理论框架下所求解的晶体总能即为该体系价电子与离子实近似下的赝势总能，在不做特别说明的前提下，后文所提到的晶体总能即为该赝势总能。在此近似下，内壳层电子轨道已经可以不再作为必要的部分加以考虑，但是构建的价电子轨道仍然需要与内壳层电子轨道满足正交条件。可以看到，式(1-14)中的交换关联能仍然是总电子密度的函数，解决这一问题需要用到非线性核修正，我们留待赝势理论部分再进行讨论。

到目前为止可以发现，求解晶体总能必须首先要明确电子交换关联能 $E_{\text{xc}}[n]$ 或交换关联势 $V_{\text{xc}}[n]$ 的具体表达式或者解析式；其次要明确组成晶体各原子中的价电子所受的离子有效势场，称之为赝势。由于原子种类众多，并且没有基本的物理原理用于确定精确的交换关联能和原子赝势，因此确定交换关联能和原子赝势是一件复杂的工作。该理论必须有大家普遍认可的交换关联泛函和原子赝势

的指导构建规则或者大家普遍接受的解析结果，才可以使理论计算被他人再现以及验证其对于给定体系理论计算的准确程度。

随着密度泛函理论在计算和预测各种固体物理性质上取得巨大成功，一些标准的构建交换关联泛函以及原子赝势的方法及其解析结果已经被大家普遍接受并加以广泛应用。下面介绍本书用到的一些交换关联泛函和原子赝势。

1.2　交换关联泛函

交换关联能实际上是量子力学全同粒子的多体效应及其全同性效应导致的能量与对应经典多粒子体系能量的差异，这种差异可以显式表示为

$$E_{xc}[n] = \langle T \rangle - T_s[n] + \langle V_{ee} \rangle - E_{Hartree}[n] \tag{1-15}$$

正是由于这种差异，E_{xc} 一般应该具有局域短程的特征，因而一种合理的交换关联可以近似表示为

$$E_{xc}[n] = \int d^3 r n(r) \varepsilon_{xc}([n], r) \tag{1-16}$$

其中 $\varepsilon_{xc}([n], r)$ 的物理意义为处于空间 r 点的单个电子的能量密度，这部分能量只依赖处于其近邻区域的电子密度 $n(r, \sigma)$。然而需要指出的是，该近似并不是唯一定义 E_{xc} 的方法，一些用于提高和改进 E_{xc} 准确性的方法和构建原则已经被提出并在不断发展中[4]。事实上，交换关联能的物理意义并不像 Hartree 多粒子能量那么直观和明显，然而通过观察哈特里-福克方程（Hartree-Fock equation，HF 方程）可以发现，前面定义的 Hartree 能量 $E_{Hartree}$ 虚拟地引入了电子的自相互作用能。在 HF 方程中，这种虚拟的自相互作用能可以通过电子交换能加以抵消。在密度泛函理论中，这种虚拟的自相互作用能必须通过交换关联能加以抵消，并且交换关联能主要来自 E_{xc} 的交换能部分。这也是为什么在该理论中必须考虑 E_{xc} 的作用。通常情况下，交换部分的能量远大于关联部分的能量。

在上述近似框架下，交换关联势可以表示为

$$V_{xc}^{\sigma}(r) = \frac{\delta E_{xc}[n]}{\delta n(r)} = \varepsilon_{xc}([n], r) + n(r) \frac{\delta \varepsilon_{xc}([n], r)}{\delta n(r, \sigma)} \tag{1-17}$$

对于半导体和绝缘体来说，式（1-17）的第二项对密度函数的导数在半导体或者绝缘体材料的带隙处具有不连续性。因此在导带处引入额外电子会导致该项的不连续变化，从而直接导致所有电子受到的有效势场产生平移，使得该近似下可能得不到合理的实际带隙值。按照上述框架，目前实际被广泛应用的泛函形式主要包括局域密度近似（Local Density Approximation，LDA）和广义梯度近似（Generalized Gradient Approximation，GGA）。

1.2.1 局域密度近似

LDA 最早由 Kohn 和 Sham 提出，也是目前使用最为广泛的一种交换关联泛函，它可以表示为如下形式：

$$E_{xc}[n] = \int d^3 r n(\boldsymbol{r}) [\varepsilon_{x,h}(n^\uparrow, n^\downarrow) + \varepsilon_{c,h}(n^\uparrow, n^\downarrow)] \tag{1-18}$$

其中交换能密度和关联能密度已假设可以分离，并且与均匀电子气具有相同的形式。上述交换能密度具有明确的解析表达式，在非极化情形下，式(1-18)可以表述成总电子密度的函数，即

$$\varepsilon_{x,h}^U = -\frac{3}{4\pi} \left(\frac{9\pi}{4}\right)^{1/3} \frac{1}{r_s} = -\frac{3}{4} \left(\frac{3}{\pi} n\right)^{1/3} \tag{1-19}$$

其中 $r_s = \left(\frac{3}{4\pi n}\right)^{1/3}$ 为表征体系电子平均间距的度量，称为局域塞茨(Seitz)半径。

由此得到非极化情形下交换能的解析式为

$$E_x^U = -\frac{3}{4} \left(\frac{3}{\pi}\right)^{1/3} \int d^3 r n(\boldsymbol{r})^{4/3} \tag{1-20}$$

依据自旋标度关系式[5]，即

$$E_x^P(n^\uparrow, n^\downarrow) = \frac{1}{2} [E_x^U(2n^\uparrow) + E_x^U(2n^\downarrow)] \tag{1-21}$$

在极化情形下，交换能可以表示为

$$E_x^P = -\frac{3}{4} \left(\frac{6}{\pi}\right)^{1/3} \int d^3 r [n^\uparrow (\boldsymbol{r})^{4/3} + n^\downarrow (\boldsymbol{r})^{4/3}] \tag{1-22}$$

利用式(1-17)可以得到交换势 V_x 的解析表达式(式中上角标 σ 对应极化或非极化情况)为

$$V_x^\sigma = \frac{4}{3} \varepsilon_{x,h}^\sigma \tag{1-23}$$

关联能部分没有简单的解析表达式，但是可以通过数值计算的方法得到。目前使用最为广泛的是先由 Ceperley-Alder(CA)[6]利用蒙特卡罗法(Monte Carlo)模拟计算均匀电子气，后由 Perdew-Zunger(PZ)[7]给出的数值解析式，即

$$\varepsilon_c(r_s) = \begin{cases} A \ln r_s + B + C r_s \ln r_s + D r_s, & r_s < 1 \\ \dfrac{\gamma}{1 + \beta_1 \sqrt{r_s} + \beta_2 r_s}, & r_s \geq 1 \end{cases} \tag{1-24}$$

其中 r_s 取原子单位，各参数在非极化(U)和极化(P)情形下的值如表 1-1 所示。

表 1-1　关联能解析式参数

情况	γ	β_1	β_2	A	B	C	D
U	−0.1423	1.0529	0.3334	0.0311	−0.048	0.0020	−0.0116
P	−0.0843	1.3981	0.2611	0.01555	−0.0269	0.0007	−0.0048

从式(1-24)可以看出，关联能对于自旋向上和自旋向下的电子具有相同的值，而交换能则取决于不同自旋电子的密度。部分极化情形可以表述为在非极化和完全极化条件下对应于相对自旋极化比 $\zeta = \dfrac{n^{\uparrow} - n^{\downarrow}}{n}$ 的插值函数。依据 PZ 给出的插值形式为

$$\varepsilon_c(r_s,\ \zeta) = \varepsilon_c(r_s,\ 0) + [\varepsilon_c(r_s,\ 1) - \varepsilon_c(r_s,\ 0)]f(\zeta) \tag{1-25}$$

其中 $f(\zeta) = \dfrac{(1+\zeta)^{4/3} + (1-\zeta)^{4/3} - 2}{2^{4/3} - 2}$。通常情况下，固体只是少部分电子发生极化，并且 ζ 很小，因而在晶体中可以使用非极化情形下的 PZ 参数得出电子交换关联能。若需要严格考虑部分极化的情形，则有更好的表达式来对此条件下的 PZ 公式进行修正[8]，这里不做详细讨论。

到此为止，我们已经得到了只依赖电子密度的交换关联能 E_{xc} 和交换关联势 V_{xc} 的完整显式表达式。由于目前流行的密度泛函计算程序 CASTEP 唯一使用了 LDA 框架下的 CA-PZ 泛函，又因为使用该程序进行研究的学者众多，从而使得该泛函在众多体系中得到了很好的应用和验证。从物理原理上讲，上述 LDA 并不能像 HF 方程那样通过非局域交换相互作用而抵消 Hartree 能量中自相互作用能的部分，然而计算的结果却取得了巨大的成功，这为该类近似的广泛应用提供了希望和保证。

然而，LDA 给出的交换关联势比实际原子体系衰减要快很多，这使得其在计算原子外壳层轨道能量时往往给出比实际情形要大很多的数值，从而无法正确估算原子体系的电离能，这是推动进一步优化和改进 LDA 的重要原因，同时也为广义梯度近似交换关联泛函的提出奠定了基础。

1.2.2　广义梯度近似

GGA 是一种有效的对 LDA 泛函进行改进的方法，该方法定义的交换关联泛函的一般形式为

$$E_{xc}^{GGA}[n] = \int \mathrm{d}^3 r n(r) \varepsilon_{x,\ h}^{U}(n) F_{xc}[n^{\uparrow},\ n^{\downarrow},\ |\nabla n^{\uparrow}|,\ |\nabla n^{\downarrow}|,\ \cdots] \tag{1-26}$$

F_{xc} 为一个无量纲量，通常 F_{xc} 中的交换部分 $F_c \geqslant 1$，交换能取负值，所以所有 GGA 得到的交换能要低于 LDA 得到的交换能。这一结果会导致在分子体系中极

大地降低其计算的结合能，从而可以更好地与实验结果对比，使得 GGA 较 LDA 在该方面的优势更明显。

目前已经提出并应用了大量不同形式的 GGA 泛函，其中一种最为简洁且使用最广泛的表达形式是 Perdew-Burke-Ernzerhof(PBE)[9] 交换关联泛函。

首先考虑交换能的形式。对于交换能，事实上我们只须考虑非极化的情形即可，根据式(1-21)，极化情形可以利用非极化表达式得到。定义 m 阶约化密度梯度为

$$s_m = \frac{|\nabla^m n|}{(2k_F)^m n} \tag{1-27}$$

其中 $k_F = \left(\frac{9\pi}{4}\right)^{1/3} \cdot \frac{1}{r_s} = (3\pi^2 n)^{1/3}$，特别记 $s_1 = s = \frac{|\nabla n|}{2k_F n}$。PBE 泛函中，将交换能密度部分的 F_{xc} 单独划分出来记为 F_x，其表达式为

$$F_x(s) = 1 + \kappa - \frac{\kappa}{1 + \frac{\mu s^2}{\kappa}} \tag{1-28}$$

其中 $\kappa = 0.804$，$\mu = 0.21951$。此时交换能可以写为

$$E_x^{GGA} = \int d^3 r n(r) \varepsilon_{x,h}^U F_x(s) \tag{1-29}$$

关联能可表达为

$$E_c^{GGA}[n^\uparrow, n^\downarrow] = \int d^3 r n(r)[\varepsilon_{c,h}(r_s, \zeta) + H(r_s, \zeta, t)] \tag{1-30}$$

其中 $t = \frac{|\nabla n|}{2\phi k_{TF} n}$ 为屏蔽后的一阶约化密度梯度，$\phi = \frac{1}{2} \cdot [(1 + \zeta)^{2/3} + (1 - \zeta)^{2/3}]$ 为自旋标度因子，$k_{TF} = \sqrt{\frac{4k_F}{\pi a_0}}$ 为屏蔽波数，$a_0 = \frac{\hbar^2}{me^2}$。关联能密度修正量 H 的表达式为

$$H = \frac{e^2}{a_0} \gamma \phi^3 \ln\left(1 + \frac{\beta}{\gamma} t^2 \frac{1 + At^2}{1 + At^2 + A^2 t^4}\right) \tag{1-31}$$

其中 $\frac{e^2}{a_0}$ 在原子单位下为单位 1，函数 A 的具体形式为

$$\frac{\beta}{\gamma} \left[\exp\left(\frac{-\varepsilon_{c,h}(r_s, \zeta)}{\gamma \phi^3 \frac{e^2}{a_0}}\right) - 1\right]^{-1} \tag{1-32}$$

其中 $\beta = 0.066725$，$\gamma = \frac{1 - \ln 2}{\pi^2} = 0.031091$。基于此得到的关联能 $E_c^{GGA} \leqslant 0$。在高密度情形，即多电子原子有限体系中，上述交换能趋向于不同的表达形式，可以表述为

$$E_c^{GGA} \rightarrow \frac{e^2}{a_0} \int d^3 rn\gamma\phi^3 \ln\left[1 + \frac{1}{\frac{\chi s^2}{\phi^2} + \left(\frac{\chi s^2}{\phi^2}\right)^2}\right] \tag{1-33}$$

其中 $\chi = \left(\frac{\beta}{\gamma}\right)c^2 \exp\left(-\frac{\omega}{\gamma}\right) = 0.72161$，$c = \left(\frac{3\pi^2}{16}\right)^{1/3} = 1.2277$，$\omega = 0.046644$。在无限凝胶模型(jellium model)下，$s = 0$，式(1-33)退化为与 LDA 相同。

到此为止，我们已经可以利用 1.2.1 小节介绍的 LDA 框架下的 PZ 方法求解得到的均匀电子气的交换关联能密度，代入上述 PBE 所给出的表达式，完整地求解出 GGA 框架下不同极化状态的交换关联能。求解其对应的交换关联势，要特别注意对密度梯度的变分，利用变换关系

$$\delta|\nabla n| = \delta\left(\nabla n \cdot \frac{\nabla n}{|\nabla n|}\right) = \frac{\nabla n}{|\nabla n|} \cdot \nabla(\delta n) \tag{1-34}$$

GGA 框架下的总能变分可以写为

$$\delta E_{xc}[n] = \int d^3 r\left[\varepsilon_{xc} + n\frac{\partial \varepsilon_{xc}}{\partial n} - \nabla \cdot \left(n\frac{\partial \varepsilon_{xc}}{\partial |\nabla n|}\frac{\nabla n}{|n|}\right)\right]\delta n \tag{1-35}$$

由此可以得到 V_{xc}^σ 的计算公式为

$$V_{xc}^\sigma = \varepsilon_{xc} + n\frac{\partial \varepsilon}{\partial n^\sigma} - \nabla \cdot \left(n\frac{\partial \varepsilon_{xc}}{\partial \nabla n^\sigma}\right) \tag{1-36}$$

式(1-36)已经利用了关系式 $\frac{\partial f}{\partial \boldsymbol{r}} = \frac{\partial f}{\partial |\boldsymbol{r}|}\frac{\boldsymbol{r}}{|\boldsymbol{r}|}$。该计算公式涉及高阶密度求导，可能导致反常的势能值和数值计算困难。

在提出 PBE 泛函形式的原始文献中，作者对 20 种分子的电离能进行了计算，所得结果与实验非常符合。在后续的发展中，所有比较流行的密度泛函程序代码都采纳了 PBE 的形式作为其可选的交换关联泛函之一，使其得到了非常广泛的应用。然而，GGA 框架下的泛函由于没有唯一的物理体系和严格正确的结果可以作为依据和对应，只能认为 GGA 是对均匀电子气相关能量在复杂体系中的改进，因而已经在此框架下提出了大量不同形式的泛函，并且在不同体系中或者求解不同物理问题时得到了不同程度的应用。

当前，研究人员提出了不同框架下的交换关联泛函，还专门建立了针对各种类型泛函生成对应交换关联能和交换关联势的程序库，以供不同领域和方向的学者以及不同的计算软件使用，并且都是免费的。如果读者打算建立自己的第一性原理计算程序，可以合理调用目前已经发布在网络上的交换关联能计算程序作为自己的子程序。我们在本书所讨论的第一性原理计算结果都是基于 GGA-PBE 密度泛函形式的。

1.2.3 LDA(GGA)+U 轨道相关泛函

在利用第一性原理讨论晶体尤其是半导体材料的物理性质时，一个核心的问题集中在材料带隙的准确计算和预测上，然而上述两种泛函并不能给出半导体材料的准确禁带宽度，往往对其严重低估。已经有大量用于解决这一问题的方法和泛函形式被提出，如 LDA(GGA)+U 轨道依赖泛函、杂化泛函(PBE0、HSE03、HSE06)、GW 准粒子计算等。本书考虑了带隙的修正和未知体系带隙的推测，介绍 GGA+U 轨道依赖泛函方法是如何考虑物理问题和进行计算的[10]。

通常由含 d(f)电子的原子组成的晶体，其原子具有高度的局域性和很强的关联性，这些特征在通常的与原子轨道无关的 LDA/GGA(以下我们仅用 LDA 来代表 LDA 和 GGA 两种泛函方法)交换关联能中没有得到充分的体现，因而使用密度泛函方法求解得到的晶体 d 电子结合能(定义为体系费米能级与电子轨道能级之差)，往往远小于实际测量值。这样，我们可以考虑将强局域 d 电子和那些非局域的 s、p 电子分成两部分来处理。d 电子具有的平均势能作用可以写为类哈伯德(Hubbard)形式 $\frac{U}{2}\sum_{i\neq j}f_i f_j$，其中 f_i 为 d 轨道占据概率，s、p 电子受到的势场仍然为 KS 有效势场。此时，所有 d 电子的总能为 $\frac{1}{2}UN(N-1)$，其中 $N = \sum_i f_i$，为总的 d 电子数。假设这部分能量已经由 LDA 计算得到并包含在其中，那么总能可以改写为

$$E = E_{LDA} - \frac{1}{2}UN(N-1) + \frac{U}{2}\sum_{i\neq j}f_i f_j \qquad (1-37)$$

依据 DFT 本征值的数学意义[11]，它的大小为总能对轨道占据概率的导数，故可以得到此时轨道能量的表达式为

$$\varepsilon_i = \frac{\partial E}{\partial f_i} = \varepsilon_{LDA} + U(\frac{1}{2} - f_i) \qquad (1-38)$$

可以看出，式(1-38)使得 LDA 的 d 电子占据轨道都平移 $-\frac{U}{2}$，非占据轨道平移 $\frac{U}{2}$，类似于莫特-哈伯德(Mott-Hubbard)绝缘体系的模型特征。根据 KS 方程，可以看出，针对 d 电子的平移可以附加到 KS 有效势场，使得轨道依赖的 KS 有效势变为

$$V_i = V_{LDA} + U(\frac{1}{2} - f_i) \qquad (1-39)$$

式(1-39)也可以通过利用总能对轨道波函数求变分得到。这样我们可以针对轨道相关的 KS 势求解轨道，对于 s、p 非局域轨道基本保持 LDA 的计算结果，

对于 d 轨道，则依据占据态与非占据态的不同，添加 $\dfrac{U}{2}$ 的能量修正。如果我们

假设晶体的导带底量子态都是由原子的 d 轨道贡献的，上述非占据态 $\dfrac{U}{2}$ 数值的向

上移动让我们可以很清楚地看到此时材料的带隙会明显比 LDA 计算结果大很多，可以修正 LDA 计算结果严重低估带隙带来的偏差，修正的程度取决于 U 值的大小。

通过式(1-39)可以看出，求解 LDA+U 方法的 KS 方程和总能须解决的关键问题是确定 U 值以及 d 轨道占据概率 f。U 值通常由局域 d 电子之间的屏蔽库仑相互作用来确定，而 f 的大小通常是利用非局域 KS 本征函数在局域电子轨道的投影来求解。

早期的 LDA+U 方法中的 U 值仍然是按照第一性原理获得的，并不将其作为可调参数。为此，写出与实际体系相关的 LDA+U 能量泛函为

$$E^{\text{LDA}+U}(n^{\sigma},\ \{f^{\sigma}\}) = E^{\text{LDA}}[n^{\sigma}] + E^{\text{HF}}[\{f^{\sigma}\}] - E^{\text{dc}}[\{f^{\sigma}\}] \tag{1-40}$$

式(1-40)第二项为哈伯德(Hubbard)项，最后一项类似于式(1-37)的第二项，为二次计算 d 电子能量所需要的抵消项，其中 E^{HF} 具有如下形式：

$$E^{\text{HF}}[\{f\}] = \frac{1}{2}\sum_{\{m\},\ \sigma} V^{\text{ee}}_{m_1m_3,\ m_2m_4} f^{\sigma}_{m_1m_2} f^{-\sigma}_{m_3m_4} - (V^{\text{ee}}_{m_1m_3,\ m_2m_4} - V^{\text{ee}}_{m_1m_3,\ m_4m_2}) f^{\sigma}_{m_1m_2} f^{\sigma}_{m_3m_4}$$

$$\tag{1-41}$$

其中 $\{m\}$ 为新引入的局域电子轨道正交基矢 $|inlm\sigma\rangle$，i 对应位置，n 为主量子数，l 为轨道角动量量子数，m 为磁量子数，σ 为自旋指标。V^{ee} 为局域 d 电子之间的屏蔽库仑能，其具体形式可以分解为

$$V^{\text{ee}}_{m_1m_3,\ m_2m_4} = \sum_k a_k(m_1,\ m_2,\ m_3,\ m_4)F^k,\ 0 \leqslant k \leqslant 2l \tag{1-42}$$

其中 $a_k = \dfrac{4\pi}{2k+1}\sum_{q=-k}^{k}\langle lm_1|Y_{kq}|lm_2\rangle\langle lm_3|Y^{*}_{kq}|lm_4\rangle$，$F^k$ 为斯莱特(Slater)积分，

Y_{kq} 为球谐函数。对于不同轨道壳层的电子的 F^k，通常可以使用如下对应。

p 电子：$F^0 = U$，$F^2 = 5J$。

d 电子：$F^0 = U$，$F^2 = 8.61538J$，$F^4 = 0.625F^2$。

f 电子：$F^0 = U$，$F^2 = 11.922J$，$F^4 = 0.668F^2$，$F^6 = 0.494F^2$。

其中 U 和 J 分别为屏蔽库仑相互作用能参数和交换能参数。此时修正项 E^{dc} 可以写为

$$E^{\text{dc}}[\{f^{\sigma}\}] = \frac{1}{2}UN(N-1) - \frac{1}{2}J[N^{\uparrow}(N^{\uparrow}-1) + N^{\downarrow}(N^{\downarrow}-1)] \tag{1-43}$$

如果我们将 d 轨道占据概率表示为普遍的形式：

$$f^{\sigma}_{m_1m_2} = \sum_{k,\ v} f^{\sigma}_{kv}\langle\psi^{\sigma}_{kv}|m_2\rangle\langle m_1|\psi^{\sigma}_{kv}\rangle \tag{1-44}$$

其中 ψ^{σ}_{kv} 是 KS 方程对应量子态的价电子波函数，f^{σ}_{kv} 为其相应的轨道占据数。可以

看出，式(1-44)为给定局域 d 电子的密度矩阵元素。可以在此基础上对上述能量泛函对于特定轨道波函数求变分，得到此时的单粒子 KS 有效哈密顿量为

$$\hat{H} = \hat{H}_{\mathrm{LDA}} + \sum_{m_1 m_2} |inlm_1\sigma\rangle V^\sigma_{m_1 m_2}\langle inlm_2\sigma| \tag{1-45}$$

其中

$$V^\sigma_{m_1 m_2} = \sum_{\{m\},\sigma} \left[V^{ee}_{m_1 m_3,\, m_2 m_4} f^\sigma_{m_3 m_4} - (V^{ee}_{m_1 m_3,\, m_2 m_4} - V^{ee}_{m_1 m_3,\, m_4 m_2}) f^\sigma_{m_3 m_4} \right] -$$
$$U\left(N - \frac{1}{2}\right) + J\left(N^\sigma - \frac{1}{2}\right) \tag{1-46}$$

该方法通常考虑的是自旋极化情形。在后期的应用中，由于该方法对含 d 电子原子体系的修正简单易行，从而使其在非自旋极化情形下也得到了应用，其中 U 值已经作为一个可调参数引入了计算过程，以使计算结果可以与实验结果更好地匹配。为此，一种简化的只须考虑单个可调参数的 LDA+U 能量泛函被 Dudarev 提出[12]，其形式为

$$E_{\mathrm{LDA}+U} = E_{\mathrm{LDA}} + \frac{U-J}{2}\sum_\sigma \left[\left(\sum_{m_1} f^\sigma_{m_1,\, m_1}\right) - \left(\sum_{m_1 m_2} f^\sigma_{m_1,\, m_2} f^\sigma_{m_2,\, m_1}\right) \right] \tag{1-47}$$

通过式(1-47)对轨道求变分 $\dfrac{\delta E}{\delta|\psi^\sigma_{kv}\rangle}$，可以得到此时的 KS 有效势为

$$V^\sigma_{\mathrm{LDA}+U} = V^\sigma_{\mathrm{LDA}} + \sum_{m_1 m_2} |m_1\rangle\langle m_2| V^\sigma_{m_1 m_2} \tag{1-48}$$

其中 $V^\sigma_{m_1 m_2} = (U-J)\left(\dfrac{1}{2}\delta_{m_1 m_2} - f^\sigma_{m_1 m_2}\right)$。此时总能可以改写为

$$E_{\mathrm{LDA}+U} = E_{\mathrm{LDA}} + \frac{U-J}{2}\sum_{\sigma m_1 m_2} f^\sigma_{m_1,\, m_2} f^\sigma_{m_2,\, m_1} \tag{1-49}$$

通过简化的表达式可以得到 LDA+U 方法修正后的总能和 KS 本征值。假定 U 值是一个可调参数，那么计算的大致思路如下：首先给出 U 值，确定局域电子轨道正交基矢 $|inlm\sigma\rangle$，求解 LDA-KS 方程得到其本征函数或者一组尝试波函数，利用式(1-44)计算得到局域 d 电子密度矩阵 $f^\sigma_{m_1 m_2}$，代入式(1-48)得到 LDA+U 修正后的 KS 哈密顿量，通过再次自洽求解 KS 方程经过修正后的本征值以及总能。式(1-49)可以只通过一个参数 U 来代替 $U-J$ 对体系进行修正，这样可为计算带来很大的方便。

LDA+U 方法在过渡金属氧化物和稀土金属化合物体系的计算中表现出优于 LDA 的计算结果，如计算磁矩、带隙等重要的方面。在讨论半导体带隙和缺陷类型以及载流子来源的问题上，利用 LDA+U 方法进行计算和推测的结果明显优于 LDA 方法计算的结果。到目前为止，该方法在获得第一性原理的 U 值以及在不同体系中的应用和计算方面仍然在不断发展中[13]。尽管 LDA+U 并没有完全解决带隙的问题，但是在一定程度上，通过将 U 值作为一个可调参数来校正已知体系的实

验带隙值，进而利用该 U 值计算其同源化合物的电子结构，可以合理地推测不同材料带隙的差异及其变化趋势。这也是本书应用 GGA+U 方法来计算和推测体系带隙的主要出发点。

1.3　赝势理论

1.3.1　Norm-conserving 赝势

在晶体结构中，每个原胞含有大量的电子。如果用全电子情形求解 KS 方程，那么对于多原子复式晶格体系，由于计算量巨大，将会无法进行计算，这将导致一大部分晶体材料无法使用第一性原理进行研究。这就需要进一步简化 KS 方程，因而提出了被称为赝势的近似理论。最早使用赝势思想的研究要追溯到 1936 年 Hellmann 求解金属性结合问题[14]。赝势思想主要基于如下事实：化学反应和各类分子或晶体的物理性质主要与组成该体系原子的价电子变化状态有关，其内壳层电子状态基本不发生变化，那么完全可以不考虑内壳层电子而只关注价电子的量子态特征。如果原子核与内壳层电子之间的势场取不同形式来替换时，仍然可以正确给出价电子所受的有效势场，得到其正确的本征值及其在内壳层以外区域的本征函数，那么原子核与内壳层电子作用于价电子的有效势场完全可以用虚拟的赝势势场替换，使其可以得到虚拟的价电子波函数，从而满足在内壳层区域变化平缓且无节点的要求，以方便其在不同成键环境下进行求解。

按照上述思想可以发现，赝势势能的构建有一定的任意性，需要有一定的指导原则。目前，如何构建赝势已经在大量物理学家和量子化学家中达成了共识，可以表述为以下 5 点[15]。

（1）原子全电子势和赝势下计算所得的价电子本征值需要一致。

（2）原子全电子势和赝势的价电子波函数在选定原子内壳层半径 R_c 区域以外是一致的。

（3）原子全电子势和赝势的波函数对数的导数在 R_c 处一致。

（4）原子全电子势和赝势下在 R_c 内部积分后的电荷一致（Norm-conserving）。

（5）原子全电子势和赝势下波函数对数的导数对能量的一阶导数在 R_c 处一致。

构建原子赝势的第一步是要明确计算出原子在全电子情形时的本征值和本征函数及其有效势场。原子主要分开壳层和闭壳层两种情形。闭壳层原子可以化简为类氢原子的径向方程，只是其单电子势场由氢原子的 $V_{ext} = -\dfrac{Z}{r}$ 变换为 KS 有效势场 $V_{eff} = V_{ext} + V_{Hartree} + V_{xc}$。其基本形式为

$$-\frac{1}{2}\frac{\mathrm{d}^2}{\mathrm{d}r^2}\phi_{n,l}(r) + \left[\frac{l(l+1)}{2r^2} + V_{eff}(r) - \varepsilon_{n,l}\right]\phi_{n,l}(r) = 0 \qquad (1-50)$$

求解得到的不同电子轨道能量可以用量子数 (n, l) 加以区分，能量是 $2(2l + 1)$ 重简并的，每个电子的轨道归属 $|n, l, m, s_z\rangle$ 是确定的。对于开壳层原子，自旋并不配对并且 l 轨道不能填充满，但是有效势可以看作 r、θ 的函数 $V_{\text{eff}}(r, \theta)$，故每个电子的轨道能量仍然可以用量子数 (n, l) 加以区分，能量是 $2(2l + 1)$ 重简并的。根据洪德定则，我们可以知道开壳层原子能量是总自旋相关的，可以将电子轨道分类为 $|n, l, m_L, m_S\rangle$。在构造自洽的全电子有效势时，每个电子态都需要按照其 l、m 的不同而单独构造。由式（1-50）可以看出，全电子自洽有效势是全电子密度的函数，是 l 无关的。最后得到的所需数据为 l 无关的全电子有效势 $V_{\text{eff}}(r)$ 以及 l、m 相关的电子轨道和能量。

第二步要给定赝原子轨道 $\psi_l^P = r^{-1}\phi_l^P$ 和求解 l 相关的赝势 $V_l(r)$。赝势的大小可以表示为

$$V_l(r) = V_{l, \text{tot}}(r) - V_{\text{Hxc}}(r) \tag{1-51}$$

其中 $V_{\text{Hxc}} = V_{\text{Hartree}}^{P, \text{val}} + V_{\text{xc}}^{P, \text{val}}$，$V_{\text{Hartree}}^P$、$V_{\text{xc}}^P$ 是由赝势价电子波函数组成的电子密度构造的对应势能部分。$V_{l, \text{tot}}(r)$ 是事先找到的总的作用在 l、m 轨道上价电子的有效赝势。确定该总赝势的方法是首先根据精确的电子轨道构造适合的赝电子轨道 $\phi_l^P(r)$，然后利用精确求解的轨道能量本征值 ε_l，用数值方法构造总赝势：

$$V_{l, \text{tot}}(r) = \varepsilon_l - \frac{\hbar^2}{2m}\Big[\frac{l(l + 1)}{2r^2} - \frac{\mathrm{d}^2\phi_l^P(r)}{\phi_l^P(r)\mathrm{d}r^2}\Big] \tag{1-52}$$

从总赝势中剥离 V_{Hartree}^P 势是容易的，因为它是价电子密度和壳内电子密度的线性函数。但是将 V_{xc}^P 从总电子密度函数 V_{xc} 中分离出来却不具有简单的线性加减关系。通常的做法是对其进行非线性壳内电子密度修正，可以表示为

$$\tilde{V}_{\text{xc}} = V_{\text{xc}}^P[n_{\text{val}}^P] + (V_{\text{xc}}[n_{\text{val}}^P + n_{\text{core}}] - V_{\text{xc}}^P[n_{\text{val}}^P]) = V_{\text{xc}}^P[n_{\text{val}}^P + n_{\text{core}}] \tag{1-53}$$

因此，壳内电子密度是在计算赝势文件时必须保留的。进行晶体计算时，仍然要使用该修正的定义式来计算体系的交换关联势。为了使其在壳心内部变化平缓，引入改写的壳内电子密度表达式[16]为

$$n_{\text{partial}}^{\text{core}} = \begin{cases} c_0 + \sum_{i=3}^{6} c_i r^i, & r < r_0 \\ n^{\text{core}}, & r > r_0 \end{cases} \tag{1-54}$$

c_i 系数的选取须满足使 n^{core} 的斜率和曲率在原点单调递减并且壳内电子密度连续，且 3 次可微，这样 LDA 和 GGA 泛函都可以在此基础上得到应用。

函数 $V_l(r)$ 在形式上可以对应式（1-13），它就是原子核和内壳层电子对价电子施加的离子有效势场。由于在实际的计算中，每一个 $V_l(r)$ 都对应一个价电子态 $|n, l, m\rangle$，因此可以得到多组依赖 l、m 的 $V_l(r)$ 值（对 m 是简并的），若将其表示为统一的形式，可以表示为对不同轨道投影的算符形式，即

$$\hat{V}_l = \sum_{lm} |Y_{lm}\rangle V_l \langle Y_{lm}| \tag{1-55}$$

其中 $|Y_{lm}\rangle$ 为球谐函数。若考虑到其在壳外较远处应该对所有价电子具有只依赖距离的相同的离子势，可以将其分解为局域 l 无关的和非局域 l 相关的两部分贡献，即

$$\langle r|\hat{V}_{SL}|r'\rangle = V_{local}^{ion}(r)\delta(r-r') + \sum_{l}^{l_{max}} \sum_{m=-l}^{l} Y_{lm}^{*}(\boldsymbol{\Omega}_r)\delta V_l(r)\frac{\delta(r-r')}{r^2}Y_{lm}(\boldsymbol{\Omega}_{r'}) \tag{1-56}$$

利用关系式 $\langle r|\delta\hat{V}|r'\rangle = \delta V(r)\delta(r-r')$，$\sum_{lm}|Y_{lm}\rangle\langle Y_{lm}| = 1$ 以及

$\langle r|Y_{lm}\rangle\langle Y_{lm}|r'\rangle = \frac{\delta(r-r')}{r^2}Y_{lm}(\boldsymbol{\Omega}_r)Y_{lm}(\boldsymbol{\Omega}_{r'})$ 得出式(1-56)。这里局域和非局域

的定义和区别在于局域势只与原子本身有关，它的构造与价电子轨道无关，因而在不同成键环境下对所有电子具有一致的特征。非局域势能表示它的构造与价电子的轨道有关，因而在不同的成键环境下，对于不同轨道的价电子，它的影响是

不同的。由式(1-13)可以看出，$V_l(r) \rightarrow -\frac{Z_{val}}{r}(r\rightarrow\infty)$，因而可以认为 $\delta V_l(r) =$

$0(r > R_c)$，这样可以将长程效应完全纳入局域势中。式(1-56)的第二项意味着角度变量是非局域的，而径向变量是局域的，因此称其为半局域赝势形式。

事实上，大部分的电子结构计算程序使用的赝势形式是利用 Kleinman-Bylander(KB)形式[17]给出的一种可分离变量的非局域赝势：

$$\hat{V}_{NL} = V_{local}^{ion}(r) + \sum_{l}^{l_{max}} \sum_{m=-l}^{l} \frac{|\psi_{lm}^{P}\delta V_l\rangle\langle\delta V_l\psi_{lm}^{P}|}{\langle\psi_{lm}^{P}|\delta V_l|\psi_{lm}^{P}\rangle} \tag{1-57}$$

其中投影算符与函数的积分可以写为 $\langle\delta V_l\psi_{lm}^{P}|\psi\rangle = \int d^3r\delta V_l(r)\psi_{lm}^{P}(r)\psi(r)$。此时若定义赝势 $V_{local}(r)$ 与全电子有效势在 $r>R_c$ 区域相同，在 $r<R_c$ 区域可以构造平缓的赝电子轨道 ψ_{lm}^{P} 和 $V_{local}(r)$，定义新的函数 χ_{lm}^{P} 为

$$\chi_{lm}^{P}(r) = \left\{\varepsilon_l - \left[-\frac{1}{2}\nabla^2 + V_{local}(r)\right]\right\}\psi_{lm}^{P}(r) \tag{1-58}$$

则非局域算符可以改写为

$$\delta\hat{V}_{NL} = \sum_{lm} \frac{|\chi_{lm}^{P}\rangle\langle\chi_{lm}^{P}|}{\langle\chi_{lm}^{P}|\psi_{lm}^{P}\rangle} \tag{1-59}$$

在此情形下，$\langle\chi_{lm}^{P}|\psi_{l'm'}^{P}\rangle = \delta_{ll'}\delta_{mm'}$，赝电子波函数满足方程 $(-\frac{1}{2}\nabla^2 + V_{local}(r) +$

$\delta V_{NL}^{PS})\psi_{lm}^{P} = \varepsilon_l\psi_{lm}^{P}$。改写成这种形式后，可以利用全电子赝势直接计算非局域赝势，而不必分离局域部分和非局域部分，并且对实际晶体电子结构在倒格矢空间

求解时只须考虑一组 $\langle G_i | \chi_{lm}^{P} \rangle$，矩阵元只是这一组数据的矩阵乘积。目前已经有很多学者发布了可以生成 Norm-conserving 赝势的程序和已生成的赝势文件，读者在编制自己的计算程序时可以合理利用这些网络资源。从式(1-58)可以看出，$\chi_{lm}^{P}(r) = \chi_{lm}^{P}(r) Y_{lm}(\Omega_r)$，因而在生成的赝势文件中给出的是沿原子半径一系列格点的径向局域赝势函数 $V_{local}^{ion}(r) = V_{local}(r) - V_{Hxc}(r)$ 和非局域的赝势值 $V_{NL}^{l}(r)$（或者 $\delta V_{NL}^{l}(r)$）。

尽管有一定的指导原则，但产生赝势的过程仍然可以不同，得到的赝势的可移植性也不尽相同。内壳层截断半径 R_c 大小的选取直接决定了赝势的精度、通用性和计算量的大小。可以用软赝势和硬赝势的概念来区分截断半径的大小，半径越大，赝势越软，越不易移植，如果用平面波方法作为轨道电子的基矢展开函数，那么这意味着需要的平面波数目较少；反之，半径越小，赝势越硬，计算时所需的平面波数目越多。目前较为流行的赝势除了由 Troullier 和 Martins 给出的 Norm-conserving 赝势[18]，还有一种广泛使用的赝势是由 Vanderbilt 给出的 Ultrasoft 赝势[19]。

1.3.2　Ultrasoft 赝势

Ultrasoft 赝势的核心思想是希望在保持计算准确性和可移植性的前提下，可以尽量增大原子内壳层截断半径，从而在求解实际晶体电子结构时，可以对波函数使用较少的基矢（平面波基矢）进行展开，以减少计算量。在大部分情形下，需要较多的平面波基矢主要是由于近原子核区域的电子轨道的剧烈振荡，如果可以不考虑赝电子轨道在核附近区域的贡献，而是在此区域通过引入一个缀加函数代替赝电子轨道，以满足其在该区域内对电子密度的贡献，那么赝电子轨道就可以做到尽量平缓。这样定义的赝电子轨道同时也违反了之前定义的 Norm-conserving 规则，然而它并不影响实际计算的准确性和可移植性，同时可以尽量增大截断半径，使基矢的数量大大减小。我们这里直接根据上述思路写出其已经成功表述的数学表达式，并分析如何得到该表达式。

Ultrasoft 赝势主要建立在 KB 非局域算符的基础之上。将 KB 非局域算符中的函数 $|\chi_s^{P}\rangle$ 变换为

$$|\beta_s\rangle = \sum_{s'} (B^{-1})_{s's} |\chi_{s'}^{P}\rangle \tag{1-60}$$

这里用 s 表示同一 l、m 指标下的不同能量态，它已不再仅仅局限于电子本征态，$B_{s,s'} = \langle \psi_s^{P} | \chi_{s'}^{P} \rangle$ 为变换矩阵的逆矩阵。由式(1-60)的定义可以看出，$\sum_{s,s'} B_{s,s'} |\beta_s\rangle\langle\beta_{s'}|$ 满足非局域算符的性质。在此基础上定义新的非局域算符：

$$\delta \hat{V}_{NL}^{US} = \sum_{s,s'} D_{s,s'} |\beta_s\rangle\langle\beta_{s'}| \tag{1-61}$$

其中 $D_{s,s'} = B_{s,s'} + \varepsilon_s \Delta Q_{s,s'}$，$\Delta Q_{s,s'} = \int_0^{R_c} \Delta Q_{s,s'}(r) \mathrm{d}r$，$\Delta Q_{s,s'}(r) = \phi_s^{*}(r)\phi_{s'}(r) -$

$\phi_s^{*P}(r)\phi_s^P(r)$ 为一个缀加函数。$\phi_s = r\psi_s$ 为全电子势下的本征函数。上文已经提到，Ultrasoft 赝势不要求 Norm-conserving 条件，故此时 $\Delta Q_{s,s'} \neq 0$。

再令 $\hat{S} = \hat{I} + \sum\limits_{s,s'} \Delta Q_{s,s'} |\beta_s\rangle \langle\beta_{s'}|$，如果将上面各式代入广义本征方程

$$\hat{H}\tilde{\psi}_s^P - \varepsilon_s\hat{S}\tilde{\psi}_s^P = 0 \tag{1-62}$$

其中 $\hat{H} = -\dfrac{1}{2}\nabla^2 + V_{\text{local}}(r) + \delta V_{\text{NL}}^{\text{PS}}$，会发现式（1-62）是成立的。在 R_c 以外，可以看出，$\hat{S} = \hat{1}$，故得到 $\tilde{\psi}_s^P = \psi_s^P$。

只要满足归一化条件 $\langle \tilde{\psi}_i^P | \hat{S} | \tilde{\psi}_j^P \rangle = \delta_{ij}$，价电子密度可以定义为

$$n_v(r) = \sum\limits_i^{\text{occ}} \tilde{\psi}_i^{*P}(r)\tilde{\psi}_i^P(r) + \sum\limits_{s,s'} \rho_{s,s'} \Delta Q_{s,s'}(r) \tag{1-63}$$

其中 $\rho_{s,s'} = \sum\limits_i^{\text{occ}} \langle \tilde{\psi}_i^P | \beta_{s'}\rangle \langle\beta_s | \tilde{\psi}_i^P\rangle$。上述广义本征方程的改写直接影响原子在晶体结构中的求解，必须在赝势文件中保留内壳层价电子密度缺少的部分[即式（1-63）的第二部分]以及赝电子波函数。在晶体结构计算中，求解的电子密度须用到式（1-63），因而求解总能和求解本征值的问题都将有所变化。为了得到广义本征方程（1-62），总能的表达式可以写为

$$E_{\text{total}} = \sum\limits_i^{\text{occ}} \langle \tilde{\psi}_i | -\dfrac{1}{2}\nabla^2 + V_{\text{local}}^{\text{ion}} + \sum\limits_{s,s'} D_{s,s'}^{\text{ion}} |\beta_s\rangle \langle\beta_{s'} | \tilde{\psi}_i\rangle + \\ E_{\text{Hartree}}[n_v] + E_{\Pi} + E_{\text{xc}}[n_v] \tag{1-64}$$

其中 $V_{\text{local}}^{\text{ion}} = V_{\text{local}} - V_{\text{Hxc}}$，$D_{s,s'}^{\text{ion}} = D_{s,s'} - D_{s,s'}^{\text{Hxc}}$，$D_{s,s'}^{\text{Hxc}} = \int \mathrm{d}^3 r V_{\text{Hxc}}(r)\Delta Q_{s,s'}(r)$。可以通过式（1-64）对波函数求 $\tilde{\psi}_i$ 变分得到广义本征方程（1-62）。

Ultrasoft 赝势由于在 CASTEP 软件中被采纳为默认的赝势，因此得到了广泛的应用和验证，特别是在 3d 过渡金属的计算方面表现出了特有的高效和准确性。Vanderbilt 及其合作者专门编制了该赝势的生成程序和调试方法发布在网络上。与其他赝势相比，对于同类原子 Ultrasoft 赝势只需要较小的截断能（较少的平面波基矢）即可达到相应的精确度，从而达到了高效计算的目的。

1.3.3　PAW 赝势

目前，一种更为先进的赝势——投影缀加波（Projector Augmented Wave，PAW）赝势已经得到广泛发展。PAW 方法构造赝势的思路结合了 KB 算符和 Ultrasoft 赝势引入缀加函数的优点，使之成为目前最具潜力的可以极大提高计算速度的赝势类型之一。下面依据 Blöchl 的表述介绍其原理[20]。

PAW 赝势方法须保留完整的全电子波函数，并将其转化为一个平缓变化的

波函数 $\tilde{\psi}$ 与一个近核心球形区域快速变化的波函数之和的形式。这样在实际计算中，平缓函数在全空间积分，而近核心区域的贡献只要加上在球形区域沿径向的快变函数的积分即可。引入变换算符 $\hat{T} = \hat{I} + \hat{T}_0$，其中 $\hat{T}_0$ 只在球形区域起作用，使得全电子计算的所有价电子波函数满足变换关系 $\psi_v = \hat{T}\tilde{\psi}_m$。假定平缓函数可以由球谐函数在核心区域展开为 $\tilde{\psi} = \sum_m c_m \mid \tilde{\psi}_m \rangle$，则相应的全电子波函数也将具有相同的变换系数，可以写为 $\psi = \sum_m c_m \mid \psi_m \rangle$。这样全电子波函数可以表示为

$$\psi = \tilde{\psi} + \sum_m c_m (\mid \psi_m \rangle - \mid \tilde{\psi}_m \rangle) \tag{1-65}$$

此时变换算符 $\hat{T}$ 可以形式地表示为

$$\hat{T} = \hat{I} + \sum_m (\mid \psi_m \rangle - \mid \tilde{\psi}_m \rangle) \langle \tilde{p}_m \mid \tag{1-66}$$

其中 $c_m = \langle p_m \mid \tilde{\psi}$。

任何算符都可以利用上述变换使其变成分别作用在球内区域和球外区域的形式：

$$\tilde{A} = T^\dagger \hat{A} T = \hat{A} + \sum_{mm'} \mid \tilde{p}_m \rangle (\langle \tilde{\psi}_m \mid \hat{A} \mid \psi_{m'} \rangle - \langle \tilde{\psi}_m \mid \hat{A} \mid \psi_{m'} \rangle) \langle \tilde{p}_{m'} \mid \tag{1-67}$$

类似 KB 的非局域算符可以表示为

$$\delta \tilde{A} = \sum_m \{ \mid \tilde{p}_m \rangle (\langle \psi_m \mid - \langle \tilde{\psi}_m \mid) \hat{A} (1 - \sum_{m'} \mid \tilde{\psi}_{m'} \rangle \langle \tilde{p}_{m'} \mid) \times$$
$$\tag{1-68}$$
$$(1 - \sum_{m'} \mid \tilde{p}_{m'} \rangle \langle \tilde{\psi}_{m'} \mid) \hat{A} (\mid \psi_{m'} \rangle - \mid \psi_{m'} \rangle) \langle \tilde{p}_{m'} \mid \}$$

密度函数利用式（1-67）可以表述为 3 项之和：$n(r) = \tilde{n}(r) + n^1(r) + n^2(r)$，其中第一项为平缓函数的贡献

$$\tilde{n}(r) = \sum_i f_i \mid \tilde{\psi}_i(r) \mid^2 \tag{1-69}$$

后两项为缀加函数，分别为

$$n^1(r) = \sum_{i, mm'} f_i (\langle \tilde{\psi}_i \mid \tilde{p}_m \rangle \psi_m^*(r) \psi_{m'}(r) \langle \tilde{p}_{m'} \mid \tilde{\psi}_i \rangle) \tag{1-70}$$

以及

$$n^2(r) = \sum_{i, mm'} f_i (\langle \tilde{\psi}_i \mid \tilde{p}_m \rangle \tilde{\psi}_m^*(r) \tilde{\psi}_{m'}(r) \langle \tilde{p}_{m'} \mid \tilde{\psi}_i \rangle) \tag{1-71}$$

可以看出，PAW 赝势使用了与 Ultrasoft 赝势一样的缀加函数的思想，从而可以扩大选择平缓函数的任意性，但是它的计算结果要比 Ultrasoft 赝势更为精确。这主要是因为 PAW 赝势方法使用了更小的截断半径，而且其构造非局域势的方

法基于准确的全电子计算所得的完整波函数。目前利用第一性原理计算固体性质较为流行的 VASP 计算软件，内嵌了 PAW 赝势供计算人员优先选用，使得该赝势的优势和通用性得到了广泛认可[21]。

本书在计算 IZO_m 体系结构稳定性及其电子结构的过程中，先后使用了 Ultrasoft 赝势和 PAW 赝势。结果证明，它们都大大提高了计算的效率，并且在计算晶体结构稳定性时，它们给出的能量变化趋势是一致的。

1.4　KS 方程的解法

由前面的阐述可以看出，所有的工作都是为了得到 KS 有效哈密顿量。当我们已经明确 KS 哈密顿量各项的具体形式以后，下一步重要的工作就是求解 KS 本征方程。求解 KS 本征方程的首要问题就是选择合适的基矢展开其本征函数。

根据布洛赫(Bloch)定理，晶体结构中的波函数可以表示为

$$\psi_{k,\,i}(\boldsymbol{r}) = \exp(i\boldsymbol{k} \cdot \boldsymbol{r})u_i(\boldsymbol{r}) \tag{1-72}$$

其中 $u_i(\boldsymbol{r}) = u_i(\boldsymbol{r} + \boldsymbol{r}_m)$ 为晶体结构的周期函数，因而使用平面波对其进行展开最理想且能满足布洛赫(Bloch)定理。可以将 KS 本征函数写为

$$\psi_{k,\,i}(\boldsymbol{r}) = \frac{1}{\sqrt{\boldsymbol{\Omega}}} \sum_{G_m} c_{i,\,m}(\boldsymbol{k}) \exp[i(\boldsymbol{K} + \boldsymbol{G}_m) \cdot \boldsymbol{r}] \tag{1-73}$$

其中 $\boldsymbol{\Omega} = N_{\text{cell}}\boldsymbol{\Omega}_{\text{cell}}$。利用上述平面波展开并将其代入 KS 方程，将其转换为矩阵形式：

$$\sum_m \Big[\frac{1}{2} |\boldsymbol{k} + \boldsymbol{G}_m|^2 \delta_{mm'} + V_{\text{KS}}(\boldsymbol{G}_m, \boldsymbol{G}_{m'})\Big]c_{i,\,m'} = \varepsilon_{k,\,i}c_{i,\,m}(\boldsymbol{k}) \tag{1-74}$$

其中

$$V_{\text{KS}}(\boldsymbol{G}_m, \boldsymbol{G}_{m'}) = \frac{1}{\boldsymbol{\Omega}_{\text{cell}}} \int_{\text{cell}} V_{\text{KS}}(\boldsymbol{r}) \exp[-i(\boldsymbol{G}_m - \boldsymbol{G}_{m'}) \cdot \boldsymbol{r}]\mathrm{d}\boldsymbol{r} \tag{1-75}$$

$$V_{\text{KS}}(\boldsymbol{r}) = \sum_m V_{\text{KS}}(\boldsymbol{G}_m) \exp[i\boldsymbol{G}_m \cdot \boldsymbol{r}] \tag{1-76}$$

KS 有效势主要由离子赝势、Hartree 势和交换关联势组成。首先考虑离子赝势部分的傅里叶分析。在实际的晶体结构中，每个原胞中都有 n_{species} 类不同的原子，每一类有 n^κ 个相同的原子，故相对于这些不同的原子坐标，离子势可以表示为

$$V^{\text{ion}}(\boldsymbol{r}) = \sum_{\kappa=1}^{n_{\text{species}}} \sum_{j=1}^{n^\kappa} \sum_m V^\kappa(\boldsymbol{r} - \boldsymbol{\tau}_{\kappa,\,j} - R_m) \tag{1-77}$$

首先考虑局域势部分，对上述势能进行傅里叶变换得到

$$V_{\text{local}}(\boldsymbol{G}) = \sum_{\kappa=1}^{n_{\text{species}}} \frac{\boldsymbol{\Omega}^\kappa}{\boldsymbol{\Omega}_{\text{cell}}} S^\kappa(\boldsymbol{G}) V_{\text{loc}}^\kappa(\boldsymbol{G}) \tag{1-78}$$

其中

$$S^\kappa(\boldsymbol{G}) = \sum_{j=1}^{n^\kappa} \exp(i\boldsymbol{G} \cdot \boldsymbol{\tau}_{\kappa,j}) \tag{1-79}$$

被称为结构因子(structure factor)。另一部分

$$V_{\text{loc}}^\kappa(\boldsymbol{G}) = \frac{1}{\boldsymbol{\Omega}^\kappa} \int_{\text{all}} V_{\text{local}}^\kappa(\boldsymbol{r}) \exp(-i\boldsymbol{G} \cdot \boldsymbol{r}) \mathrm{d}^3\boldsymbol{r} \tag{1-80}$$

被称为形态因子(form factor),它与晶体结构无关,只与 κ 原子性质有关。对于球形势能形式(对应于离子赝势中的局域部分),式(1-80)可以简化为径向积分的形式:

$$V_{\text{local}}^\kappa(|\boldsymbol{G}|) = \frac{4\pi}{\boldsymbol{\Omega}^\kappa} \int_0^\infty V_{\text{local}}^\kappa(r) j_0(|\boldsymbol{G}|r) r^2 \mathrm{d}r \tag{1-81}$$

其中 $j_0(r) = \dfrac{\sin r}{r}$ 为零阶球面贝塞尔函数(spherical Bessel function)。对于核库仑势能,式(1-81)简化为

$$V_{\text{loc}}^\kappa(|\boldsymbol{G}|) = \frac{4\pi}{\boldsymbol{\Omega}^\kappa} \frac{-Z_{\text{ion}}^\kappa}{|\boldsymbol{G}|^2}, \ \boldsymbol{G} \neq 0 \tag{1-82}$$

其中 $\boldsymbol{G}=0$ 的发散项需要和离子-离子势、Hartree 势同时考虑。

对于离子赝势中的非局域部分,每一个 κ 原子的贡献,其傅里叶变换在 KB 形式下可以表示为

$$\delta V_{\text{NL}}^\kappa(\boldsymbol{K}_m, \boldsymbol{K}_{m'}) = \sum_{lm_l} \frac{\langle \boldsymbol{K}_m | \psi_{lm_l}^{\text{P}} \delta V \rangle \langle \psi_{lm_l}^{\text{P}} \delta V | \boldsymbol{K}_{m'} \rangle}{\langle \psi_{lm_l}^{\text{P}} | \delta V | \psi_{lm_l}^{\text{P}} \rangle} \tag{1-83}$$

其中 $\langle \boldsymbol{K}_m | \psi_{lm}^{\text{P}} \delta V \rangle = \int \exp(-i\boldsymbol{K}_m \cdot \boldsymbol{r}) Y_{lm}(\boldsymbol{\Omega}_r) \psi_{lm}^{\text{P}}(r) \delta V(r) \mathrm{d}^3\boldsymbol{r}, \ \boldsymbol{K}_m = \boldsymbol{k} + \boldsymbol{G}_m$。

第二部分势能是 Hartree 势,由于它满足泊松方程

$$\nabla^2 V(\boldsymbol{r}) = -4\pi n(\boldsymbol{r}) \tag{1-84}$$

因而可以对方程两边进行傅里叶变换,解得

$$V_{\text{Hartree}}(\boldsymbol{G}) = \frac{4\pi n(\boldsymbol{G})}{\boldsymbol{G}^2}, \ \boldsymbol{G} \neq 0 \tag{1-85}$$

交换关联势需要根据所选择的实际泛函形式,通过密度函数计算其傅里叶变换 $V_{\text{xc}}(\boldsymbol{G})$,该项以及密度函数的傅里叶变换通常是使用快速傅里叶变换来实现的。

这样,我们已经给出了 $V_{\text{KS}}(\boldsymbol{G})$ 的明确表达式:

$$V_{\text{KS}}(\boldsymbol{G}_m - \boldsymbol{G}_{m'}) = \sum_{\kappa=1}^{n_{\text{species}}} S^\kappa(\boldsymbol{G}_m - \boldsymbol{G}_{m'}) \Big[\frac{\boldsymbol{\Omega}^\kappa}{\boldsymbol{\Omega}_{\text{cell}}} V_{\text{loc}}^\kappa(\boldsymbol{G}_m - \boldsymbol{G}_{m'}) +$$

$$\tag{1-86}$$

$$\frac{1}{\boldsymbol{\Omega}_{\text{cell}}} \delta V_{\text{NL}}^\kappa(\boldsymbol{K}_m, \boldsymbol{K}_{m'}) \Big] + V_{\text{Hartree}}(\boldsymbol{G}_m - \boldsymbol{G}_{m'}) + V_{\text{xc}}(\boldsymbol{G}_m - \boldsymbol{G}_{m'})$$

利用式(1-86)和 KS 哈密顿量的矩阵形式[式(1-74)], 可以将求解 KS 本征值的问题化简为一个求解矩阵本征值的问题。其本征值计算的准确性取决于基矢的完备性。

通过式(1-74)可以看出, 矩阵阶数的大小取决于平面波基矢的数目。通常使用截断能的方法来选取基矢的个数。给定能量 E_{cut}, 选择所有能满足条件 $\frac{1}{2}|(k+G_m)|^2 < E_{cut}$ 的倒格矢, 将其作为一组近似的完备基矢 $\{G_m\}$。至此, 我们已经可以利用上面给出的表达式和选定的交换关联泛函以及赝势文件求解 KS 本征值。

然而, 通过仔细观察可以发现, 我们已经人为地剔除了矩阵对角项中离子局域势和 Hartree 势的发散项($G = 0$)。这等价于给哈密顿矩阵减少了一个常数对角矩阵, 即对结果做了一个平移, 因而所得到的本征值不可能与实验中的电子能级一一准确对应。另一个不能使 KS 本征值与实验结果形成一一对应关系的原因是 Hartree 势中包含了无物理意义的自相互作用能, 这一项通常是在交换关联中需要抵消的, 然而不同的交换关联势的选取使该自相互作用能不能被彻底地抵消。但是我们可以发现, 假设上述自相互作用能已经被所选定的交换关联势抵消了, 那么所计算的本征值的差值仍然可以作为对体系电子结构能量分布的一个很好的描述, 并且是完全合理且可以与实验结果相比较的。

1.5　晶体总能

KS 方程为我们提供了寻找体系准确的基态总能和电子密度的方法。然而, 它的求解必须要达到体系电子密度函数 $n(r)$ 与 KS 有效势 $V_{KS}(r)$ 的自洽一致, 因而是一个自洽求解的过程, 其一般的计算流程如图 1-1 所示。

1.4 节介绍了在给定密度的前提下如何求解 KS 本征值。为了计算基态总能, 下一步要解决的问题是如何利用求解的本征函数计算电子密度以及如何在自洽的过程中更新密度函数。

1.5.1　布里渊区积分

在前面的推导中可以看到, 每一个本征值都是与 k 对应的。简单直观地理解, 每个原胞中的电子只对应一个 k 值, 由于密度函数是按照晶格排布周期性的函数, 因此它对于 k 值应该是简并的。但是, 单电子理论计算的不同 k 值下波函数构造的电子密度并不相同, 理论上要求解布里渊区内部所有 k 点的本征值, 并且要对布里渊区积分求其平均值。一种最简单的近似方法是, 选择合适的 k 格点代表一定的区域, 对函数在该格点上求解, 之后求平均, 可以表述为

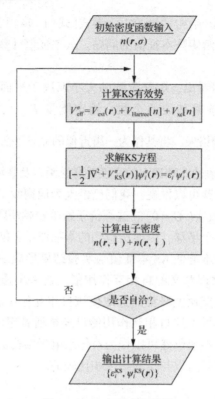

图 1-1　KS 方程求解流程

$$\bar{f} = \frac{1}{N_k} \sum_k f(\boldsymbol{k}) = \frac{\boldsymbol{\Omega}_{\text{cell}}}{(2\pi)^3} \int_{\text{BZ}} f(\boldsymbol{k}) \, \mathrm{d}^3 \boldsymbol{k} \qquad (1-87)$$

利用对称性可以将其化简为在不可约布里渊区（Irreducible Brillouin Zone，IBZ）的积分。定义权重因子 $w_{\boldsymbol{k}} = \dfrac{n_{\boldsymbol{k}}}{\sum_{\boldsymbol{k}} n_{\boldsymbol{k}}}$，其中 $n_{\boldsymbol{k}}$ 为对应 IBZ 中的 $\boldsymbol{k}$ 点，在点对称操作群下布里渊区投影的不同 $\boldsymbol{k}$ 点数，式（1-87）可以改写为

$$\bar{f} = \sum_{\boldsymbol{k}}^{\text{IBZ}} w_{\boldsymbol{k}} f(\boldsymbol{k}) \qquad (1-88)$$

目前较为流行的格点取样法是由 Monkhorst 和 Pack[22]建议的取样法，它满足如下关系：

$$\boldsymbol{k}_{n_1,\ n_2,\ n_3} = \sum_{i=1}^{3} \frac{2n_i - N_i - 1}{2N_i} \boldsymbol{G}_i, \ n_i = 1,\ \cdots,\ N_i \qquad (1-89)$$

其中 N_i 为不同轴上的分隔参数。通常选取偶数的分隔参数会使 $\boldsymbol{k}$ 点分隔得更为合理并提高计算效率。可以看出，MP 方法通常不包括对 Γ 点的计算。

利用在不同取样点计算的 KS 本征函数，可以得到密度函数的表达式为

$$n(\boldsymbol{r}) = \sum_k w_k \sum_i f_{i,k} \psi_{i,k}^*(\boldsymbol{r}) \psi_{i,k}(\boldsymbol{r}) \tag{1-90}$$

在本书实际的计算中，我们选用了以 Γ 点为中心的取样法（MP 方法），对函数在布里渊区进行积分。

1.5.2　密度自洽步进方法

还有一个需要考虑的问题是密度的自洽问题，即是否可以使前一次输入的密度函数 n^{in} 与新计算得到的波函数构造的密度函数 n^{out} 达到一致。只有合理地选择 n^{in} 才可能很快得到自洽收敛的结果。

在实际的计算中，一种较简单和有效的方法是密度线性耦合：

$$n_{i+1}^{in} = \alpha n_{i+1}^{in} + (1 - \alpha) n_i^{in} \tag{1-91}$$

目前较流行且能够快速收敛的是 Pulay/Broyden 密度耦合方法[23]，每次输出的密度需要和之前若干步骤计算的密度相耦合，计算方法使用 RMM-DIIS 方法或者准牛顿方法。CASTEP 和 VASP 中都选用了该方法作为其密度耦合可选方案。

1.5.3　总能的计算

事实上，计算多粒子体系的总能是密度泛函理论最重要的应用，通过总能导出的其他物理量是其与实验结果可以直接比拟的最为可靠、准确的理论计算结果。通常认定计算的电子密度是否自洽，不是以前后两次所计算的密度函数的差异作为收敛标准，而是通过前后两次计算的总能差异进行比较。利用 KS 本征值计算基态总能已经在式（1-8）中做了表述。在实际的计算中，通常是利用其在动量空间中的表达式进行求解的，可以表示为

$$E_{total} = \sum_i^{occ} \varepsilon_i - \frac{\boldsymbol{\Omega}_{cell}}{2} \sum_{\boldsymbol{G} \neq 0} V_{Hartree}(\boldsymbol{G}) n(\boldsymbol{G}) +$$

$$\boldsymbol{\Omega}_{cell} \sum_{\boldsymbol{G} \neq 0} n(\boldsymbol{G}) [\varepsilon_{xc}(\boldsymbol{G}) - V_{xc}(\boldsymbol{G})] + \frac{1}{2} \sum_{I \neq J} \frac{Z_I^{ion} Z_J^{ion}}{|\boldsymbol{R}_I - \boldsymbol{R}_J|} \tag{1-92}$$

式（1-92）前面 3 项的求解，事实上在求解 KS 方程时可以同时解决。但是我们可以发现，上述第 2 项和第 3 项库仑相互作用能在动量空间 $\boldsymbol{G} = 0$ 的发散项都做了省略计算。由于体系本身是中性的，因此上述两项与最后一项离子-离子相互作用 E_{II} 之和是有限的、收敛的，故这些发散项必须在求解 E_{II} 时加以抵消。这就需要同时去掉 E_{II} 中 $\boldsymbol{G} = 0$ 的发散项，才能得到体系正确的总能。

求解离子相互作用能通常使用的是埃瓦尔德（Ewald）方法[24]，该方法可以快速收敛地求解这种库仑势能求和的无穷级数。事实上，E_{II} 是一个条件收敛级数，必须限定一定的求和顺序才可能得到收敛的结果。利用 Ewald 方法，实际上是规定了一种快速收敛的求和顺序。考虑到库仑发散的抵消项问题，得到正确的 E_{II}

的表达式为[25]

$$E_{\Pi} = \frac{1}{2} \sum_{I,J} Z_I^{\text{ion}} Z_J^{\text{ion}} \Big\{ \sum_R{}' \frac{\text{erfc}(\eta \mid \boldsymbol{\tau}_I + \boldsymbol{R} - \boldsymbol{\tau}_J \mid)}{\mid \boldsymbol{\tau}_I + \boldsymbol{R} - \boldsymbol{\tau}_J \mid} - \frac{2\eta}{\sqrt{\pi}} \delta_{IJ} +$$

$$\frac{4\pi}{\Omega_{\text{cell}}} \sum_{G \neq 0} \frac{1}{\mid \boldsymbol{G} \mid^2} \exp\Big(-\frac{\mid \boldsymbol{G} \mid^2}{4\eta^2}\Big) \cos\big[(\boldsymbol{\tau}_I - \boldsymbol{\tau}_J) \cdot \boldsymbol{G}\big] - \frac{\pi}{\eta^2 \Omega_{\text{cell}}} \Big\} \qquad (1\text{-}93)$$

其中 $\boldsymbol{R}$ 为晶格矢量，$\text{erfc}(x) = 1 - \text{erf}(x) = 1 - \frac{2}{\sqrt{\pi}} \int_0^x \mathrm{e}^{-t^2} \mathrm{d}t$ 为余误差函数。上述求和中的撇号($'$)表示剔除其发散项，即剔除了 $\boldsymbol{\tau}_I - \boldsymbol{\tau}_J = 0$ 且 $\boldsymbol{R} = 0$ 的自能项。η 为一任意参数，合理选择 η 可以提高上述求和项的收敛速度，通常选用 $\eta = \mid \boldsymbol{G}_{\text{min}} \mid$。

Ewald 方法是将这种库仑求和的条件收敛级数转化为一个实空间和一个倒空间的快速绝对收敛级数之和。因此，在其倒空间收敛级数中剔除 $\boldsymbol{G} = 0$ 的发散项并不能完全抵消前面电子-电子、离子-电子相互作用求和中的发散项。式(1-93)花括号中的最后一项正是为了完全抵消这些发散项而引入的，第二项是为了剔除倒空间求和级数中自相互作用的非物理项(即 $\boldsymbol{\tau}_I - \boldsymbol{\tau}_J = 0$)而引入的。

1.6　结构优化

在计算晶体结构的各类物理性质时，通常可以使用实验报道的结构参数作为其基态结构计算总能，但是计算结果在理论上可能并不是该体系能量最低的状态。为了使计算结果可重复并且满足理论方法框架内的基态结构，就需要对给定晶体结构进行优化，即对其结构参数和原子坐标及形状进行变化，通过比较不同状态下的体系总能，找到其最低能量对应的晶体结构，此时的结构从原理上讲，每个原子所受的力和内部应力都应该为 0。因此，这一基态结构的寻找过程是通过计算晶格原胞中各原子的赫尔曼-费曼(Hellmann-Feynman，HF)力和应力的大小及其变化，直至其达到小于给定的容差值来完成的。

计算该体系原子的受力主要基于力学定理

$$F_{\boldsymbol{R}_I} = -\frac{\partial E}{\partial \boldsymbol{R}_I} = -\Big\langle \psi \mid \frac{\partial \hat{H}_0}{\partial \boldsymbol{R}_I} \mid \psi \Big\rangle - \frac{\partial E_{\Pi}}{\partial \boldsymbol{R}_I} \qquad (1\text{-}94)$$

其中 $\hat{H}_0 = T + V_{\text{ext}} + V_{\text{Hartree}} + V_{\text{xc}}$。式(1-94)对波函数求导为 0 意味着已假定波函数满足 HK 定理。在实际计算中，如果波函数依赖原子坐标(原子轨道近似)或者展开基矢不完备，都可能导致式(1-94)多出额外的力，称之为 Pulay 修正项[26]。KS 势能的非完全自洽计算的结果也会导致产生额外的力 $\int \mathrm{d}^3 r (V_{\text{KS}} - V^{\text{in}}) \frac{\partial n}{\partial \boldsymbol{R}_I}$。这些额外的力对于讨论晶格动力学问题的影响是巨大的。

应力的计算主要基于应力定理。应力定理描述的是处于平衡态的体系，其总能相对于体系微小应变 $\varepsilon_{\alpha\beta}$ 变化的负值，与体系所受的应力大小 $\sigma_{\alpha\beta}$ 成正比，可以表述为

$$\sigma_{\alpha\beta} = -\frac{1}{\Omega}\frac{\partial E}{\partial \varepsilon_{\alpha\beta}} \tag{1-95}$$

其中应变的定义为 $r'_{\alpha} = (\delta_{\alpha\beta} + \varepsilon_{\alpha\beta})r_{\beta}$。详细计算 HF 力和应力的表达式和方法以及晶格弛豫迭代的方法可以参阅文献[2, 27, 28]。

1.7　电子态密度和能带结构

1.7.1　电子态密度

计算晶体电子结构时，一项重要的工作就是计算体系的电子态密度(Density of States, DoS)，DoS 在利用第一性原理计算体系光学性质、电学性质，解释光谱数据，讨论体系在外加场下的变化等众多领域具有广泛的应用。态密度的定义为单位能量、单位体积下的量子态数目，可以表述为

$$\rho(E) = \frac{1}{N_k}2\sum_{i,k}\delta(\varepsilon_{i,k} - E) = 2\frac{\Omega_{\text{cell}}}{(2\pi)^3}\int_{\text{BZ}}\mathrm{d}^3k\,\delta(\varepsilon_{i,k} - E) \tag{1-96}$$

晶体原胞中的总电子数可以由态密度表示为

$$N_e = \int_{-\infty}^{E_F}\rho(E)f(E)\,\mathrm{d}E \tag{1-97}$$

其中 $f(E)$ 为费米-狄拉克分布函数，E_F 为体系费米能级。实际的计算使用的函数大部分为高斯型函数 $f(\dfrac{\varepsilon - E_F}{\sigma}) = \dfrac{1}{2}[1 - \mathrm{erf}(\dfrac{\varepsilon - E_F}{\sigma})]$。一种简单的计算态密度的线性插值方法可以参阅文献[29]。

晶体结构中，电子处于由不同的原子轨道杂化后形成的共用电子轨道，它们在整个晶体内是扩展的和共有化的。但有时我们希望知道这些共有化轨道是由哪个原子本身的电子轨道贡献的或者这些电子态是由原子的哪部分轨道(如 s、p、d)贡献的，这就涉及计算原胞内原子的局域态密度(Local Density of States, LDoS)和分波态密度(Partial Density of States, PDoS)的问题。通过计算 PDoS 可以清晰地看出各原子不同轨道的杂化程度和贡献，为解释 X 射线光电子能谱(X-ray Photoelectron Spectroscopy, XPS)提供可靠的理论依据。

通常由平面波基矢展开的 KS 本征函数都具有非局域的特征，不能体现原子局域轨道的特征。PDoS 的计算方法是基于 KS 本征函数对原子局域轨道基矢的投影得到的，原子轨道基矢通常选取为原子赝势文件中的赝电子轨道。详细的计算方法和实现细节可以参阅文献[30]。

1.7.2 能带结构

不同 k 波矢下的 KS 本征值是不同的，假设在一定的基准能级下（如费米能级或者价带顶能量），它们的差值能够合理地反映体系的基态电子结构特征，那么通过计算不同 k 波矢下、不同能带中的电子态能量，可以清楚地给出体系不同 k 点的电子能量分布。通常可行的方法是选取不同的高对称 k 点，以及连接这些 k 点的倒格矢空间路径，沿着路径对一定分隔的 k 点做计算，得到一组对应的 KS 本征值。基于这些结果，可以绘制 $k - E_n$ 能带图。

计算能带结构和态密度时，通常是基于上述体系基态总能计算自洽电子密度，并不再对每一个 k 点的 KS 方程做自洽求解运算。图 1-2 展示了六方、简单

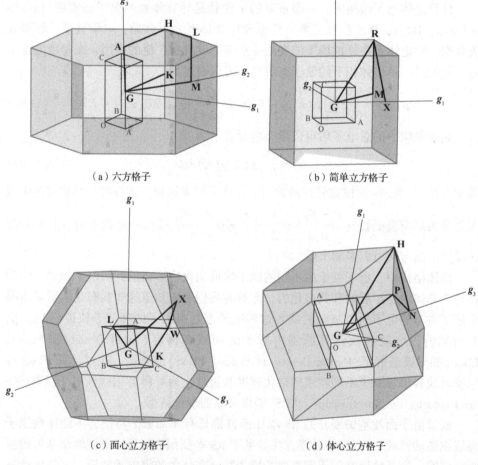

（a）六方格子　　　　　　　　　　　　（b）简单立方格子

（c）面心立方格子　　　　　　　　　　（d）体心立方格子

图 1-2　4 种布拉维格子第一布里渊区及其高对称 k 点示意

立方、面心立方、体心立方的第一布里渊区和计算能带结构时通常选用的高对称 k 点及其连接路径，图中的字母是根据 Bouckaert Smoluchowski Wigner（BSW）记号标记的，表 1-2 列出了这些 k 点对应的倒格式坐标。

表 1-2　4 种布拉维格子第一布里渊区高对称 k 点倒格式坐标

六方格子坐标	简单立方格子坐标	面心立方格子坐标	体心立方格子坐标
G：(0.00, 0.00, 0.00)	G：(0.00, 0.00, 0.00)	W：(0.50, 0.25, 0.75)	G：(0.00, 0.00, 0.00)
A：(0.00, 0.00, 0.50)	M：(0.50, 0.50, 0.00)	L：(0.50, 0.50, 0.50)	H：(0.50, -0.50, 0.50)
H：(-0.33, 0.67, 0.50)	R：(0.50, 0.50, 0.50)	G：(0.00, 0.00, 0.00)	N：(0.00, 0.00, 0.50)
K：(-0.33, 0.67, 0.00)	X：(0.50, 0.50, 0.00)	X：(0.50, 0.00, 0.50)	P：(0.25, 0.25, 0.25)
M：(0.00, 0.50, 0.00)		K：(0.38, 0.38, 0.75)	
L：(0.00, 0.50, 0.50)			

通常计算能带结构的一个很重要的目的，是鉴定该体系的带隙特征，以明确其导电类型。然而，到目前为止，还没有一致的方法可以使不同类型的材料带隙计算值与实验值相匹配，尤其是半导体材料，计算值往往比实际值低很多。这些问题的根源在于密度泛函理论本身的缺陷以及各种修正和近似存在误差。通常在不考虑改变基本原理的前提下，改进带隙计算结果的做法往往集中在改进相应的交换关联泛函方面，以使计算的带隙结果尽可能匹配不同体系的实验结果。目前对于解决半导体材料带隙修正问题比较流行的几种做法是，使用杂化密度泛函或者准粒子激发 GW（G 为格林函数，W 为动态屏蔽库仑相互作用）近似的方法，以及 LDA（GGA）+U 修正的方法。然而，无论哪种方法，都不可能将所有体系都算得非常准确，只可能是对某种体系计算得相对准确，而对于其他体系却相差甚远。这就会导致无论使用哪种方法，都无法确定对于未知半导体材料带隙计算的准确程度。事实上，我们真正应该关注的是某几种同源化合物带隙的变化趋势，如果能对这种趋势计算得准确，那么只要我们知道几种体系的实验结果，自然可以正确推断其他材料的带隙特征和导电类型。因而，我们选用了简单、易行、适用性更强的 GGA+U 的方法来对带隙进行计算修正，并基于此方法推测其同源化合物的电子结构，以确定其未知带隙的变化趋势和范围。

第 2 章
计算实例简介

2.1 半导体材料

2.1.1 IMZO$_m$ 的应用背景

电子和光电子器件已经被广泛应用于社会各个领域，从各类家用电器、通信设备，到计算机、多媒体设备、医疗设备等，都有它们的大规模集成和应用，这在很大程度上应归功于大规模集成电路技术的发展。随着人们对电子产品功能多样化的不断追求，不断提高电子器件的集成度和性能自然成了人们探索和追求的目标。然而，当电子器件尺寸接近纳米范围时，在保持器件性能不变的前提条件下，传统的自顶向下刻蚀电路的制备工艺遇到了前所未有的挑战和物理极限条件[31]，这严重阻碍了器件进一步微型化的步伐。

自 20 世纪 90 年代首次发现碳纳米管以来[32]，一维纳米材料以其特殊的结构和性能，有望为提高电路集成度和器件性能开辟一条新途径，从而吸引了大量研究者的关注[33,34]。半导体纳米线(或纳米带，以下将直接以纳米线表示这两种一维纳米结构)是一种典型的一维纳米材料，它的一个典型特征是材料尺寸微型化。将这一特征应用于大规模集成电路中，可以克服光刻工艺中的尺寸极限条件，降低电路不断微型化所带来的高昂的制备成本，真正实现原子尺度上的可控器件结构，目前它已经被广泛应用于纳米器件中的电路桥接元件和传输通道[35-44]。半导体纳米线与体材料相比，另一个典型的特征就是表面积与体积比很大。这一特征使得纳米线的表面对外界各种物理条件异常敏感，从而使其在各类传感器件、光催化和光生伏特器件的开发应用中具有广泛的应用前景[45]。例如，由金属氧化物纳米线制备的气敏和生物传感器[46,47]、由硅纳米线制备的光伏器件和太阳能电池等[48-50]，都表现出了优异的器件性能。另外，随着半导体纳米线制备工艺的不断发展，人们已经可以将纳米线按照预定设计可控合成和组装，这是其优于碳纳米管的一项重要指标，在实现大规模集成纳米材料功能器件单元上迈出了一大步。实验上已经成功通过可控合成纳米线组装和制备了电子和光电子器件单元，例如利用半导体纳米线制备的场效应晶体管[51]、$p-n$ 结[52]、LED[53]、双极晶体管[54]和逻辑电路元件[55]等。如果能够有效地将这些不同功能的纳米线器件单元组装成功能器件，那么可以预期这些自底向上的组装产品将会为微电子学领域带来一场新的技术革命。纳米线器件单元的重要特征是量子效应将随着器件尺寸的不断减小逐渐展现出来，从而使纳米材料表现出众多异于体材料的物理性质。这些随尺寸缩小而引起的量子效应有些会影响纳米器件的原有功能，有些却为开发纳米器件的新功能提供了前提条件。量子效应为我们探索和利用量子世界提供了有利的平台。

　　基于半导体一维纳米材料的广泛应用前景，在过去的几十年里，人们在实验和理论上对半导体纳米线的制备和物理性质开展了大量的研究，针对纳米线的成分、结构、尺寸、形貌以及掺杂等的差异所表现出的不同物理性质和器件性能开展了广泛的讨论和探索。目前，人们在纳米线的可控合成方面已经达到了很高的技术水平，可以通过调节生长时间来控制纳米线的长度，通过前驱物位置和催化剂种子颗粒大小来控制纳米线的生长方向和直径。另外，各种纳米线异质结构的成功制备也为制备纳米功能器件单元提供了前提[56]。事实上，有效控制纳米线材料按需生长是开发制备各类纳米线器件的第一步，第二步必须要进行的就是深入了解各类纳米线材料结构及其电子输运性质，以及与其他材料相互作用所带来的影响。这是因为各类半导体纳米线器件的应用及其性能都是由这些性质所决定的。在纳米线径向尺寸不断缩小的过程中，量子效应将会逐渐显现出来，并成为影响材料物理性质的主导因素，从而使纳米线表现出众多区别于体材料的量子特征。这就迫切需要从理论层面对这类性质给予定性和定量的计算和说明，从而达到指导实验的目的。这一需求促使理论工作者对各类体系一维纳米材料的结构及其输运行为开展了大量的研究，使其成为该领域的研究热点。

　　当前，对于一维半导体纳米结构的研究主要集中在碳纳米管、硅纳米线、金属氧化物纳米线等几大类材料上，它们在不同的领域有各自的应用优势。在透明电路以及热电材料的开发应用中，透明氧化物由于其较宽的带隙以及多样的光电和磁电性质而具有独特的优势。在该类体系中，ZnO 和 In_2O_3 这两种材料由于兼备导电性和可见光透明性，因此被划归为一类特殊的透明氧化物半导体材料，在透明电路的开发应用中具有举足轻重的作用[57]。尤其是 Sn 掺杂 In_2O_3（ITO）体系，由于其良好的导电性和透明性，已经被产业化并应用于透明电极的制备领域。然而，In 元素的稀缺在很大程度上限制了 In_2O_3 材料的广泛应用，同时也为寻找其替代材料提出了必然的要求。如何合成兼具这两种材料共有物理特征的化合物，同时提高它们的可见光透过率，降低体系的电阻率和提高其迁移率，成为改进该类材料器件性能的一项重要研究内容。2003 年，由 Nomura 小组首先报道

了由 $InGaO_3(ZnO)_5$ 多元金属氧化物 $(IGZO_5)$ 制备的透明场效应晶体管(Transparent Field Effect Transistors, TFET)[58]，其开关电流比为 1×10^6，场效应迁移率高达 80 $cm^2/(V \cdot s)$，性能远远优于传统 ZnO 及 SnO_2 TFET。同时，与 ITO 相比，它大大降低了昂贵的 In 元素的含量，从而在开发新一代透明光电子器件方面迈出了重要一步。即使将 $IGZO_5$ 体系制备成非晶薄膜，其场效应迁移率也可以高达 35.8 $cm^2/(V \cdot s)$，开关电流比达到 4.9×10^6[59]。另外，已经报道的 $In_2O_3(ZnO)_m$ 化合物 (IZO_m) 比 ZnO 和 In_2O_3 具有更低的高温热导率，在温度为 1000 ℃ 时热导率仍能保持在 2~2.5 W/mK，从而展现了其在高温热电材料领域的广阔应用前景[60-62]。实验测量的 $IZO_m(m=3, 5, 7)$ 热电性质显示，它与其他热电氧化物相比，具有更大的功率因子[63]。事实已经证明 $InMO_3(ZnO)_m$ 体系 $(IMZO_m, M$ 为 In、Ga)在一定条件下比 ZnO 具有更高的电导率和载流子迁移率。一些知名的公司，如夏普、三星、索尼等都投入了大量资金和人力进行相关的研发，已开发出了由非晶 IGZO-TFET 驱动的液晶显示样机[64]。

基于此，同系化合物 $IMZO_m$ 薄膜材料吸引了众多研究者的广泛关注。进一步，若将该类体系制备成一维纳米结构应用于纳米电子器件中，不仅可以发挥其特有的结构性质，更可在实现器件微型化和功能多样化方面迈出一大步。然而，就当前应用范围而言，同系化合物 $IMZO_m$ 仅局限于无源器件的应用层面，要想真正实现该体系在透明电路中的有源器件开发以及纳米器件的制备，需要掌握可控和按需生长一维 $IMZO_m$ 纳米结构的技术，以及了解其特有的晶体及电子结构和输运性质。目前，国内外已有实验小组成功制备了该体系的一维纳米结构[65-67]。Zhang 课题组自 2008 年成功合成 $In_2O_3(ZnO)_m$ 纳米线以来[68]，一直致力于研究 ZnO 及 $IMZO_m$ 体系一维纳米结构的形成机制和制备方法，已经成功合成了各种不同成分体系的 $IMZO_m$ 一维纳米材料，例如 $ZnO/In_2O_3(ZnO)_m$ 异质结纳米带、$InAlO_3(ZnO)_m$ 纳米带、$In_{2-x}Ga_xO_3(ZnO)_3$ 纳米带、Si 掺杂 $In_2O_3(ZnO)_3$ 纳米带以及 Ga 掺杂 $In_2O_3(ZnO)_3$ 纳米带等，并对该体系的晶体结构特征、光致发光特性、场发射性质、拉曼光谱特性、电学性质以及异质结特性等开展了大量的研究[69-75]，积累了系统性的研究成果，为继续深入研究该体系的结构及电子输运性质提供了大量的第一手实验资料和可靠的实验表征手段。实验结果表明，该类体系具有特殊的超晶格结构，其独特的物理性质主要表现在以下几个方面。

(1) 天然的超晶格结构，其层状结构特征可以用于异质结和量子阱相关器件的设计。

(2) 光学透明性好，可以作为透明氧化物电导材料，用于制作透明光电器件。

(3) 场效应迁移率高，可以考虑作为优良的场效应晶体管材料，用于制作显示器件、太阳能电池等。

（4）热稳定性很好，具有较低的热导率，可以用来制作耐高温热电转换开关器件。

尽管该体系材料的这些独有特征显示了其具有广阔的应用前景，然而对于该体系材料的物理性质和理论研究的相关报道却相对较少。这主要是因为该体系材料的合成和表征具有一定的困难。同时，由于其晶型的复杂，对于该体系材料稳定的基态晶体结构，目前仍然存在很大的争议，使得理论计算研究无法建立在一个可靠的前提之上。1967 年，Kasper 首先成功合成了 IZO$_m$ 化合物，并确定了其层状结构特征[76]。随后 Kimizuka 等人提出 IMZO$_m$ 化合物同构于 LuFeO$_3$(ZnO)$_m$[77]。在其特殊的层状结构中，In-O 原子与 M-Zn-O 原子以不同的结构特征沿晶体 c 轴方向形成依次交错层叠的超晶格结构，但是 M 原子在 M/Zn-O 原子层的位置却一直存在争议。后期的一些高分辨实验数据显示，在 M/Zn-O 原子层中，还存在 V 字形的周期调制结构且结构并不唯一[78,79]，这对在实验上表征和确定该类体系的稳定基态结构提出了挑战。此外，由于该体系特殊的层状结构特征，其电子输运行为表现出众多特有的现象，如电导率各向异性[80]、纳米线 I-V 特性曲线表现出非线性特征[69]、低温跳跃电导特征且具有霍尔电压可测性[81]等。到目前为止，还没有建立起与结构相关联的能对这些特征加以描述和解释的一整套理论。

2008 年，日本一个研究小组[82]和由 Wei[83]带领的研究小组分别针对该体系的基态稳定结构，利用第一性原理计算的方法进行了初步探索，给出了一种稳定的结构模型和形成规则。Wei 小组之后又对 IZO$_m$ 体系（m=1，3，5）的电子结构特征进行了计算，发现其带隙随 m 值的增大可能有增大的趋势[84]。2012 年，Freeman 研究小组在此模型的基础上，对该体系的本征缺陷类型和载流子可能来源进行了初步探索[85]。2013 年，Yang 课题组根据其合成的 IMZO$_m$ 纳米体系的新特征，给出了一种新的结构模型[86]。在此期间，笔者通过总结当前已报道的该体系材料的结构表征数据和高分辨实验结果发现，已给出的模型并不能很好地解释所有的高分辨实验数据。

基于该体系材料在合成和制备方面具有优势，其各类物理性质已积累了大量的实验结果，对一维纳米结构的量子输运机制也存在理论计算方法，本书将介绍计算 IZO$_m$ 结构及其与结构相关的电子输运性质的方法。计算结果试图探索一种更加稳定的结构模型，其结构稳定性优于所有已报道的模型，并且可以完美解释当下的高分辨实验数据，从原则上解决该类材料的结构表征问题，为下一步深入研究该体系的各类物理性质奠定基础。在此基础上，可以对其电子结构相对于不同 m 值和不同亚稳定结构的差异和关联进行理论分析，找出其变化规律。同时利用已有的实验结果，对纳米线电子输运的独有特征进行理论研究，以填补这方面的空白。利用这些研究成果，可以为该类材料的开发应用提供广泛的理论指导和技术支持。

再从总体来说，透明导电氧化物材料最典型的特征是兼具良好的导电性和透明性。寻找合适的材料体系能够实现上述两方面最优化的物理性质是实验和理论工作者共同追求的目标。理论研究方面一项重要的任务和挑战就是分析该类化合物导电性和光学透明性的来源，以确定影响它们的主导因素，从而为实验工作者改进和合成最优化结构和新材料提供指导和帮助。由于 IZO_m 体系兼具 ZnO 和 In_2O_3 的众多物理性质，并在很多方面表现出更加优越的性能，因此开发利用该类材料体系，在透明电子学领域制备有源纳米光电器件，具有广泛的应用前景。但是，基于该体系材料的结构(在不特别说明的条件下，本书所指的结构同时包括晶体和电子结构)及其一维纳米材料的电子输运性质理论研究内容还十分稀缺，无法满足当前希望用于指导实验工作者的要求，这就为对该体系进行深入理论研究提供了前提。

纳米线作为纳米器件中最小的电子输运载体，其自身的结构和电子输运性质直接决定了它的性能和在各类器件中的应用范围。因此，了解和掌握不同纳米线体系的结构、输运机制、影响因素，以及如何加以控制是实现纳米线器件应用的关键。目前，对半导体纳米线的结构及其电子输运性质的研究已经吸引了众多实验和理论工作者的关注，并且已经在众多不同的材料体系中得到了广泛的研究。当纳米线的径向尺度和轴向尺度处于不同的尺寸范围时，其电子输运行为有着不同的实验特征。并且，各类特征还密切依赖电学测量时的接触类型。因此，对其理论方面的研究无疑是了解和开发利用该类体系的前提和基础，也是必经之路。理论不仅可以指导实验工作者对体系进行优化和筛选合成，为该类体系的工作机理提供可靠的理论基础和研究方法，还可以为实验工作者提供最优化的物理模型和物理图像，帮助实验工作者推测和研究不同条件下的众多实验体系，从而达到指导实验的目的。

从物理学的观点来说，纳米线结构及其电子输运性质的理论研究不仅仅是为了解释实验和指导实验，更重要的目的在于通过对某些材料典型结构和电子输运行为的研究，找到普适的理论框架和工作机理，从而建立可靠的理论方法和研究手段。纳米线提供了一个理想的量子输运实验平台。它为在介于宏观和微观的物质世界中观察和研究可观测的量子现象提供了一种崭新的物质结构，从而使得量子现象以不同的表现形式展现在纳米线的电子输运过程之中。可以说，半导体纳米线为物理学更深入地研究微观与介观之间的量子现象提供了理想的物质基础和实验手段。在实践工作中，将理论研究对象选定为 IZO_m 多元透明氧化物半导体纳米线，通过应用当前发展较成熟的理论方法研究其特有的晶体结构、电子结构、缺陷结构以及这些结构性质对电子输运过程的影响，不仅可以为该类体系的特有实验现象提供合理的物理图像和解释，也可以为开发该类材料的潜在应用提供理论依据及指导。另外，应用现有方法研究该体系材料的同时，可以使我们不断深入掌握各种理论在不同材料中的应用范围、可靠程度以及局限性，使我们可以进一步提出新的理论方法和理论观点，以适应不同的研究对象，而且所得出的理论方法和结果可以为其他理论工作者提供有力的借鉴和参考。

2.1.2 IMZO$_m$ 的实验特征

透明导电氧化物是一类特殊的半导体材料，已经被广泛应用于太阳能电池、显示器、透明薄膜场效应晶体管等众多领域。该类材料兼具导电性和透明性双重特征。在可见光和近紫外光区域，其光学透过率可以高达 85% ~ 90%，自由载流子浓度（n 型材料）可以高达 $10^{19} \sim 10^{20}/cm^3$，电导率可以高达 1000 ~ 5000 S/cm，带隙宽度通常介于 3 ~ 4 eV。该类材料对于简并、掺杂都较为敏感，从而保证了其从半导体特性到金属导体特性转变的可能性。该类材料中大部分的金属阳离子具有典型的 $(n-1)d^{10}ns^0$ 电子构型，例如 Zn^{2+}、Ga^{3+}、In^{3+}、Sn^{4+} 等。这一特征有利于实现球对称的 ns^0 轨道的叠加，从而形成有利于电子输运的导带，保证了其具有较高的电子迁移率。此外，满壳层的 d 电子也防止了该轨道电子之间的跃迁导致的可见光区域吸收光谱的存在。它们的一类典型代表材料为二元化合物 In_2O_3 和 ZnO。尤其是 ITO 材料，它的电导率可以高达 10^4 S/cm，已经被产业化批量生产，并且广泛应用于制备平面显示器和太阳能电池的透明电极等。In 元素属于地球稀缺资源，然而仅 2005 年全球 In 元素的产量就达到 500 t，已占全球预计总储存量的 8%，大量的工业化需求必然使其面临资源枯竭[87]。因而，尽量减少 In 元素的含量，努力提高或者尽量保持该类体系材料的可见光透过率，降低电阻率，提高迁移率，成为改进该类材料器件性能的主要研究内容。由于 In_2O_3 和 ZnO 所特有的优势，这一需求也促使合成兼具这两种材料共有物理特征的多元化合物 IMZO$_m$ 应运而生。

早在 1967 年，Kasper 就已经成功合成了 IZO$_m$ 化合物，并确定了其层状结构特征。然而，早期人们一直认为该层状结构特征是由 ZnO 和 In_2O_3 交错排列形成的[88]。ZnO 具有六方晶系纤锌矿结构（空间群 $P6_3mc$），Zn 离子和 O 离子分别占据正四面体的中心位置，具有四配位结构。整个晶体是由 Zn 离子和 O 离子依次交错沿着六方晶系 c 轴密堆积而成的，四面体结构中一半位点被原子所占据。In_2O_3 具有立方晶系铁锰矿结构（空间群 $Ia\bar{3}$），可以被描述为缺陷萤石结构，即按照一定的规律去掉其中 1/4 的阴离子，每一个 In 离子都位于由 O 离子所包围的立方体的中心，其中一对角的 O 离子为缺失状态，而 O 离子位于由 In 离子围成的四面体间隙。这样，In 离子和 O 离子分别具有六配位和四配位结构。可以看出，这两种结构的显著差异并不能使两种体系简单地按照原来的对称性交替衔接过渡，这也使研究者对它们的衔接方式提出了疑问。随后 Kimizuka 研究小组对该体系进行了系统研究[77-79,89,90]，提出 IMZO$_m$ 化合物同构于 LuFeO$_3$(ZnO)$_m$：当 m 取奇数时，其晶体结构属于三方晶系（空间群 $R\bar{3}m$）；当 m 取偶数时，其晶体结构属于六方晶系（空间群 $P6_3/mmc$）。在其特殊的层状结构中，In-O 原子层与 M/Zn-O 原子层以不同的结构特征沿晶体 c 轴方向形成依次交错层叠的超晶格结构。其中，In-O 原子层可以被表述为 InO$_2^-$，In 离子和 O 离子分别具有六配位和四配位结构，而 M/Zn-O 原子层可以被表述为 MO(ZnO)$_m^+$，其中 O 离子占据四配位结构。在该层中，随着 O 离子沿晶体 c 轴的位置不同，可以产生正四面体（四配位）或者三角双锥体（五配位）结构，这就对 M 和 Zn 离子在该层的占位提出了疑问，这也是目前一直有争议的问题。曾先后有研究者认为 M 离子与 Zn 离子共同随机占据该层中的这些等价位置，或者 M 原子占据在一个原子层面中，具有五配位结构[91]。但是后期的一些高分辨实验数据显示，在 M/Zn-O 原子层中，还存在 V 字形的周期调制结构，这种结构已经被认为是由 M 原子在该层中的有序排列导致的[90]。图 2-1(a) 和 (b) 展示了 IZO$_3$ 和 IZO$_6$ 体系的一种原子结构模型。在该原子结构模型中，M(M 为 In) 原子已经被放置于垂直于晶体 c 轴的同一原子层内，具有五配位结构，其余 Zn 原子都占据四配位位置。其中，褐色、灰色和红色原子分别代表 In 原子、Zn 原子和 O 原子，In-O 原子层和 M/Zn-O 原子层已经在图中做了标注。这里称该结构模型为平面原子结构模型。

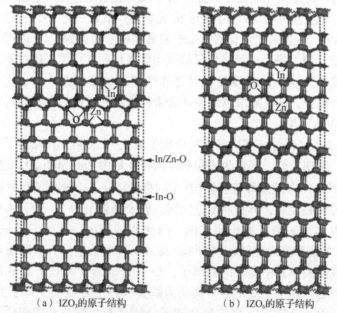

（a）IZO$_3$的原子结构　　　　　（b）IZO$_6$的原子结构

图 2-1　IZO$_m$ 化合物平面原子结构模型

（原图见彩插页图 2-1）

目前研究该体系材料结构的主要实验方法是 X 射线衍射（X-Ray Diffraction, XRD）和高分辨透射电子显微镜（High Resolution Transmission Electron Microscope, HRTEM）。由于该体系材料的多重晶体结构特性，XRD 给出的判断还必须结合 HRTEM 数据才能确定材料的结构。准确地区分和辨别 M 原子掺杂 ZnO 结构和 $IMZO_m$ 晶体结构是实验中须解决的重要问题，也是研究的前提和基础。

正是由于特殊的层状晶体结构和化学组分，$IMZO_m$ 除了兼具 ZnO 和 In_2O_3 各自的物理特征外，还具有很多特有的物理性质。然而，由于实验条件和样品的差异以及表征的困难，很多实验都处于探索阶段，并未形成定论，但是大量的实验结果已经足以让我们判定该体系材料具有以下独有的特征。

（1）部分实验结果表明，IZO_m 体材料的电导率随着 m 值的减小可以从 1 S/cm（$m=11$）增加至 270 S/cm（$m=3$）[92]。这一结果足以说明该体系材料的电导特征与 In/Zn-O 原子层的厚度以及原子成分比有密切的关系。可以推测其 m 值与电导率存在一定的函数关系。

（2）部分实验结果表明[63,92]，IZO_m 带隙随着 m 值（$m=3$，4，5，7，11）的增大有增大的趋势。估算的带隙变化范围大概为 2.8~3.0 eV。另有结果显示，IZO_2 带隙测量值为 2.9 eV[93]，而 IZO_5 带隙测量值为 3.12 eV[80]。

（3）部分实验结果表明[92]，IZO_m 具有本征 n 型电导特征。其载流子来源目前还是具有争议的问题。就 In_2O_3 和 ZnO 而言，当制备氧气分压增加时，其电导率随之显著减小，甚至可能发生 7 个数量级的变化。而对其进行还原处理后，可以显著提高它们的电导率。可以断定，氧空位是该体系材料的一种重要的本征缺陷，同时也是它们的载流子来源之一。对 IZO_m 进行还原处理也可以明显提高其电导率。然而，其特殊的氧气分压与电导率之间的非线性变化关系难以合理地解释氧空位缺陷。特殊的 m 值与载流子浓度的非线性变化关系以及它们在还原处理条件下的变化趋势预示着该体系材料必然存在新的载流子源。

（4）通过合成沿晶体 c 轴取向以及沿（110）晶面取向的 IZO_5 薄膜材料，测量其电导率发现[80]，该类材料都为 n 型半导体，沿 c 轴方向运动的载流子迁移率远小于沿垂直于 c 轴方向运动的载流子迁移率，大小差别接近 1 个数量级。这说明了该体系材料的层状结构对不同方向的电子输运产生了决定性的影响。在不同的气体环境、不同的温度下对 IZO_5 薄膜材料进行退火处理，可以发现其载流子浓度、电阻率以及载流子迁移率都发生了变化。其中氧空位随着退火温度的升高和环境气体浓度的增加逐渐增多，从而使载流子浓度逐渐增加。特别是载流子迁移率在一定温度下出现一个极大值，这一极值变化过程与晶体内部的应变弛豫过程有直接的对应关系。可以预期，这些物理性能与样品结晶质量、晶体结构及原子排布密切相关。实验结果显示，沿 c 轴取向的 IZO_5 薄膜的折射率在可见光波长范围内大约为 2。随着载流子浓度升高，折射率有逐渐减小的趋势，其透射光谱显示，在可见光区域内其透过率达到 90% 以上，并且随着载流子浓度的增加，透过率将有所降低。当材料处于简并状态时，载流子浓度的增加会使得吸收边蓝移，发生 Burstein-Moss 效应[94]。其等离子体振荡吸收边也随着载流子浓度的增加而向短波长方向移动。通过测试其吸收系数可以得知，IZO_5 薄膜带隙宽度大于 3.12 eV，小于 ZnO(3.37 eV) 与 In_2O_3(3.75 eV) 各自的带隙宽度。根据预测，该体系材料的带隙应该随着 m 值的增加而逐渐增大，最终应该趋向于 ZnO 的带隙宽度，但是这个结论的可靠性还需要通过大量不同 m 值的材料加以验证。目前较方便的研究方法主要是光致发光谱的测量，可以体现该体系材料的带隙发光范围和缺陷发光特征，这些结果都为进一步研究其结构缺陷类型及能级位置提供了依据。

（5）通过研究 $InGaO_3(ZnO)_5$ 多晶薄膜材料（$IGZO_5$）的电学性质[81]发现，在高载流子浓度下，其电导率随温度的变化表现出热激活特性，当载流子浓度达到较高水平时，将不再随温度变化。实验结果表明，该热激活特性并不是来源于载流子浓度随温度的变化，而是来源于迁移率随温度的变化，这一特征被归结为晶粒间界肖特基双势垒的形成。$IGZO_5$ 单晶薄膜的迁移率随温度变化的特征在低载流子浓度下与多晶薄膜相似，但是在高载流子浓度下，其对温度的依赖性逐渐消失，并且载流子浓度基本不随温度而变化。在室温下，$IGZO_5$ 单晶薄膜的迁移率随着载流子浓度的增加而逐渐增加，迁移率在 $1\sim10$ $cm^2/(V \cdot s)$ 变化。在低载流子浓度下，其电导率的变化服从 $T^{1/4}$ 变化规律，这一规律在现有理论认识下可以被归因为晶体无序导致的电子局域化，从而产生相应的电子跳跃电导机制。同时，在低载流子浓度下，其霍尔电压没有明显的示数，但是在高载流子浓度下，霍尔电压开始显现。分析显示，该体系材料虽然在低载流子浓度下表现出渗流电导机制，但是在载流子浓度升高后的霍尔效应可测性说明该机制所描述的物理图像并不能完全描述该材料的电子输运行为。这个既表现出跳跃电导机制又具有霍尔电压可测性的特殊现象是与该体系材料的 M 原子排布直接相关的，这个问题有待进一步根据其晶体结构特征以及载流子产生机制进行研究。

（6）测量半导体纳米线（如 ZnO 纳米线）的 $I-V$ 特性曲线时，经常会出现 4 种典型的线型，它们可以概括为在正反偏压下线性的线型、非线性对称的线型、非线性不对称的线型以及整流型线型。这些曲线特征对于 ZnO 纳米线来说实际上主要是由纳米线与两金属电极的接触势垒高度不同所引起的。如果将接触电极制备成欧姆接触类型，即接触势垒高度为 0，那么通常其 $I-V$ 特性曲线都表现为线性的欧姆电导行为。在前期的实验结果中已经发现[69]，在测量 IZO_m 纳米带电学性质的实验过程中，当两端接触电极为典型的欧姆接触类型时，其 $I-V$ 特性曲线仍然表现出非线性特征。这些特征的出现显然已经说明此时 IZO_m 纳米线体系已不再服从欧姆电导行为。这些非线性特征需要在排除电极影响电流曲线形状的前提下，找到材料自身的物理因素，并给出其理论解析和定量分析。

（7）IZO$_m$ 体系材料的生长温度通常在 1400 ℃左右，因而具有很高的热稳定性。热电材料性能的好坏主要通过比较其品质因子 $ZT = \dfrac{\alpha^2 \sigma T}{\kappa}$ 的大小来加以判别，其中 σ 为电导率，α 为热电势，κ 为热导率。通过对 IZO$_m$（$m = 3$，5，7）的高温电导率和热电势的测量发现[63]，由它们所推测出的该体系材料的最大功率因子（$\alpha^2 \sigma$）要大于目前所知的其他热电氧化物。此外，它在热电材料领域的特殊优势还在于其具有层状结构特征，这一特征已经在同类结构的化合物中被证明可以大大降低材料的热导率。事实上，该体系材料所测量的热导率在温度为 1000 ℃时仍能保持在 $2 \times 10^3 \sim 2.5 \times 10^3$ W/K 的较低范围，比同等条件下的 ZnO 和 In$_2$O$_3$ 的热导率要低很多[95,96]。它的宽带隙特征也显著阻碍了高温条件下本征载流子的激发，从而可以保证材料本身性质的稳定性以及品质因子随温度可以不断升高的趋势。对于定量计算热导系数，以及各类热导系数的物理关联性，目前的研究还很少，缺乏大量的理论研究资料，这是值得进一步研究的问题。

2.1.3 IMZO$_m$ 的计算研究概况

IMZO$_m$ 体系材料合成的困难以及结构的多样性为实验研究其物理性质带来了一定的困难。此时，通过理论模拟计算的方法对其进行研究是深入了解该体系材料的一条捷径。随着计算机硬件性能的不断提升，从第一性原理出发计算单胞中含上百个原子的晶体结构的各类性质已经成为可能，这同时也为该体系的理论研究提供了前提。目前对该体系的理论研究工作主要由 Wei 和 Freeman 分别带领的科研小组进行。

1. 晶体结构

目前研究该类体系的基态晶体结构主要通过第一性原理计算的方法，可以通过比较不同结构形成能的大小找到最稳定的结构，结合实验数据来验证哪种结构特征是该体系材料最容易形成以及稳定存在的。目前的模型主要是讨论 M 原子的位置分布，以及如何才能形成 V 字形调制结构。Yan[97] 等人根据 IZO$_m$ 体系材料的高分辨实验数据，提出了一种在 InO(ZnO)$_m^+$ 层中具有 V 字形调制结构的原子结构模型，其调制结构主要由五配位的 In 和 Zn 原子所形成。利用第一性原理计算方法，该团队计算了调制结构和平面结构模型的体系总能，发现调制结构具有更高的结构稳定性。基于此模型，Da Silva 等人[83] 系统地研究了 IMZO$_m$ 体系材料的基态稳定结构，初步提出了一种基态结构模型，同时给出了其形成的机制。其要点主要如下。

（1）InO$_2^-$ 层中，In 离子占据的六配位八面体结构是维持体系稳定性的重要因素。

（2）在 $MO(ZnO)_m^+$ 层中，存在一个极化反转畴界。这一畴界是对 InO_2^- 层中的极化反转畴界的二次反转。

（3）极化反转畴界在 $MO(ZnO)_m^+$ 层中具有 V 字形调制结构，它是由五配位的 M 和 Zn 原子所形成的。与由 M 原子形成的平面畴界结构模型相比，V 字形调制结构可以有效地降低体系的应变能量和总能，提高体系的稳定性。

（4）在 $MO(ZnO)_m^+$ 层中，最大限度地维持纤锌矿结构是该体系结构的一个显著特征。

（5）$MO(ZnO)_m^+$ 层中的 O 原子满足电子八配位规则。

利用满足上述规则的原子结构模型，可以解释该体系材料在高分辨实验数据中所观察到的调制结构。该基态结构模型也为进一步理论研究 $IMZO_m$ 体系的各类物理性质奠定了基础。

但是通过分析我们发现，该结构也不能完全解释当前该体系材料所有的高分辨实验结果。因此，到目前为止，这一问题仍然有必要进一步研究。事实上，材料的结构是研究其他性质的基础，在没有了解其结构的前提下进行的理论计算都会存在一定的争议。

2. 电子结构

利用密度泛函理论对 $IMZO_m$ 材料进行研究，最基本的是需要了解其电子结构。Walsh 等人[84]利用上述模型，对 $IZO_m(m=1,3,5)$ 体系利用混合密度泛函理论计算了电子结构和吸收光谱。该方法使用混合交换关联泛函，通过引入一个可调屏蔽参数 ω，使 ZnO 和 In_2O_3 的带隙值理论计算结果很好地匹配它们的实验结果，这也为利用其预测 IZO_m 体系材料的未知带隙提供了依据。计算结果表明了如下内容。

（1）当 $m=1,3,5$ 时，IZO_m 带隙的理论计算值分别为 2.91 eV、3.04 eV、3.05 eV，可以预测带隙值可能有随 m 值增大而增大的趋势。与 In_2O_3 相比，这些值小于它的本征光学带隙（3.75 eV），但是接近或者大于它的电子结构带隙（2.9 eV），主要是其价带顶到导带底的对称禁戒跃迁已经被消除所导致的。

（2）IZO_m 价带顶的电子态主要是由 ZnO 结构成分所贡献的，当 $m=1$ 时，导带底主要是由 In、Zn、O 的 s 态电子轨道杂化所形成的，随着 m 值的增大，导带底电子态逐渐局域于 InO_2^- 层，主要来自 In 原子的贡献，从而导致其电导率随 m 值的增大有减小的趋势。

（3）IZO_m 光学吸收边随着 m 值的增大有增大的趋势。

但是，由于计算模型的不一致和 m 值取值范围有限，还没有一个理论得出的 m 值符合所有的能带结构特征和光学特征。这为进一步普适性研究该体系材料埋下了伏笔，需要引入更普遍的理论方法来对任意 m 值下的体系的能带结构进行研究。另外，带隙问题一直是目前第一性原理无法真正解决的问题，因此在讨论该体系材料未知带隙的计算问题上，需要引入不同的交换关联泛函加以比较，从而找到较可靠的理论计算方法。对于该体系材料的光学性质计算，主要是给出光学带隙的分析，更多的计算结果由于缺乏实验数据比较，因而研究的成果并不是很多，这需要从实验和理论上进一步研究。

3. 缺陷特征

Peng 等人[85]基于上述模型，以 IZO_3 为特例计算了该体系材料的本征缺陷类型和可能的载流子来源。讨论该问题主要基于众多对 In_2O_3 和 ZnO 本征缺陷的研究。混合密度泛函理论计算已经证明[98]，在 In_2O_3 中，氧空位具有较低的形成能和电离能，它可以被认为是该体系材料主要的本征缺陷类型，同时也是其 n 型导电性和载流子的根本来源。对于 ZnO[99]，大家公认的结果是氧空位具有最低的缺陷形成能，是其主要的本征缺陷类型。然而，各种理论方法都显示该缺陷处于导带底以下 1 eV 左右，为深能级施主缺陷，难以为其提供符合实验测量结果的载流子数目，从而对解释其高电导率的来源提出了挑战。目前认为 ZnO 的本征缺陷类型不能很好地解释其固有的导电特性，一种最有可能的载流子来源为氢原子在 ZnO 中的掺杂。对于该体系材料的详细总结和论述可以参阅文献 [67]。类似上述两种二元化合物的讨论方法，Peng 分别考虑了氧空位（ V_0 ）、In 对 Zn 替位（ In_{Zn} ）、In 间隙（ In_i ）和 Zn 间隙（ Zn_i ）这几种施主类型的缺陷在 IZO_3 体系中的形成能和电离能，得到了如下初步结论。

（1） In_{Zn} 缺陷具有较低的缺陷形成能和杂质电离能量。

（2） V_0 类似 ZnO 的情形，具有较低的缺陷形成能，但是电离能级较深，属于深施主缺陷类型。

（3）其他的阳离子间隙缺陷都属于浅施主缺陷，电离能级距离导带底很近，但是它们的形成能过高，不可能成为该体系载流子的来源。

（4） V_0 和 In_{Zn} 处于近邻位置时容易形成复合缺陷，并且 V_0 具有位置择优选择性，它可能会调节 In_{Zn} 的形成位置，从而形成与 In_{Zn} 相关的复合缺陷类型，成为 IZO_m 的载流子源。这些择优占位的缺陷可以影响载流子的散射弛豫时间，可以为解释该体系电导率的各向异性提供一种可能的机制。

可以看出，这些理论计算结果对于 IZO_m 体系的研究都处于探索阶段，并未形成普遍的、一致的定论，利用不同的基态模型或者不同的理论计算方法都可能得出不完全一致的结论，因此需要通过系统地研究，对这些结论和新的解释加以确认和推敲，并探索其特有的和新的物理机制。另外，对于该体系的电子输运特征的理论研究，目前基本为空白，这就为我们提出了深入理论研究该体系电子输运特征的必然要求。

2.2 储能材料

2.2.1 MXenes 的应用背景

能源枯竭与环境恶化是当今人类面临的最为严峻的问题之一，解决这一问题的一条主要出路，是研究、开发高效能量转换与存储体系。当前，各类不同储能体系的能量和功率密度范围可以由 Ragone 图（见图 2-2）来表示。从图 2-2 中可以看出，超级电容器正在逐渐向电池领域过渡，成为一种极具潜力的储能体系，其性能的不断提升，实际上主要取决于电极材料的开发、改进以及对电荷存储机制的探索和利用。在近 10 年里，人们一直在努力开发用于高性能储能的高效电极材料[100,101]。电极材料的能量和功率密度很大程度上依赖电荷存储过程[102]。嵌入电容作为一种高效的电容式电荷存储过程，受到人们的广泛关注[103]，它通过快速的离子扩散和本体氧化还原反应结合了两个基本步骤，即嵌入和表面吸附。人们已经发现了一些代表性材料，例如 $T-Nb_2O_5$[104] 和 MoS_2[105]。通过这种途径可在不降低功率密度的情况下达成获得高能量密度的目的，例如超级电容器中使用的 RuO_2，可以获得 $1000\sim1800$ F/cm^3 的体积电容[106]。然而，这种材料的高成本阻碍了其在实际应用中的普及。探索可替代物的方案正在不断发展。

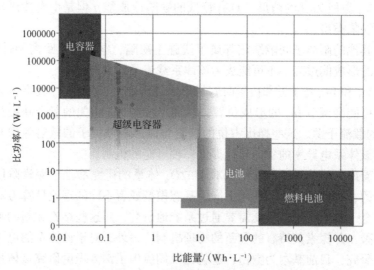

图 2-2　储能体系 Ragone 图

具有二维(2D)层状结构的插层材料在近 10 年里引起了人们的广泛关注，因为它是一种容纳不同离子的优良宿主，近年来人们对其在电化学储能中的应用越来越感兴趣[107]。电极材料如石墨烯[108]、MoS_2[109]，尤其是新近制备的 MXenes 等，在离子插层电池和电化学电容器中的应用，对于提高器件性能具有广阔的前景[110]。二维过渡金属碳化物和碳氮化物，即所谓的 MXenes，由于其高嵌入电容而特别适合在超级电容器中使用[102]。MXenes 通常具有通式 $M_{n+1}X_nT_x$（$n = 1$，2，3），其中 M 为过渡金属，X 为 C 或 N，T 代表表面官能团。$Ti_3C_2T_x$ 是 MXenes 系列中第一个被合成且受到研究最多的成员，在薄膜条件下显示出 900～1500 F/cm^3 的超高体积电容[110,111]。该电容值可与贵金属氧化物的体积电容（例如最新的中孔 RuO_2）相近[106]。此外，MXenes 中各种碱金属和多价阳离子的自发嵌入能力扩展了其在非锂离子能量存储材料中的应用范围[102]。作为应用发展最快的二维材料之一，MXenes 在离子电池和超级电容器中用作电极材料时具有出色的性能[102]。具有分层结构的代表性体系 $Ti_3C_2T_x$ 表现出 900 F/cm^3 的大体积电容和高倍率性能[111]，显示出在微尺度储能中的应用前景[112]。此外，人们在理论上还探索了 MXenes 的许多其他重要应用和性质，例如 Pan 等人研究了 MXenes 的光催化[113]和电催化性质[114]；Li 等人[115]和 Shi 等人[116]预测了可调谐电子器件和二维功能化的磁性质；还有人发现了 N 官能化 MXenes 的应变相关电子特性[117]。这些研究表明，MXenes 在从储能到纳米器件的广泛应用中具有巨大的潜力。

2.2.2　MXenes 的计算研究概况

2011 年，由 Gogotsi、Barsoum 带领的研究小组通过对 MAX 相三元金属碳化物抽离 A 原子层的方法，首次合成了具有表面官能团的二维碳化物 MX(Ti_3C_2)纳米片层状结构[118]，之后由 Tang 通过理论计算证明了该类材料可以在 Li 离子输运方面表现出绝对的优势[119]，从而使其成为锂离子电池和赝电容器电极材料的热门备选者之一。MAX 相通常可以写为 $M_{n+1}AX_n$（$n = 1$，2，3）的形式，其中 M 表示过渡金属元素（M 为 Ti、Sr、V、Cr、Ta、Nb 等），A 表示主族元素（通常为 ⅢA 和 ⅣA 族，A 为 Al、Ga、In、Si 等），X 表示 C 或者 N，当前已发现了超过 70 种化合物属于这一相族[120]。目前已经通过 MAX 相族成功合成了如 Ti_2C、Ti_3C_2、Ta_4C_3 等多种体系的二维结构材料，它们被统称为 MXenes，可以普遍表示为 $M_{n+1}X_nT_x$ 的形式，其中 T 和 x 分别表示二维结构表面附着的官能团（T 为—F、—OH，—O）和数目[121]。MXenes 具有共价键、离子键和金属键共存的特征，因而同时表现出金属与陶瓷所特有的性质，例如具有很好的热导和电导特性，并且同时具备亲水性和抗腐蚀性。这些特性以及其特有的层状结构保证了它们作为电极材料的优越性。目前，该类二维材料在离子电池[122-123]、电化学电容器[110,111,124]、含铅水的净化[125]、光催化[126]等应用中都表现出了杰出的器件性能，特别是其独有的易嵌入特征，实现了不同类型、不同尺寸的离子及分子的嵌入结构[110,127]，为储能体系选择输运离子提供了更为广阔的范围。作为代表，$Ti_3C_2T_x$(Ti_2CT_x)是目前最受关注的 MXenes。已有研究报道了 $Ti_3C_2T_x$[110]层状结构在电解液中可以让 Li^+、Na^+、K^+、Al^{3+}等离子以及有机分子[127]（如 N_2H_4）发生自发嵌入或者电化学嵌入，这不仅确定了可能的嵌入型储能机制，同时也为用低价的 Na 元素代替稀缺 Li 元素提供了条件。此外，Ghidui 在 2014 年的《自然》杂志中报道了可塑型 $Ti_3C_2T_x$ 片层结构体系[111]，体积比电容可以达到 900 F/cm^3，这一数值远远高于目前所报道的碳基材料的结果（<300 F/cm^3），并且远远高于已报道的石墨烯基材料的最优值 572 $F/cm^{3[128]}$。由 Ti_2CT_x 制备的电极材料实验结果证明了其倍率特性要优于硬碳和膨胀石墨材料[124]，且具有良好的循环稳定性和安全性。由其作为负极组成的混合电容器性能测试结果证明，在只考虑单电极质量前提下，它实现的能量密度和功率密度可以同时高达 260 Wh/kg 和 1440 W/kg[124]，并且是以 Na^+作为传输离子，其性能已经达到了锂离子电池的储能密度，这一结果为研究人员继续深入开发和优化该体系提供了信心。

目前，对于 MXenes 的形貌和结构、与成分相关的储能机制、电子和离子传输性能的理论研究及模型建立还处于探索阶段，研究的结果和存在的问题包括以下几个方面。

（1）已经报道了几种典型堆叠结构 MXenes 的实验电容量，如 Ti_2CT_x（110 mAh/g）、$Ti_3C_2T_x$（100 mAh/g）[121]。而利用其制备的片层完全剥离结构，如片层 $Ti_3C_2T_x$，电容量可以达到 410 mAh/g，远大于早期理论计算的最大值（320 mAh/g）[127]。而片层 Mo_2CT_x 和 $Ti_3C_2T_x$ 的体电容实验值可以分别达到 700 $F/cm^{3[129]}$和 900 $F/cm^{3[111]}$。后续的理论计算对其进行了探索[130]，然而以金属 Li 作为参考能量会得到不稳定的吸附结构，暴露了理论模型与实验结果之间的不符。

（2）由于体系表面结构的多样性，已有大量工作集中于对 MXenes 表面结构的建模和表征，其中包括使用 HRTEM[131]、XPS[132]、原子对分布函数[133]、核磁共振（Nuclear Magnetic Resonance，NMR）[134]等实验手段，然而不同实验报道的结构特征，包括表面官能团的类型（如—O、—OH、—F 等）、比例等，随制备方法和处理过程的不同而存在差异，因而其基本形成机制和实验条件相关的结构特征仍然存在争议或有待澄清。利用第一性原理计算对其进行建模[135]，人们已经从稳定性角度对可能的结构进行了模拟和计算，这成为一种有效的研究手段，然而目前的结构模型通常都建立在单片层结构基础上，忽略了实际体系堆叠对表面结构变化和离子脱嵌的影响，不能准确描述体系在离子脱嵌过程中的结构变化规律。

（3）实验结果表明该类材料两大显著优势在于其特有的超高体电容和多种类型离子、分子（包括有机分子）的易嵌入特征[110,127]。2015 年报道的有序聚吡咯分子在 MXenes 体系中的嵌入结构可以将其体电容量提升至 $1000\ F/cm^3$ 左右[136]。然而该体系对于有机分子的嵌入储能机制和分子选择性缺乏定量的描述和理论结构模型，仍然处于实验摸索阶段。

（4）MXenes 表现出了电导特征随其表面官能团成分、表面结构和嵌入成分的不同而变化的特征[127]。部分理论计算结果已经证明纯 MXenes 结构表现出金属特性和反铁磁性（Ti_3C_2）或顺磁性（Cr_2C）特征[137]，而表面官能团化的 MXenes 会随着主体原子成分（M）和官能团类型的不同逐渐由金属特征向半导体特征转变。然而，由于第一性原理计算方法难以准确预测带隙问题方面，使得在不同体系中利用不同计算方法得到的结论并不一致[121,138-142]，从而降低了理论预测的可信度，这为进一步优化该类材料的电导特性提出了挑战。

（5）MXenes 表现出显著的层间嵌入型赝电容储能特性[110,127]，该类性质表现出类电池脱嵌储能行为，然而目前有效区分电容和类电池行为机制的定量计算常使用指数 b 值分析法[111]，无法给出体系的整体变化和结构关联性。对于储能过程的高倍率性能和离子脱嵌过程的矛盾性问题，目前都采用如实时 XRD、拉曼光谱、电化学石英晶体导纳（Electrochemical Quartz Crystal Admittance，EQCA）等实验方法加以研究，但是对于脱嵌赝电容和脱嵌电池储能过程的差异缺乏普遍认可的微观理论描述。这一问题阻碍了进一步开发和利用该类储能机制对材料进行选择和结构优化。

2.3　实例计算内容

2.3.1　$IMZO_m$ 的计算内容

目前，对于半导体纳米线的研究主要集中在制备合成、基本物理性质理论与实验的研究、集成组装和器件性质研究几个方面。在过去的几十年里，人们已经对于各类纳米线的制备方法积累了大量的经验。其中，基于气–液–固机制，利用金属颗粒催化效应可控生长纳米线是目前较为成功并且被广泛采用的纳米线制备方法。基于这种方法对各类纳米材料的成功制备和应用为研究不同维度和尺寸限制效应下材料和器件的各类物理性质的差异提供了实验基础。由于半导体纳米线具有成熟制备工艺、形貌尺寸生长可控，有条件提供可靠的实验材料，因此这里将计算对象选择为半导体一维纳米材料。同时，由于多年来人们对金属氧化物纳米线的制备与合成，尤其是 ZnO、$IMZO_m$ 一维纳米结构的制备，在生长机理和合成工艺方面积累了大量成果，因此我们将理论研究体系选择为 $IMZO_m$ 一维纳米线结构。这有利于我们结合已有的第一手实验资料，来对理论进行印证，也可以通过理论结果更好地指导实验研究的方向和进展。

针对拟研究的 IMZO$_m$ 体系，其相关物理性质的理论研究还很少。这主要是因为该类材料的结构表征目前尚未达成一致。因而在现有的结构下计算的理论结果的可靠性也难以得到广泛的共识，对实际的指导意义并不显著。我们希望在前期研究的基础上，对该类材料的结构做系统性研究，对各类可能的结构模型做第一性原理定量计算，从而找到能被普遍认可的、符合当前已报道实验数据的晶体结构。在此基础上，对其电子结构、缺陷类型、载流子特征做系统深入的理论研究，进一步对其一维纳米结构电子输运特征进行研究。在考虑其电子输运行为时，必须要针对实验测量体系的尺寸和维度加以描述，同时要考虑实验中测量电极的接触类型和接触结构。因而，这里需要根据现有的实验结果建立理论模型，在已知 IMZO$_m$ 各类结构特征的前提下对其输运性质进行理论分析，找到各种影响其电子输运行为的物理要素，给出符合实际体系特征的研究结果，为开发利用该类材料所独有的各类物理性质、制备纳米多功能器件提供可靠的理论指导。图 2-3 展示了半导体材料计算研究的基本路线。

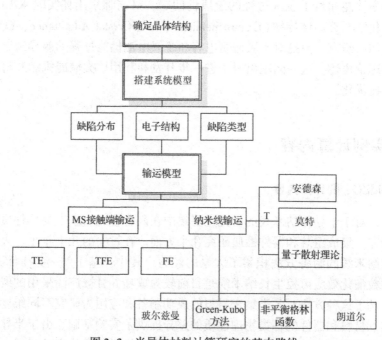

图 2-3　半导体材料计算研究的基本路线

根据图 2-3 的基本路线，我们将本书半导体材料的研究内容分为以下几个部分。

1. 晶体结构研究

IMZO$_m$ 具有特殊的层状超晶格结构。尽管首次对 IMZO$_m$ 的结构表征到现在已经有 50 多年，但是由于不断发现新的 V 字形调制结构以及 M 原子在其多原子堆叠层中存在多种可能排列方式，对该体系材料结构的表征有很大的难度。即使在微观调制结构存在的前提下，M 原子的排列方式也可能不是唯一的。就目前所报道的结构模型而言，并不能完全解释所有的高分辨实验数据。因此，本书拟从第一性原理出发，对 $IMZO_m$ 材料的晶体结构稳定性进行计算研究。本书希望提出一种特殊的原子结构，同时给出该结构的形成规则，通过总能计算来讨论其结构稳定性。基于这种结构，我们可以很好地解释现有的有关该结构的高分辨实验结果，从而为该体系材料其他性质的理论研究提供可靠的基础。在此基础上，可以进一步对目前较为流行的 $IZO_m(m=1\sim6)$ 体系材料的几种结构模型与本书提出的结构模型做系统比较，给出各种结构的产生机理和结构稳定性差异。

2. 电子结构研究

由于 IZO_m 的结构存在多样性，目前还缺乏统一的标准结构模型来对该类材料的电子结构进行研究，进而无法从理论上区别不同的结构特征对其电子结构、电学性质的影响。实验发现 IZO_m 的各类性质与它的多原子层厚度（即 m 值）有着密切的关系，然而还没有可靠的理论来阐述这些性质。这里以 $IZO_m(m=1\sim6)$ 为例，以平面结构模型 P-IZO_m 和本书提出的调制结构模型 Z-IZO_m 为标准模型，对该类材料的电子结构特征、电子输运最优化通道特征，以及它们与多原子层厚度的关系进行系统地比较研究，讨论不同 m 值的能带结构的变化规律。

3. 研究不同类型接触电极对大尺度 IZO_m 纳米线输运的影响

随着微观尺度实验测量技术的快速发展，测量单个原子或者原子链的电导都已成为可能。这使得对纳米尺度下的电子输运问题的研究可以采用实验验证和理论预测相辅相成的方式，大大推动了理论研究的进步。当前，对纳米线输运特征的理论研究和建模已经可以从不同成分、结构、尺寸、形貌以及掺杂等的差异对材料的输运性质的影响进行定量分析，同时可以为器件的工作原理和输运过程提供清晰的理论图像。在制备各类纳米线器件的过程中，掺杂是实现预定器件性能的必要环节。这就导致掺杂原子成为纳米线中的强散射中心，它们可以极大地影响器件的性能。从实验的角度看，确定纳米线输运过程的散射机制是一件困难的事。在理论上，可以通过理论计算和建模，确定本征缺陷、外来杂质的替位、间隙以及晶格振动等各类散射中心在散射过程中的影响程度。同时，可以通过理论建模来选择不同的散射机制分别作用以及同时作用后，研究纳米线的输运特征变化。这些研究思路和理论方法为从理论上开发和设计理想的纳米线电路元件提供了有力的工具和研究手段。理论结果与实验的结合可为实现制备可控的高性能纳米线电路元件提供一条捷径[139]。

早在 20 世纪 80 年代，半导体纳米结构中的量子输运问题就已经吸引了众多理论与实验工作者的关注。这主要归功于高迁移率二维电子气结构的成功制备[140-141]和低维体系量子电导的成功实验验证[142-143]。早期的低维量子输运实验主要集中在 Si-MOSFET 中的界面反转层[144]和 GaAs-AlGaAs 异质结的接触界面层[141]。自从 1991 年 Iijima 首次发现碳纳米管以来，一维纳米材料便迅速进入人们的视野，并且为介观量子输运问题提供了一个崭新的实验平台。人们已经发现，随着材料尺寸的不断缩小，其电子输运特征将发生显著的转变，不同尺寸下材料的电导将由不同的电子输运行为决定。当材料的长度远大于其平均自由程 l_e 时，材料的电阻主要来源于电子与静态带电缺陷和杂质的散射，以及动态的晶格振动散射。早在 1966 年，Kubo[145]就已经给出了目前被广泛使用的久保-格林伍德公式（Kubo-Greenwood formula）来定量阐述这类问题。在这一尺度范围内，如果外加电压保持在线性响应范围内，材料的电导将服从欧姆定律行为，其样品的电导或电阻将与其尺寸线性无关。但是，当材料长度缩小至与其平均自由程相当或者更小时，电子的输运行为将主要与测量电极和材料的接触特征及其自身的量子限制效应有关。在该尺度范围内，如果电子能够在传输过程中保持量子相干性，Landauer-Büttiker[146]（LB）公式已经被大量实验证明可以对该类问题给出非常合理的定量描述[147]。近些年来，结合第一性原理计算方法，依据 LB 公式建立的非平衡态格林函数形式，已经为研究不同电子结构体系、不同接触类型、不同偏压范围的一维纳米结构体系的量子输运特征提供了一种不依赖实验参数的、强有力的理论计算手段[148-154]。另外，当材料的周期性遭到破坏，引入大量随格点而产生能量无序特征时，电子的输运状态将从扩展态中的准自由运动状态转换为定域态中的跳跃传输行为，利用 Anderson 在 1958 年首先提出[155]并经过多年的完善、应用以及实验验证的无序晶格模型，可以对该类问题所涉及的特征参量（如平均自由程 l_e 以及定域化长度 ξ）给出很好的定量描述。值得一提的是，当一维纳米材料的径向尺寸特别小时，将极大增强电子与电子之间的库仑排斥作用，这将使得单电子的散射行为引发一维电子气的集体响应，上述所提到的基于单电子的理论方法都将不再适用，此时必须使用集体的电子激发特征来描述。朝永-拉廷格（Tomonaga-Luttinger）模型作为一种可解的一维费米气体模型，在该类问题中已经得到了广泛的应用和理论预测[156]。根据尺寸的不同，在不同尺度下一维纳米结构输运参数会出现非弹性散射、扩散和局域电导等不同类型的变化特征。可以看到，不同尺度内其输运参数的变化趋势是不同的。并且，各种理论研究方法在不同的材料体系、不同的尺度范围和不同的结构特征下，都有一定的适用条件和适用范围，因此在描述不同材料体系的电子输运行为时，需要根据实际的主要影响因素建构材料体系和进行理论研究。通过应用不同的理论架构研究各类一维纳米结构的电子输运特性，不仅可以清晰地展现输运机理和影响因素，而且可以给出在不同尺度范围内的应用价值和所面临的极限条件限制，从而为该类材料的器件应用范围和尺度给出明确的物理约束条件和理论指导。其具体研究方向可以分解为以下几个方面。

（1）无缺陷散射的量子电导输运情形

当一维纳米结构属于无缺陷散射类型时，在外加电压下，它依然具有相应的电阻。描述该电阻的理论方法主要基于 LB 公式，它可以描述在此情形下材料的微观量子电导行为。这主要是因为沿一维纳米结构径向的尺寸限制效应，其导带出现子带结构。当材料费米能级上升至导带后，其输运通道的数目由费米能级以下的子带数量决定，每一条输运通道将贡献一个额定的电导，因而在费米能级变化时，其电导的大小将随着小于费米能级的传输能量通道数目而出现量子跳跃式的变化。当一维纳米材料与待测电极接触时，这种类型的接触电阻是必然出现的。在实际的应用中，当将纳米线用于制作场效应晶体管时，必然会涉及金属电极和纳米线接触电阻的问题。这类接触电阻的大小将与接触电极类型、接触电极界面几何结构特征、接触电极原子结构特征、纳米线自身的原子结构特征、纳米线与电极原子的轨道杂化、电荷转移、原子成键类型等众多因素有关。当纳米线原子数量有限时，目前可以通过第一性原理的方法结合非平衡态格林函数的方法，通过计算 LB 公式中的透射函数来进行定量描述。但是当纳米线长度达到微米级时，由于原子数量太多，该方法将无法计算此类大尺寸结构体系的量子电导。

（2）有杂质缺陷弹性散射情形下的电子输运行为

当散射情形较弱时，例如位于表面的缺陷或杂质，其势能作用范围较广但是较弱，通常可以作为微扰来处理。一般需要通过 k.p 方法（波矢线性展开一阶近似方法）求解得到费米能级附近的能带结构和波函数结构特征，通过在能带结构范围内对微扰的散射波函数进行计算来定量分析此类缺陷上电子输运的散射行为。当杂质缺陷引入的无序性随机均匀分布于体内时，通常引入 Anderson 位置无序模型来描述这种杂质缺陷无序性。在该情形下，计算其平均自由程或弛豫时间可以作为该类短程无序散射影响电导的一个重要物理量。掺杂引入的束缚态也是影响电导的一个重要因素，其研究方法可以基于第一性原理以及量子散射理论方法。

当电子的量子相干长度大于其平均自由程时，在相干长度范围内不同运动轨迹的电子相遇会发生干涉效应。相对于经典粒子，这一干涉效应将减小电导的数值，因而在计算相干长度内电子输运电导时，应该考虑这一干涉效应修正。当杂质无序导致电导随体系长度的变化按照指数衰减时，此时电子多处于局域态，需要引入局域化长度来对这一衰减特征量进行定量描述。这主要是由于多重反射波相遇叠加后，随机平均导致其值为 0，产生的透射概率将随长度具有指数衰减特征。

（3）非弹性散射情形

声子与电子的相互作用既可以影响其能带结构特征，也可以使电子吸收和释放声子产生带间跃迁。通过引入散射长度这一特征量来描述基于声子与电子相互作用而导致的电导变化是一种有效、可行的方法。散射长度可以基于第一性原理或者半经验的方法通过计算非弹性散射概率来获得。

（4）电子和电子散射以及拉廷格液体（Luttinger liquid）模型

电子和电子散射通常被描述为在屏蔽效应下的微扰，该相互作用可以极大地抑制电子局域化特性，是引入退相干的机制之一。当一维纳米结构径向尺寸很小时，电子与电子库仑相互作用能将显著增大，其单个电子的激发将会导致所有电子的集体振荡，此时不能使用单电子描述，必须利用多电子哈密顿量来描述，拉廷格液体模型是关于该类问题的一种可解模型，可以对该类问题给出一种可行的理论描述。

事实上，这些针对一维纳米结构量子输运理论的研究目前主要集中于碳纳米管这种材料，对于其他半导体纳米线的研究相对较少。这主要是因为碳纳米管在一定的结构特征下可以实现良好的简并输运，从而可以很好地实现各类量子电导效应。这同时也说明了对于实际的待研究体系，没有一种理论适用于现实测量的所有情形。在不同尺度、不同的结构、不同的无序程度下，各种材料体系都会表现出不同的电子输运行为，在研究给定材料体系下的量子输运性质时须多方面考虑其影响因素，找到主次，从而加以取舍或者取近似，并且进一步从中提炼出适合当前所研究体系的一整套理论框架，加以改进和应用，才能解决研究的问题。

在对一维半导体纳米线电子输运的研究中，经常会遇到纳米线径向尺度远大于其电子平均自由程、轴向尺度远大于电子德布罗意波长的情形，这时使用基于密度泛函理论的第一性原理和非平衡态格林函数计算纳米结构，将会由于体系原子数目众多而不再具有可行性。在这种情形下，通常的半导体纳米线（如 ZnO）的输运实验结果仍然满足欧姆电导行为，但是它们的测量接触电极会直接影响其电子输运特征，从而导致实验的电流电压特性曲线不再具有线性特征。北京大学 Peng 带领的小组对半导体纳米线在欧姆特性尺度范围内不同接触电极类型的曲线根据金属半导体接触理论给出了很好的理论描述[157,158]，为解释实验测量纳米线 I-V 特性曲线进而提取其材料特性参数如迁移率、载流子浓度等提供了一种可行的手段。这也为本书研究 IZO_m 一维纳米结构电子输运性质提供了一种研究思路。

在此基础上，针对纳米线结构体系，在测量纳米线的电学输运特性时，纳米线的尺度通常满足其径向尺寸远大于其电子德布罗意波长，轴向尺度远大于其平均自由程，并且不可避免地要涉及金属–半导体–金属相接触的结构特征。当半导体纳米线与金属电极接触时，其接触电阻将会对纳米线的整体输运特性起到关键的影响作用。此时，即使半导体纳米线自身具有欧姆电导行为，但是由于接触电极类型的不同，也会使得测量的 I-V 特性曲线表现出不同的非线性特征。这些非线性特征实际上主要是由半导体纳米线与金属电极的接触势垒所引起的，它直接决定了半导体纳米线的电子输运特征。因而，在这个尺度范围内，且为肖特基接触的情形，对输运性质的研究主要对象为接触电极，然后在此基础上，深入分析纳米线本身所固有的电子输运性质。

可以将输运过程分为两个接触端输运和纳米线自身输运 3 部分，并且假定纳米线满足欧姆电导行为。接触端的输运电流主要基于热发射过程和量子隧穿过程，纳米线自身的输运过程主要是扩散和漂移的电流机制。为了得到有关势能曲线分布以及载流子浓度对接触端电流 I–V 特性曲线的影响，首先，从最基本的泊松方程出发，计算出给定载流子浓度下的接触端势能分布曲线；其次，从量子尺寸效应出发，建立纳米线的子带结构。基于比较成熟的 WKB 近似量子隧穿概率表达式，我们可以计算不同势垒高度、不同载流子浓度下的单根纳米线 I–V 特性曲线，从而得到影响 I–V 特性曲线形状的实验参数，为定量分析纳米线在不同实验条件下由于接触势垒或自身载流子浓度不同形成的不同曲线形状，以及在不同外加场条件下的不同 I–V 特性曲线转换机理提供可靠的理论依据和计算方法。这些研究也为本书计算研究 IZO_m 电子输运行为奠定了基本的理论框架和基础，它可以在排除此研究范畴的影响因素之后，再对影响材料电子输运性质的其他物理因素加以详细分类和定量考虑，并区别分析。

4. IZO_m 纳米线自身的输运性质研究

在前期的实验结果中已经发现，在测量 IZO_m 一维纳米结构电学性质的实验过程中，当两端接触电极为典型的欧姆接触类型时，其 I–V 特性曲线仍然表现为非线性特征。这些特征的出现显然说明此时 IZO_m 纳米线已不再服从欧姆电导行为，其非线性特征主要由其自身输运特征决定。应在排除电极影响的前提下，找到材料自身的物理因素，并且给出这些非线性特征的理论解析描述和定量分析。

我们拟通过结合空间电荷受限输运理论和跳跃电导输运模型，引入局域化–弱局域化–欧姆输运过程来描述 IZO_m 在欧姆接触类型的条件下出现的非线性 I–V 特性曲线，进一步给出影响 IZO_m 电导特征的物理参量，并且通过拟合实验结果给出这些物理参量的定量结果。通过上述研究，我们可以给出区分电极影响以及材料自身对 IZO_m 大尺度纳米线输运特性影响的理论描述方法，为在此大尺度范围内半导体纳米线的输运机制提供普适的理论框架和研究手段。

综上所述，本书对 IZO_m 体系的研究分为 3 个层次。第一个层次为确定其稳定的基态结构模型作为下一步理论研究的基础；第二个层次为确定其固有的电子结构特征，为进一步分析研究与结构相关的电子输运行为提供前提条件；第三个层次为研究该体系结构相关的一维纳米结构电子输运行为，并且明确区分接触电极和一维纳米结构自身对其电子输运的影响。

2.3.2 MXenes 的计算内容

MXenes 的计算内容包括以下几个方面的问题。

（1）MXenes 通过从 MAX 相中刻蚀 A（A 为 Al、Si 等）层来合成，其中通常排列在六方密堆积结构中的 M 为 Ti、V、Nb 等过渡金属。X 是 C 和 N，占据八面体间隙位置[159]。MXenes 中 MX 层的结构始终与其母相相同[102]。分离的 2D MX 层可通过用 T_x 表示的表面终端的混合物来稳定，例如—OH、—O 和—F。作为被研究最多的 MXenes，$Ti_3C_2T_x$[102] 已被证明其电荷存储性能在很大程度上取决于表面终端 T_x[102]，人们已经进行了大量研究以探索它们的表面结构和相关的电化学性能，通常公认的表面构型要求官能团—OH、—O 和—F[102] 共存。当 LiF+HCl 被选作刻蚀剂时，层状样品的层间空间中还将存在—Li、—Cl 和 H_2O。但是，它们的比例随合成方法和后期合成过程的变化而变化。例如，能量色散 X 射线谱（X-ray Energy Dispersive Spectrum，EDS）已用于量化—F 的比例[110]，研究表明，将样品浸泡在不同的水溶液中或在不同的条件下进行退火处理可显著改变 F 元素的含量[102]。但由于层间 H_2O 和—OH 表面基团（以下简称含 H 基团）的存在，很难确定—OH 和—O 的比例，使分析和定量过程复杂化。X 射线光电子能谱只能给出其比例的粗略估计[132]。可以采用中子散射技术[160] 和核磁共振光谱[134] 来更可靠地观察含 H 基团，但后处理或电化学过程中—OH 和 H_2O 的变化不能根据这些方法进行原位区分和量化。该困难阻碍了精确控制 MXenes 中的含 H 基团，因此减慢了优化材料的步伐。

（2）上述问题可以推广到如何形成和确定 MX 层状结构，并将其作为实验参数的函数。众所周知，基团 VIA 和 VIIA 族元素（如 F 和 O）有机会通过嵌入新原子[118] 作为其端接基团，将 Ti_3AlC_2 相转变为 Ti_3C_2 结构，其稳定性[119,161] 和电子结构性质都发生了变化[137,162-164]。针对这种转变的 f-Ti_3C_2，研究者提出了一些结构模型[119,133,135,165]。一个简单的模型是理想的单层结构，每个单胞包含一个分子单元（每个单胞），没有终止基团[135]。每个单胞有两个（或一个）更现实的模型，其表面有序排列端接基团 T_x（如—O、—F 和—OH）[118,119,133]，但其占据位置、种类和比例存在争议。基于各类基团的占据位置和比例的实验结果，人们还提出了一种具有堆积无序和随机分布终止物种的统计结构模型，以描述它们的复杂特征[165]。此外，人们已经进行了许多透射电子显微镜（Transmission Electron Microscope，TEM）实验来确定它们的表面结构性质[131,166]。然而，这些结果尚未完全证实基态结构性质及其与可能的热力学平衡态的关系。

（3）据我们所知，只有 IIIA 族和 IVA 族元素可以成功地嵌入 Ti_3C_2 结构中形成稳定的 MAX 相[118,167-169]；然而，这种选择性的原因尚未被完全阐明。一般来说，M 原子可以排列成密排结构，X 原子占据间隙八面体位置，形成 M_6X 八面体。

这反映在 MAX 相的 A 原子层上，形成异常强的混合 M—X 键和相对较弱的 M—A 键[170]。这一特性确保在不破坏 M—X 键的情况下可以重建嵌入 A 原子层。对于广泛研究的 Ti_3AlC_2，HF 处理是刻蚀 Al 层的最常用方法，通过用局部的—F 和—OH/—O 基团替换金属 Ti—Al 键，导致 Ti_3C_2 板片剥落；然而，为什么有些插层元素可以被视为合适的配体，而另一些则不能，以及为什么会发生置换过程[116,171]？此外，将 I A 族和 II A 族元素（如 Li、Na 和 Mg）二次插层到 MX 中可以保证其作为电极材料在电荷存储中的快速应用[117,121,131,172-174]。例如，在钠离子混合电容器中用作赝电容电极的功能化的 Ti_2C 具有高离子插层效率、高容量稳定性、高功率和高能量密度[124]。然而，对它们的容量和与不同官能团相关的开路电压的理论研究尚未达成共识，尤其是在 Ti_3C_2 中的锂化能力[121,172,175]。这些问题促使我们进一步研究其结构形成、插层，二维碳化物 MXenes 的电荷存储机制以及嵌入离子的类型和扩散机制。

（4）此外，MXenes 的大体积电容实验结果表明，氧化还原反应不仅像 MnO_2[176]一样在表面发生，而且还涉及大量的活性位点。作为本体氧化还原反应的更直接证据，原位 X 射线吸收光谱的测量结果表明，在锂离子电池中 $Ti_3C_2T_x$ 的电荷存储伴随着在硫酸循环中[177]或在 Li 的锂化/脱锂过程中 Ti 氧化态的连续变化[130]，表明在电荷存储过程中确实包含了体材料。因此，该过程称为嵌入赝电容。当电极厚度减小时，电化学性能得到改善[98]。值得注意的是，增加电极的质量负载和厚度可以显著降低体积电容[98]；消除扩散限制以达到整体活性位点（尤其是在高负载下和使用较大厚度的膜时）仍然是待解决的关键挑战。将 $Ti_3C_2T_x$ 用于超级电容器，其中膜厚度的工业标准约为 100 μm。减少扩散限制的最新努力包括开发垂直排列的液晶 MXenes[178]。因此，了解 $Ti_3C_2T_x$ 中各层之间带电离子的扩散机制非常有价值，不仅可以提供对电荷存储过程性质的基本了解，而且还可以为进一步提高 MXenes 体系的电容量提供指导[98]。然而，关于 MXenes 层间空间中水合离子扩散的微观过程的研究很少。此前，只有 Osti 等人通过实验研究了插层 K 离子对水扩散系数的影响[160]。理解机理困难的部分原因在于不同电解质中存在不同的动力学行为。此外，很难良好地定义表面电极的结构：其结构可能会随合成方法和处理工艺的变化而变化[98]。为了清晰地描述 MXenes 中的微观离子扩散过程，尚需开发出一致的图像。

针对上述问题，作为代表，本书系统地计算 Ti_3C_2 与从 I A 族到 VII A 族的不同原子（A 为 H、Li、Na、K、Mg、Al、Si、P、O、S、F、Cl）相互作用的状态。这可以概括为 3 个问题。一是纯 Ti_3C_2 可以被 III A、IV A、V A 族单元素插层形成稳定的化合物。二是 Ti_3C_2 可以被基团 VII A 和 VI A 元素插层，形成功能化的表面结构。三是通过基团 VII A（和 VI A）与 I A 元素相互作用的 Ti_3C_2 可以同时形成插层化合物或功能化表面结构。在第一性原理计算的基础上，我们发展了一种有效的方法来比较层间空间中不同类型原子和占据位之间的稳定性，通过引入竞争和匹配机制来确定不同 A 原子稳定 Ti_3AC_2 相的形成概率，进而揭示了插层型和稳定型 Ti_3AC_2 相复合物及其形成条件的本质区别。在理想情况下，用 HF 和 LiF + HCl 处理得到 $f-Ti_3C_2$ 的结构可以分别用 $Ti_3C_2F_{2-x}O_xH_y$ 和 $Ti_3C_2F_{2-x}O_{x(1-r-\Delta r)}(OH)_{x(r+\Delta r)}$ 来表示，被嵌入原子的参数和位置可以用它们的经验条件和 c 轴值的函数来表示。根据这些机理可以很好地解释所报道的 $f-Ti_3C_2$ 表面成分的能量色散 X 射线分析（Energy-Dispersion X-ray analysis，EDX）[110] 和核磁共振[134] 数据。此外，根据 c 轴值，电荷存储机制也会根据官能团类型而有所不同，因此本书也讨论体系允许的容量范围及其相应的结构配置。

在此基础上，本书根据密度泛函理论的计算和实验结果，在不同的处理过程中发现支撑 $Ti_3C_2T_x$ 层状结构的支柱。计算研究了表面的相应结构和分布，而样品的 c 轴值从 19 Å 到 29 Å 不等。决定 c 轴值的官能团的比例被表述为 c 轴值的函数。利用上述结果，对于不同处理的样品，仅通过 X 射线衍射数据就可以定量地阐明其表面官能团的变化。研究结果有助于对 MXenes 表面结构的原位检测分析，并帮助我们找到优化的处理路线，从而设计具有选择性表面官能团和可控电化学性能的 MXenes。

此外，结合实验数据分析和计算研究，通过计算可以揭示在原子尺度上，在宿主结构中的水合质子和 K 离子的扩散特性。实验结果发现，分离的 $Ti_3C_2T_x$ 片的循环伏安（Cyclic Voltammetry，CV）曲线在 H_2SO_4 和 KOH 电解液中表现出明显不同的扩散过程。密度泛函理论计算表明，与不存在水的二维扩散相比，水合离子存在三维（3D）扩散途径和动力学过程。扩散过程取决于插层离子的浓度、扩散电位表面和水分子的存在。此外，在不同的扫描速率下测得的 CV 曲线可以通过从头算分子动力学（Ab Initio Molecular Dynamics，AIMD）模拟中的离子动力学来解释。也就是说，结果可以与不同浓度下离子的层间扩散能力和水合状态直接相关。因此，这些结果可为提高离子在高质量负载下的快速离子传输以充分利用 MXenes 中的活性位点提供微观指导。

第3章
半导体材料晶体结构计算

3.1 晶体结构存在的问题

同构化合物 $InMO_3(ZnO)_m$（即 $IMZO_m$，M 为 Al、Fe、Ga 和 In，$m=$ 正整数）具有特殊的层状结构特征和光电性质，例如其具有特殊的高电导率，在可见光和近紫外光区域表现出良好的光学透明性以及优异的热稳定性等。这些性质使其有望在光电器件的应用领域中表现出卓越的性能，因而吸引了众多研究者的关注[80,179-184]。目前已经报道的一类基于 IGZO 材料的透明薄膜场效应晶体管显示，其器件性能表现优异，场效应迁移率要远高于同类 ZnO 基器件[58,81]。因此，国内和国际多个研究小组对该类化合物薄膜及其纳米材料的合成与表征进行了广泛的研究[68,70,72,73,185-187]。但是到目前为止，对于该体系的理论研究却十分匮乏，无法达到指导实验工作者的目的。其中一个主要的原因是该体系的基态稳定结构特征仍然存在争议[76,79,82,83,88-90,92,97,188,189]。为了能够有效地调节和利用该类材料的物理性质，阐明其基态晶体结构特征及其形成机制是必然要解决的问题。然而，解决这一问题是极具挑战性的。

就目前而言，大家一致认为 $IMZO_m$ 具有层状结构特征。In 原子占据晶体中的八面体位置，与四配位的 O 原子形成了 InO_2^-(In-O)单原子层结构。与此同时，M 和 Zn 原子在另一多原子层 $MZn_mO_{m+1}^+$(M/Zn-O)结构中，分别占据正四面体或者三角双锥体位置。这一多原子层与 In-O 原子层沿着六方晶系 c 轴方向交替周期排列，形成了超晶格结构特征。当 m 为奇数时，该晶体空间群为 $R\bar{3}m$，属于三方晶系；当 m 为偶数时，其空间群为 $P6_3/mmc$，属于六方晶体。然而，M 和 Zn 原子在 M/Zn-O 原子堆叠层中的具体位置分布一直存有争议。早期的观点认为，这两种类型的原子是在该层中随机占据四配位和五配位的位置，因为其 X 射线衍射实验结果并不能给出可以明确区分 M 和 Zn 原子可能的规则排列而导致的衍射斑。另外，考虑到 In-O 原子层为极化反转层，以及 M 原子与 Zn 原子相比一般可能具有更大的阳离子半径，因而该体系的平面结构模型也经常被视为它的一种可能构型，此时 M 原子主要占据同一原子层面且都具有五配位结构，形成了在 M/Zn-O 原子堆叠层中的二次极化反转边界。然而，这些结果与后来发现的针对该体系的 HRTEM 实验结果和部分 X 射线实验数据相冲突。事实已经证明，由于 M 原子的有序排列，一些新的 X 射线衍射斑已经可以被明确识别，并且其 HRTEM 实验图像显示，在 M/Zn-O 原子堆叠层中存在 V 字形的调制结构。Da Silva、Yan 和 Wei 等人[83,97] 提出了一种 V 字形调制结构模型，建议该构型由 M 原子和 Zn 原子共同占据五配位的位置形成。基于第一性原理的计算，他们发现该结构模型的基态稳定性要远远优于平面结构模型的。但是根据该模型，调制结构的辨别需要 M 原子和 Zn 原子在某一特定的投影方向上进行有序的排列，这就使得 M 原子和 Zn 原子的占位仍然存在很大的不确定性，并且无规律可循。事实上，一些结果显示当 HRTEM 实验观察方向取六方晶系等价的[010]和[$\bar{1}$10]取向时[78,79]，都可以观察到 V 字形调制结构。这些结果并不能利用 DYW 模型很好地解释。进一步分析表明，调制结构的周期(T)、顶角(α)及其出现的实验条件都显示出有明显的规律可循，然而目前并没有一个一致的结构模型完整地描述这些规律。

在本章内容中，我们主要阐述一种基于 Li[79] 的早期构型思想，提出一种不依赖于 m 值变化的晶体调制结构模型，称为 Zigzag 模型。结果证明，当将晶体晶胞取定为 $2m \times 2m$ 超胞时，通过对特定投影方向的 M 原子的有序排列，可以得到 IMZO$_m$ 体系的一种稳定的基态结构模型。通过对其进行 HRTEM 模拟计算，发现该结构模型可以很好地解释目前的实验结果，计算的调制结构周期性和顶角大小都非常符合实验结果。进一步研究发现，实验中调制结构形状的出现与很多实验条件有关，例如晶体样品的厚度、m 值的大小以及 M 原子的类型等，所有这些特征都可以在 Zigzag 模型的基础上得到很好的解释。以 IMZO$_1$(简记为 IMZO，M 为 In、Ga、Al、Fe)为特例，我们通过计算总能发现，与其他结构模型相比，Zigzag 模型的基态稳定性要远远优于平面结构模型的，而与 DYW 模型相比并没有很大的差异。

为了确定这一变化规律同样适用于其他 m 值对应的体系，我们以 IZO$_m$(m = 1~6)为特例，系统地比较了 IZO$_m$ 不同结构的稳定性问题，主要考虑了目前较为流行的 4 种结构模型，分别为平面结构模型、DYW 模型、Zigzag 模型以及准随机结构模型，并且比较了它们之间的差异和关联性。利用这些结果，我们可以很好地解释 IZO$_m$ 不同结构的形成机制。一些针对 V 字形调制结构的形成规则最早是基于 DYW 模型提出的，我们通过基于 Zigzag 模型的计算再次肯定了其中一部分重要的结论，并且利用对 Zigzag 模型和准随机结构模型的讨论，发现了一些新的形成规律，它们可以被视为对调制结构形成机制的重要补充。

本章的内容具体安排如下：首先在 3.2 节介绍计算所使用的方法，3.3 节引入 Zigzag 模型，并且对其进行 HRTEM 模拟，之后计算和讨论依赖不同 M 原子、不同 m 值的体系的稳定性问题，并总结不同结构的形成机制和关联，3.4~3.6 节给出本章的结论。

3.2　计算方法

计算晶体总能主要基于密度泛函理论，其基本理论框架及计算细节可参考本书第 1 章内容。计算过程中，作为离子实与价电子之间的有效库仑势是通过 Ultrasoft 赝势来描述的，交换关联泛函主要基于 GGA-PBE 形式。利用平面波基矢展开作为 KS 方程的求解方法，所有参考结构所选基矢截断能都为 400 eV。布里渊区积分中的倒空间格点是依据 MP 特殊格点法选取的，并且要求其间隔必须小于 0.04 1/Å。求解 KS 方程主要是依据 CASTEP 程序代码来完成的[190]。所有计算所需的结构参数以及内部原子坐标都是基于理论结构优化之后的数值，结构优化的截止标准为每个原子所受 Hellmann-Feynman 力的大小要小于 0.03 eV/Å。基于 Zigzag 模型，当 m 为奇数时，IMZO$_m$ 每个晶胞中的原子数目为 $3 \times (2m + 5) \times (2m)^2$；当 m 为偶数时，原子数目为 $2 \times (2m + 5) \times (2m)^2$。可以发现，晶胞原子数会随着 m 值的增大迅速增加。为了不失普遍性并且简化计算，我们首先对不同的 M(M 为 In、Ga、Al、Fe) 原子基于 IMZO 体系进行计算比较和讨论，进一步选用 IZO$_m$ 体系针对不同的 m 值进行计算和研究。

关于 IZO$_m$ 结构稳定性的讨论主要是基于密度泛函理论的晶体总能计算方法，理论计算细节请参考第 1 章。求解 KS 方程主要是依据 VASP 程序代码来完成的[23,191]。计算仍然采用了 GGA-PBE[9]交换关联泛函形式，但是离子势采用了 PAW 赝势方法[20]。化合物中的 In 和 Zn 元素的 d 电子都被作为价电子来处理。KS 方程本征函数仍然采用平面波基矢展开，基矢截断能为 400 eV。对于 IZO$_m$ 的平面结构模型(P-IZO$_m$)，其倒空间 k 点选取为 8×8×1 的 MP 特殊格点，同时包括零点。对于其他结构模型，我们采用了与上述 k 点精度一致的 MP 格点，它们的间隔要求小于 0.04 2π/Å。计算过程中所使用的各种结构对应的基态平衡体积是通过对能量-体积计算曲线取极小值得到的，晶体结构内部的原子坐标和形状是通过结构优化计算得到的，其计算精度要求结构内原子残余受力要小于 0.03 eV/Å。平面结构模型、DYW 模型、Zigzag 模型和准随机结构模型的总能计算结果都是基于所有参考体系各自的理论弛豫结构得到的，但是它们的单元体积大小取自 P-IZO$_m$ 的基态平衡构型计算结果，这样可以使我们更加容易清晰地分辨出不同测试结构中，由于 In 原子的不同排列方式导致的晶体结构稳定性的差异。计算结果显示，总能作为不同结构模型的函数，其变化趋势并不随单元体积的不同而变化。这些不同的单元体积，分别来自不同结构模型的基态平衡体积理论计算结果。

本章所讨论的 HRTEM 模拟计算主要利用了多层(multislice)透射迭代的计算方法[192]。模拟入射收敛束半角宽度为 1.0 mrad，它是由具有 300 keV 高能量的电子束组成的。模拟仪器的球面像差系数 C_s 和色差常数 C_c 分别选定为 3.0 mm 和 4.0 mm。考虑到 IZO_3 和 IZO_6 的典型性和代表性，在进行模拟计算时，我们将这两种化合物作为 $IMZO_m$ 体系中 m 值为奇数和偶数的代表。计算过程中，需要不停地调节 HRTEM 模拟参数的大小，直到可以得到清晰的透射电镜图像，最终的结果需要经过若干次参数的调节和尝试才可以确定，实验中所采用的参数可以作为循环计算的初始值加以考虑。

3.3 $IMZO_m$ 调制结构模型和 HRTEM 模拟结果

图 3-1(a)展示了基于 Zigzag 模型的 IZO_6 化合物的单元原子结构，In/Zn-O 原子堆叠层中的 In 原子具有特殊的排列方式，图中所示为该晶体沿六方晶系 $[\bar{1}10]$ 方向的投影。图 3-1(b)对应相同的单元原子结构，但是其投影方向为晶体的[010]方向。事实上，IZO_6 晶胞主要是由这样两个相同的结构沿着晶体 c 轴堆垛而成的，他们之间满足沿 c 轴的滑移面对称性。在该晶胞中共包含 288 个 In 原子，其中的一半占据了八面体的 In-O 原子层位置，另一半中的 33 个原子排列如图 3-1(b)所示，主要占据三角双锥体的位置，形成了 Zigzag 调制结构的边界外形。这些边界在其他等价的 $[\bar{1}10]$ 和[010]方向也可以观察到。其他的 In 原子排列如图 3-1(c)所示，它们沿着 Zigzag 边界的 In 原子的 $[\bar{1}10]$ 方向顺序排列，形成了一个阶梯形的双边对称结构，图中所示的序号对应于图 3-1(a)中的不同原子层。在未优化的初始构型中，并没有要求所有 In 原子必须是五配位的。对于给定的晶格常数 a，Zigzag 调制结构的周期可以从图 3-1(a)和(b)中很容易得出。当观察方向为 $[\bar{1}10]$ 时，$T_{[\bar{1}10]} = ma$，该周期结构是沿晶体的[110]方向排列的；当观察方向为[010]时，$T_{[010]} = \sqrt{3}ma$，其周期方向为[210]方向。实验中已经发现，随着 m 值的增大，调制结构周期显示出线性增大的趋势[79]，上述结果可以用来很好地描述该周期与晶格常数的线性函数关系。

图 3-2 展示了 IZO_m 和 $InFeO_3(ZnO)_m$(即 $IFZO_m$)的调制结构周期的计算结果，它们对应的实验结果也相应地列于图中。从图 3-2 中可以清晰地看出，计算结果和实验结果具有很好的一致性，并且随着 m 值的增大，其一致程度逐渐提高。当 $m=13$ 时，针对 $IFZO_m$ 体系的计算与实验结果的偏差较大，但是文献[78]已经报道在该 m 值对应的结构下，其周期 T 测量范围为 7.27~7.83 nm，

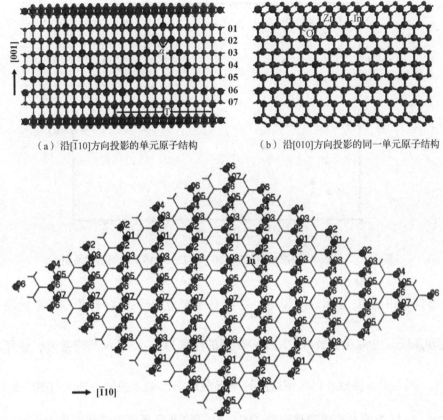

（a）沿[Ī10]方向投影的单元原子结构　　（b）沿[010]方向投影的同一单元原子结构

（c）沿[001]方向投影观察In原子在In/Zn–O原子层中的位置示意

图 3–1　IZO$_6$ 单元原子结构示意（原图见彩插页图 3–1）

具有一定的不确定性。依据 Zigzag 模型计算的结果是 7.27 nm，位于该范围的起始位置。考虑到实际体系中难以忽略的晶格畸变和晶体缺陷，它与理想晶体基态结构总是存在一定的差异，而计算的参考模型正是基于后者的情形，因而计算结果和实验结果不可避免地存在一定的误差，使得上述结果没有在所有 m 取值范围内都得到完美的一致。调制结构的顶角 α 的大小，当观察方向沿着[Ī10]方向时，可以表述为

$$\alpha = 2\arctan\left[\frac{\beta(m+2)a}{c}\right] \qquad (3-1)$$

其中 a 和 c 为晶格常数。当 m 取偶数值时，$\beta = 1$；当 m 取奇数值时，$\beta = 1.5$。式（3–1）是利用关系式

$$\tan\left(\frac{\alpha}{2}\right) = \frac{ma}{2}\left(\frac{c}{2}\frac{m}{m+2}\right)^{-1} \qquad (3-2)$$

57

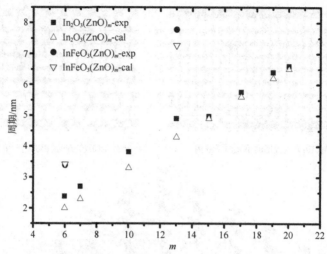

图 3-2　计算和实验测量得到的 IZO_m 和 $IFZO_m$ 体系调制结构周期

进一步简化得到的，其中 ma 和 $\dfrac{c}{2}\dfrac{m}{m+2}$ 分别对应于图 3-1(a)中三角形的底边长度和高度。当 m 为偶数时，In/Zn-O 层的厚度为 $\dfrac{c}{2}$；当 m 为奇数时，该厚度为 $\dfrac{c}{3}$，因而引入参数 β 以区别这两种不同的情形。如果投影方向为[010]方向，那么式(3-1)中的 β 需要被替换为 $\sqrt{3}\beta$。计算的 V 字形调制结构顶角大小和实验结果已经被列于表 3-1 中，可以看出它们具有很好的一致性。我们认为 α_{exp} 与 α_{cal} 之间的较小差异主要来自实验结果的测量误差和晶格畸变。

表 3-1　实验测量和理论计算的 V 字形调制结构的顶角大小，它们分别对应于在 $In_2O_3(ZnO)_m$ 和 $InFeO_3(ZnO)_m$ 化合物中观测到的结果

化合物	α_{exp}	α_{cal}
$In_2O_3(ZnO)_6[\bar{1}\,1\,0]$	60	62
$In_2O_3(ZnO)_{13}[\bar{1}\,1\,0]$	60	63
$InFeO_3(ZnO)_6[0\,1\,0]$	100	95
$InFeO_3(ZnO)_{13}[0\,1\,0]$	100	93

图 3-3 为 IZO_6 化合物的 HRTEM 模拟图像，它是基于图 3-1 中的结构，沿着晶体[$\bar{1}$10]方向投影得到的。为了能够清晰地显示出模拟图像中 V 字形结构是由 In 原子的有序排列所引起的，我们在 IZO_6 晶胞中沿 c 轴方向的两个对称单元

的上半部分做了有序 In 原子排列，而下半部分则在对应位置全部放置了 Zn 原子以示区别。模拟计算过程中假定了样品厚度为 7 nm，同时选定了 80 nm 的欠焦值（underfocus）作为电镜参数。从图 3-3 中可以清晰地看到，样品的上半部分具有明显的 V 字形周期调制轮廓，它与下半部分结构形成了鲜明的对照。事实上，并不是所有的 HRTEM 图像都能看到该调制结构特征，一些重要的因素可能会导致在不同实验条件下无法观察到该特征。就已经报道的实验结果而言，当 m 值低于 6 时，我们是很难观察到 V 字形状的[89]。当 m 值较大时，沿 $[1\bar{1}0]$ 投影方向观察到的调制结构特征会在样品较厚的区域表现明显[79]。此外，一些实验结果显示沿 $[010]$ 投影方向观察到的调制结构特征，会出现在样品的不同厚度处消失的现象[78]。对于一些特殊的 M 原子，如 Al 原子，实验报道的结果显示该类化合物并没有明显的调制结构特征[90]。下面，我们可以通过基于上述晶体结构计算的 HRTEM 模拟图像，对上述各类原因给以合理的解释。

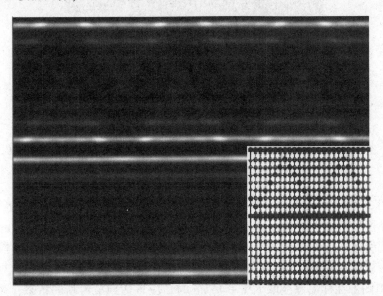

图 3-3　IZO_6 沿 $[1\bar{1}0]$ 方向投影得到的 HRTEM 模拟图像（原图见彩插页图 3-3）

图 3-4 为 $InMO_3(ZnO)_3$（$IMZO_3$，M 为 In 和 Al）虚拟晶体的 HRTEM 模拟图像。$IMZO_3$ 的原子结构主要由 3 个重复单元沿着 c 轴方向相互旋转 120° 堆叠而成。为了使对比更明显，图 3-4 中最上面的结构单元放置了规则排列的 In 原子以形成 V 字形调制结构，中间的结构单元是由 Al 原子的规则排列构成的，最下面的结构单元全部由 Zn 原子占位组成。从图 3-4 中可以看出，没有明显的调制结构轮廓。其中，最上面的结构单元无法显示调制结构的原因，可以归结为较小的 m 值导致较小的周期，从而相对于 In 原子的衍射电子束产生了干扰，降低了分辨率。模拟结果直接验证了实验中无法观察到调制结构的几种原因。

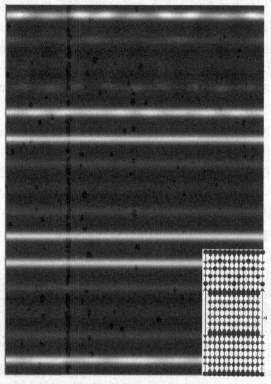

图 3-4　IMZO₃(M 为 In 和 Al)沿[110]方向投影得到的 HRTEM 模拟图像

(原图见彩插页图 3-4)

　　从图 3-1(c)可以看出，当观察方向为[$\bar{1}$10]方向时，样品调制结构特征明显随着样品厚度增加而增加，这是一个自然的结果。因为该结构图像由 In 原子的规则排列所致，随着在该方向 In 原子厚度的增加，该图像的对比度自然会更加显著。当观察方向取[010]方向时，我们可以推测出基于 Zigzag 模型计算的 HRTEM 模拟图像在样品厚度取 $(2k+1)ma$ 时，应该达到最清晰的状态，而当样品厚度取 $2kma$ 时，便很难观察到调制结构特征，这里 k 取正整数。图 3-5 为 IZO₆ 沿着[010]观测方向的 HRTEM 模拟图像，图中上下两部分单元都具有规则的 In 原子排列，但是在模拟计算的过程中，两部分单元的样品厚度分别被设定为 ma 和 $2ma$。我们可以发现，上面单元的模拟图像显示出了清晰的调制结构特征，并与下面单元形成了鲜明的对照。上述结果也证明了，当观测方向取[010]方向时，该体系的调制结构可见度与样品厚度有关。很显然，它为一些已报道的 HRTEM 结果中没有观察到调制结构特征提供了一种可能原因，同时也为我们解释了为什么在已经报道的 InFeO₃(ZnO)₁₃化合物中，观察到的调制结构清晰度会随着样品厚度变化而变化。

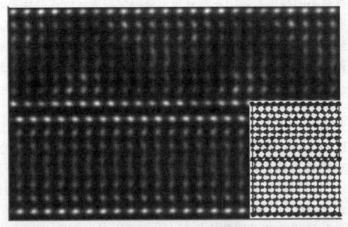

图 3-5　IZO_6 沿［110］方向投影得到的 HRTEM 模拟图像(原图见彩插页图 3-5)

　　尽管到目前为止，人们还没有观察到 $InAlO_3(ZnO)_m$ 具有调制结构特征，但是并不能完全排除 Al 原子具有该类结构的有序排布。这主要是因为 HRTEM 实验呈现的原子映像对原子序数具有强烈的依赖性。实验中未观察到 V 字形调制结构的一种可能原因为 Al 原子的原子序数较小，并不能形成类似于其他 M 原子那样远远明显于 Zn 原子的对比映像，从而导致在实验结果中难以分辨出由 Al 原子形成的调制结构特征。这一特征已经在图 3-4 中给出了明确的示例。

3.4　IMZO 结构稳定性的第一性原理研究

　　为了确定 IMZO 的基态原子结构特征，基于第一性原理密度泛函理论，我们计算了 IMZO 化合物针对不同原子结构模型的结构形成能，以此为依据来比较不同结构的稳定性。本节计算原子结构形成能的公式定义为

$$\Delta E_{InMO_3(ZnO)} = E_{InMO_3(ZnO)} - E_{ZnO} - \frac{1}{2}E_{In_2O_3} - \frac{1}{2}E_{M_2O_3} \qquad (3-3)$$

这里 E_x［ x 为 $InMO_3(ZnO)$、ZnO、In_2O_3、M_2O_3］为对应体系基于理论计算最优化结构下的晶体总能。计算结果列于表 3-2 中，其中所涉及的参考结构分别为纤锌矿 ZnO、刚玉 Al_2O_3、β -Ga_2O_3，以及立方铁锰矿 In_2O_3。本节主要考虑了 3 种基本构型的 IMZO，第一种为平面结构模型，其 M 原子占据三角双锥体位置且位于同一原子层面内；第二种构型主要基于 DYW 模型；第三种构型则为 3.3 节所述的 Zigzag 模型。在 DYW 模型中，一个显著的特征是其晶体总能要远小于平面结构模型的，这显示了其晶体结构稳定性要优于平面结构模型稳定性。通过比较后两种模型的形成能差异，我们发现 DYW 模型和 Zigzag 模型具有一致的结构稳

定性。从计算结果的微小差异中不能分辨出哪种结构为最优化晶体基态结构。但是考虑到对实验结果的解释以及高分辨模拟结果，我们有理由相信 Zigzag 模型是该体系最优化基态稳定结构之一。为了保证参考氧化物计算结果的准确性，我们比较了它们各自的形成焓计算结果与实验结果的差异。其计算的定义式为

$$\Delta H_{M_2O_3} = H_{M_2O_3} - 2H_M - \frac{3}{2}H_{O_2} \tag{3-4}$$

其中 H_x（x 为 M_2O_3、块体 M、气体 O_2）为各参考化合物的焓值，可以利用准牛顿的方法，通过 Broyden-Fletcher-Goldfarb-Shanno（BFGS）框架下的黑塞（Hessian）步进技术和有限基矢修正的方法，对晶体结构参数和原子坐标进行优化得到 $H_{M_2O_3}$[28]，如表 3-3 所示。对于含 Fe 的体系，已经同时考虑了自旋极化效应，但是我们发现 Fe_2O_3 的计算结果与实验结果相比偏差较大，因而我们在这里并未考虑 $IFZO_m$ 的形成能在不同结构模型下的差异。这一偏差的产生主要是因为在计算含 Fe 的体系时，所用的交换关联泛函并没有很好地考虑 Fe 原子 d 电子的强关联效应。对于其他金属氧化物，从表 3-3 的最后一列可以看出，尽管理论计算值相对于实验结果表现出一致的高估趋势，但是其偏离值大约在 3%~5.5%，这显示出其与实验结果的匹配还是相当好的。基于此，我们可以确信，IMZO 体系理论计算结果的准确程度，足以用来描述和比较不同结构模型的稳定性差异。

表 3-2 不同 M 原子基于 3 种原子构型计算的结构形成能

	平面结构模型（eV/f. u.）	DYW 模型（eV/f. u.）	Zigzag 模型（eV/f. u.）
$In_2O_3(ZnO)$	0.63	0.30	0.30
$InAlO_3(ZnO)$	0.17	0.11	0.06
$InGaO_3(ZnO)$	−0.02	−0.08	−0.08

表 3-3 M_2O_3（M 为 In、Al、Fe、Ga）和 ZnO 理论计算与实验测量的形成焓值

材料	ΔH_{cal}/（eV/f. u.）	ΔH_{exp}（eV/f. u.）	误差/%
In_2O_3	−9.16	−9.60	4.6
Al_2O_3	−16.81	−17.37	3.2
Fe_2O_3	−7.86	−8.54	8.0
Ga_2O_3	−10.80	−11.29	4.3
ZnO	−3.43	−3.63	5.5

文献[83]已经对 $IMZO_m$ 的形成规则做了详细描述，对 V 字形调制结构的讨论主要基于 DYW 模型。其中一个重要的结论是 In 原子倾向于占据六配位的八面

体位置，从而与 O 原子形成 In-O 原子层结构。总能计算已经证明，当 InZnO 三元化合物体系中所有的八面体位置都被 In 原子占据时，才会使该体系具有最稳定的结构，例如尖晶石结构的 $ZnIn_2O_4$ 体系[193]。但是对于 $IMZO_m$，必须要证明 In 原子比其他 M 原子更倾向于占据八面体位置，因为其他 M 原子在氧化物结构中也是优先占据这些位置的。这一优先占位的差异可以通过计算它们互换占位的形成能来加以比较。我们定义在 $IMZO_m$ 体系中，当 In 原子和 M 原子位置互换时，其总能相对于互换前的数值为该结构互换的形成能 ΔE_f，可以表达为

$$\Delta E_f = E_{BAO_3(ZnO)_m} - E_{ABO_3(ZnO)_m} \tag{3-5}$$

这里 $E_{ABO_3(ZnO)_m}$ 和 $E_{BAO_3(ZnO)_m}$ 是 $ABO_3(ZnO)_m$ 对应 A 和 B 原子分别占据六配位位置时的结构总能，计算结果如表 3-4 所列，可以很容易看出，In 原子比 Fe、Al、Ga 原子更易于优先占据上述八面体位置，但是 Lu 原子与 In 原子相比，具有占据该位置的优先权。基于文献[194]报道的各元素离子半径的结果，我们可以发现上述形成能的变化趋势与 In 和 M 离子半径的变化具有一定的关联性。随着 M 离子半径的减小，ΔE_f 表现出逐渐增大的趋势。这一变化规律可以表示为：当 M 原子的离子半径满足变化关系

$$r_{Al^{3+}} < r_{Ga^{3+}} < r_{Fe^{3+}} < r_{In^{3+}} < r_{Lu^{3+}} \tag{3-6}$$

其对应的 ΔE_f 变化趋势满足

$$\Delta E_f^{Al} > \Delta E_f^{Ga} > \Delta E_f^{Fe} > \Delta E_f^{In} > \Delta E_f^{Lu} \tag{3-7}$$

这一规律事实上可以归因于正负离子之间的库仑相互作用，而离子半径的大小直接影响了该作用能的大小，对形成 $IMZO_m$ 的八面体结构起到了决定性的作用。较大的阳离子半径可以最大程度地降低其近邻阴离子之间的库仑排斥能，并且可以聚集更多的阴离子在其周围，以减小它们之间的库仑吸引势能。

表 3-4　IMZO 中 In 原子和 M 原子位置互换后的结构形成能

$InMO_3(ZnO)$	$\Delta E_f / (eV/f.u.)$
Al↔In	2.28
Ga↔In	1.75
Fe↔In	1.63
Lu↔In	−0.73

在 In/Zn-O 原子堆叠层中且垂直于 c 轴的平面内，按照 Zigzag 模型，该平面沿着 $[\bar{1}10]$ 方向与最近邻的 In 原子距离为 $\sqrt{3}a$，这一距离要远大于其在 In-O 原子层中的间距。根据上面的分析，我们可以将这一结果归因于该原子堆叠层内八面体结构的缺失。它减弱了正负离子之间的相互作用，从而要求增加阳离子之间的距离以保持结构的稳定性。可以设想，一旦 In 原子沿 $[\bar{1}10]$ 方向在靠近 In-O

原子层的平面内形成一列原子排布，那么其他 In 原子为了尽量保持阳离子之间较大的间距，自然会以该列 In 原子为中心，分别排列于不同原子层面，从而形成双边对称的阶梯形状。该生长模式也同时会使得 In/Zn-O 原子层产生较小的应变，从而有效降低体系的总能。

3.5 IZO$_m$ 结构稳定性和形成机制

3.5.1 IZO$_m$ 的不同晶体结构模型

当 m 为奇数时，平面结构模型 P-IZO$_m$ 的晶体结构可以通过以三方晶胞为中心的六方晶格来建立；当 m 为偶数时，可以通过六方晶格来建立。以 P-IZO$_1$ 为例，其晶胞是由 3 个相同的结构单元沿着晶体 c 轴相互旋转至彼此相差 $\dfrac{2\pi}{3}$ 堆叠而成的。每个单元内包含一个 In-O 原子层以及一个 In/Zn-O 双原子层。其中，在 In/Zn-O 原子层中的 In 原子可以位于其中的同一层中形成 P-IZO$_1$ 结构，如图 3-6(a)所示。图3-6(b)为 IZO$_1$ 的 Zigzag 结构模型(Z-IZO$_1$)。它是通过一个 2×2 的 P-IZO$_1$ 超胞建立起来的，其中 In 原子的有序排列已经在 3.4 节中做了详细介绍。另外，在实验中已经观察到，在不同的单元中，调制结构的周期可以产生半个周期的相对平移[195]，因此我们在上下两个单元中分别给出了周期一致和半周期平移的两种结构，它们分别被命名为 MMM 和 MWM 以示区别，对应于图 3-6(b)和(c)。MMM-IZO$_1$ 结构将 IZO$_1$ 从原来 P-IZO$_1$ 的三方晶系转变到单斜晶系。DYW 模型是基于 P-IZO$_1$ 的约化原胞而建立起来的，将其约化原胞展开为 2×2 超胞，然后按照一定规则重新对 In 原子进行排列，可以得到如图 3-6(d)所示的结构。准随机结构模型可以基于 DYW 模型的超胞进行构建，其中有 4 个 In 原子可以随机占据图 3-6(e)所示的编号位置。在此情形下，一共有 70 种可能的占据方式，从而使该准随机结构模型具有 70 种可能的构型。根据不同的结构对称性，它们可以被划分为 4 大类，分别被命名为 C_1^1-IZO$_1$(40)、C_s^1-IZO$_1$(4)、C_s^3-IZO$_1$(24) 和 C_{3v}^5-IZO$_1$(2)。其中连字符之前的字符对应结构空间群的申夫利斯符号(Schönflies symbol)，括号内的数字对应具有该对称性的构型数目。其中 C_{3v}^5-IZO$_1$ 等价于 P-IZO$_1$ 的约化原胞。为了使准随机结构模型的计算具有可行性，我们从每一类结构中挑选了几种代表构型，分别计算了它们的总能。同时为了比较结构稳定性，我们也特别考虑了尖晶石 ZnIn$_2$O$_4$ 结构，作为该类具有相同化学计量比体系的一种特殊构型。这些构建原子结构的规则可以推广到具有奇数 m 值的 IZO$_m$ 体系，但是对于 Zigzag 模型，上述的 2×2 超胞需要替换为 $2m\times2m$ 超胞；对于 DYW 模型，它需要被替换为 $m\times2(m>1)$ 超胞。

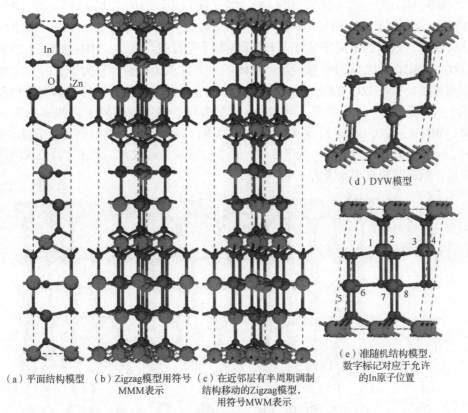

（d）DYW模型

（e）准随机结构模型，
数字标记对应于允许
的In原子位置

（a）平面结构模型　（b）Zigzag模型用符号　（c）在近邻层有半周期调制
　　　　　　　　　　　　MMM表示　　　　　　　结构移动的Zigzag模型，
　　　　　　　　　　　　　　　　　　　　　　　用符号MWM表示

图 3-6　IZO 晶体结构模型(原图见彩插页图 3-6)

在 m 值取偶数时，以 IZO_2 为特例，我们可以发现 $P-IZO_2$ 结构的晶胞是通过两个相同的结构单元，沿着 c 轴按照滑移面对称叠加而成的。在 In/Zn-O 原子层中，共包含 3 个原子层，因此 In 原子的平面排列不止一种选择，它可以被放置于 3 层中的任意一层。这些不等价的原子层已经在图 3-7(a) 中从下到上依次做了序号标记。图 3-7(b) 展示了 $Z-IZO_2$ 的原胞结构，命名为 MM。该结构的建立规则与 $Z-IZO_1$ 的相同，它的一个重要特征是将 $P-IZO_2$ 的六方晶系结构转变成正交晶系。类似于 $Z-IZO_1$，它的半周期移动结构被命名为 MW，其构建规则与 $MWM-IZO_1$ 的相同。DYW 模型的构建主要基于 MM 结构的原胞，只须将其中 In/Zn-O 原子层中的 In 原子重新排布，如图 3-7(c) 所示。该结构同样可以被用来构建准随机结构模型，其中在每个单元中有 12 个位置允许 4 个 In 原子随机占据，其位置序号已经被标记于图 3-7(d) 中，其他的 4 个 In 原子可以沿 c 轴的滑移面按照对称性放置于下面的相同结构单元之中。准随机结构模型共有 495 种可能的构型，类似地，我们可以将其按照对称性分为 12 类，它们分别被命名为 C_s^2 (320)、

C_{2v}^2（88）、C_{2h}^4（8）、C_{2v}^4（16）、C_{2h}^5（16）、C_{2h}^5（16）、D_{2h}^5（10）、D_{2h}^{11}（12）、D_{2h}^{15}（4）、D_{2h}^{16}（2）、C_{6v}^4（2）、D_{6h}^4（1）。其中，C_{6v}^4-IZO$_2$和D_{6h}^4-IZO$_2$等价于P1-IZO$_2$和P2-IZO$_2$结构，这里的不同序号对应于不同的原子层位置。并且，MM-IZO$_2$和DYW-IZO$_2$分别属于D_{2h}^{11}和D_{2h}^{15}这两类结构体系。当m值为偶数并且大于2时，DYW模型可以基于P-IZO$_m$结构的$m \times 2$超胞来建立，并且要求其V字形调制结构投影于六方晶系的$(\bar{1}20)$平面，而Zigzag模型的建立规则依然同上。当m为奇数时，MM(M)-IZO$_m$（$m > 1$）和DYW-IZO$_m$原胞内各自的原子数分别等于$\beta(2m + 5)(2m)$和$\alpha(2m + 5)2m$，其中$\alpha = 1$、$\beta = 3$；当m为偶数时，上述计算公式仍然适用，但此时的α和β变为$\alpha = \beta = 2$。

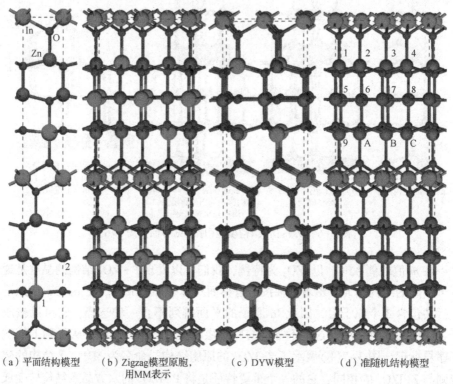

（a）平面结构模型　　　（b）Zigzag模型原胞，　　　（c）DYW模型　　　（d）准随机结构模型
　　　　　　　　　　　用MM表示

图3-7　IZO$_2$晶体结构模型（原图见彩插页图3-7）

3.5.2　结构稳定性和形成机制

IZO$_1$体系基于不同晶体结构计算的总能如表3-5所示。第一列的括号内4个数字分别对应于In原子在图3-6(e)中不同的占据方式。第二列是每种参考构型被定义的名称，第三列给出了计算的总能结果，单位为eV/f.u.，其中f.u.表示化学式单元。第三列的数值是相对于P1-IZO$_1$的计算结果来取值的。总能作为

不同晶体结构的函数被绘制在图 3-8(a)中，其中 x 轴对应于表 3-5 中第一列的序号。很明显可以看出，最稳定的结构为尖晶石 $ZnIn_2O_4$。当 In、Zn、O 原子比满足关系 2∶1∶4 时，该结构被认为是 InZnO 体系中最容易形成的基态构型[193]。这也是到目前为止实验上还没有成功合成 IZO_1 体系的主要原因之一。可以看出，$DYW-IZO_1$、$MWM-IZO_1$、$MMM-IZO_1$、准随机模型(quasirandom-IZO_1)相对于 $P1-IZO_1$ 具有更低的总能，这一结果显示 In 原子在 In/Zn-O 不同原子层面的排布可以有效降低系统的能量。从基于不同构型的 IZO_1 体系计算结果可以看出，尽量保持结构较高的对称性以及在 In/Zn-O 原子层中近邻 In 原子之间较大的间距，可以最有效地提高系统的稳定性。这一结论可以作为 In 原子规则排布的一种指导原则，来形成 IZO_1 体系的稳定基态构型。类似地，我们可以通过计算 IZO_2 不同构型的总能来对这一结论做进一步确认。它们的计算结果和变化趋势已经分别被列于表 3-6 和图 3-8(b)之中，其中表 3-6 中的各列(除第一列)数据含义与表 3-5 的相同，第一列的 4 个数字分别对应于图 3-7(d)中的不同占据位置。从表 3-6 中可以看出，$DYW-IZO_2$ 构型具有相对最低的总能，但是此时该构型并没有形成明显的 V 字形调制结构。$MM-IZO_2$ 构型的能量比 $DYW-IZO_2$ 高出 0.1 eV/f.u.。仔细观察可以看出，$DYW-IZO_2$ 构型的典型优势在于，在 In/Zn-O 原子层中近邻 In 原子间距的总和几乎达到了所有构型的最大值，并且同时保持其较高的对称性，与其他构型相比，$DYW-IZO_2$ 的对称性是最高的。这也就再次说明，保持所有近邻 In 原子最大的间距以及同时保持体系较高的对称性这两个约束条件直接决定了 IZO_m 体系基态结构中 In 原子的有序排布规律。从这些约束条件可以看出，调制结构构型并不能在 m 值很小的情况下显示出任何优势，因为它并不是满足上述规则的唯一方式。但是当 m 值逐渐增大时，我们可以想到的满足上述规则的最佳的也是唯一的方式，就是将 In 原子按照一定规则排放于不同的原子层面，而这种保持最大对称性和原子间距的要求促使它们形成了 V 字形调制结构特征。这一生成过程已经在 3.4 节做了详细阐述。

表 3-5　IZO_1 体系基于不同晶体结构计算的总能

序号	名称	能量/(eV/f.u.)
1 (1234)	P	0
2 (1245)	C_1^1	−0.163
3 (1467)	C_s^1	−0.169
4	MWM	−0.172
5	MMM	−0.172

序号	名称	能量/(eV/f.u.)
6 (3457)	C_1^1	−0.206
7 (1458)	DYW	−0.239
8 (1357)	C_s^3	−0.249
9	Spinel	−0.319

表 3-6　IZO_2 体系基于不同晶体结构计算的总能

序号	名称	能量/(eV/f.u.)
1 (5678)	P2 (D_{6h}^4)	0.002
2 (1234)	P1 (C_{6v}^4)	0
3 (139B)	D_{2h}^5	−0.112
4 (149C)	D_{2h}^{11}	−0.128
5 (5689)	C_{2v}^2	−0.161
6 (1589)	C_{2v}^4	−0.206
7 (57AC)	C_{2v}^2	−0.227
8 (59BC)	C_s^2	−0.235
9 (1579)	D_{2h}^5	−0.253
10 (129C)	C_{2h}^4	−0.267
11 (349C)	C_{2h}^4	−0.267
12 (58AC)	C_s^2	−0.269
13 (579B)	C_{2v}^2	−0.294
14 (128A)	C_s^2	−0.300
15 (257C)	MM (D_{2h}^{11})	−0.301
16 (789A)	C_{2v}^5	−0.327
17	MW	−0.332
18 (3579)	D_{2h}^{11}	−0.343
19 (249B)	D_{2h}^{16}	−0.348
20 (4679)	C_{2h}^5	−0.351
21 (239C)	DYW (D_{2h}^{15})	−0.402

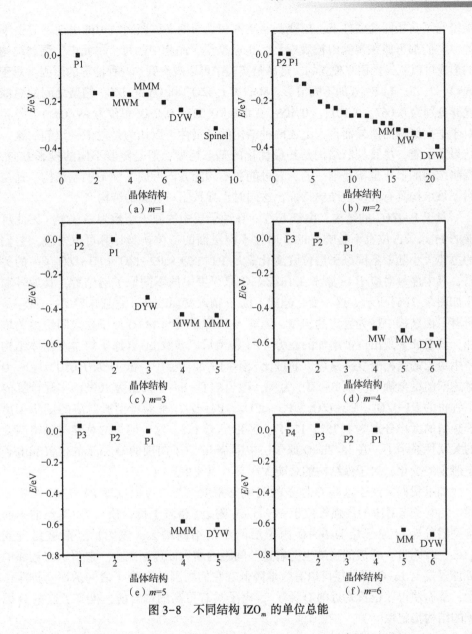

图 3-8　不同结构 IZO_m 的单位总能

如图 3-8 所示，$MM-IZO_m$ 结构相对于 $P1-IZO_m$ 体系总能的减小值从 $m=1$ 到 $m=6$ 分别为 0.17、0.30、0.44、0.53、0.59、0.65（单位为 eV/f.u.）。m 值越大，相对于平面结构的总能降低越多，因此会更容易形成稳定的有序调制结构。这与实验所报道的该结构出现的条件是一致的，即只有在 m 值较大情形下才能观察到该调制结构特征。当 $m=1$，2，3，4 时，$MM(M)-IZO_m$ 和 $MW(M)-IZO_m$ 结构的能量差异是非常小的，可以认为它们具有相同的形成条件和概率。这一结果说明了在相同的条件下，周期调制结构和半周期平移调制结构的出现是等概率的，它们都可能在实验中被观察到。也就是说，晶胞中的每个单元中，调制结构的形成可以认为是相互独立的。这就是实验中可以观察到这两种情形的原因。对于 $m=1$，2，3，4，5，6 的不同情形，MM（M）-IZO$_m$ 和 DYW-IZO$_m$ 构型之间的总能差异分别为 0.067、0.101、-0.106、0.026、0.023、0.030（单位为 eV/f.u.）。与相对于平面结构的差异而言，上述两种结构的稳定性可以认为是近似一致的。这一结果预示着，尽管调制结构是其最优化的基态构型，但是随着不同的投影方向，调制结构的形成也不是唯一的，有可能在不同的方向形成 V 字形调制结构。这说明了该结构具有准多型结构特征，这同时也导致了一些新的结构[86]。

对于 P-IZO$_m$ 的结构，由于 In/Zn-O 原子层中的原子层数为 $m+1$，因此可能的 In 原子占位也不是唯一的。通过不同层面的占位构型计算可以发现，它们的总能大小随着不同原子层位置变化满足 P1-IZO$_m$<P2-IZO$_m$<P3-IZO$_m$<…的关系，其中序号对应于 In 原子在 In/Zn-O 原子层中的不同原子层位置，其编号顺序如图 3-7（a）所示。这一变化趋势不随 m 值改变而改变。它意味着 P1-IZO$_m$ 是所有平面结构中最为稳定的构型，随着含 In 原子层与 In-O 原子层之间距离的增加，该总能表现出逐渐增加的趋势。P1 构型可以导致 In-O 原子层中八面体结构产生最大的结构畸变，这可以通过比较不同平面构型中，In-O 原子层中 O-In-O 键之间的键角确认。以 P-IZO$_6$ 为例，理想的 O-In-O 键角为 180°，实际计算的不等价的 P1-IZO$_6$、P2-IZO$_6$、P3-IZO$_6$、P4-IZO$_6$ 平面构型所对应的键角偏离理想值的大小分别为 1.75°、1.04°、0.43°、0.11°。这一明显的总能与晶格畸变的关联性显示了，在 In/Zn-O 原子层中围绕 In 原子周围的 O 原子的位置和电子态能量的变化，对于该结构的总能大小具有重要的影响。

如果我们关注于这些 O 原子的局域态密度结果，可以发现 P1-IZO$_6$ 结构中的 O 2s电子态对应的最强峰位于-19.5 eV 附近（相对于价带顶），而其他的平面构型随着含 In 原子层与 In-O 原子层间距的不断增大，该能量逐渐被提升到-16.5 eV附近。峰值的强度也随着这一间距的增大而逐渐减小。它预示着近邻的 In 原子层与 In-O 原子层可以有效地降低在它们周围的 O 离子之间的库仑排斥作用，从而使得该位置附近的 O 原子 2s 电子具有更高的结合能，提高了这些 O 原子的结构稳定性。

在 IZO$_m$ 晶格弛豫后的结构中，所有的 In 原子都具有五配位特征，而 Zn 原子仍然保持四配位的结构特征。为了说明其结构的弛豫过程和变化趋势，图3-9给出了晶格弛豫前和弛豫后 MM-IZO$_6$ 结构的原胞单元。图 3-9（a）中的结构是基于 P1-IZO$_6$ 优化后的晶体结构所构建的，从图中可以看到此时 In/Zn-O 原子层中的 In 和 Zn 原子在第一层中都具有五配位结构，而所有其他层中的 In 和 Zn 原子都是四配位的。在 P1 构型中，为了尽可能满足金属原子的配位数要求，O 原子周围不可避免地存在悬挂键。经过对 MM-IZO$_6$ 原子坐标的弛豫，如图 3-9(b) 中箭头所示，可以发现 O 原子周围的悬挂键大大减少。因而此时可以认为调制结构的形成过程同时是晶体内部 O 原子周围悬挂键的消除过程。这一过程使得 In 和 Zn 原子分别占据三角双锥体和正四面体位置，同时保持 O 原子四配位结构尽可能不变。其中，二次极化反转界面都位于五配位的 In 原子位置。残余的悬挂键都位于调制结构的边界，它们可以被视为电子的俘获中心，对于该体系载流子浓度的变化和电子输运的性质起到了重要的影响。可以看出，平面结构模型较 Zigzag 模型在理想结构下更容易降低体系的载流子浓度。与 ZnO 相比，我们可以预期该类体系在一定条件下允许更低的本征载流子浓度存在。这一结果已经在其同构化合物 IGZO 的实验结果中得到了证实[81]。该体系具有可控的载流子浓度，可以在一定条件下使其载流子浓度降低至 $1 \times 10^{14}/\mathrm{cm}^3$。

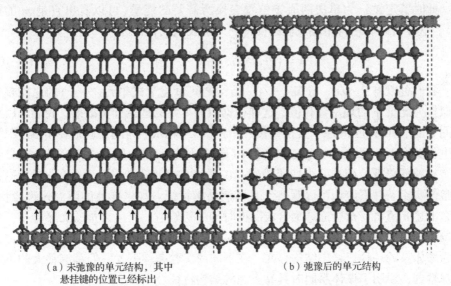

（a）未弛豫的单元结构，其中　　　　　　（b）弛豫后的单元结构
　　　悬挂键的位置已经标出

图 3-9　未弛豫和弛豫后的 MM-IZO$_6$ 单元结构（原图见彩插页图 3-9）

事实上，如前所述，V 字形调制结构并不是在所有 IZO$_m$ 的 HRTEM 图像中都可以被清晰地观察到的，即使对于大的 m 值，情况也是如此。我们在前面的内容中只讨论了和样品厚度有关的影响。另外一个更加重要的影响，可以归结为 In 原子和 Zn 原子在 In/Zn-O 原子层的位置互换。这一情形的发生与晶格点缺陷的产生机制类似，来源于热涨落现象，它扰乱了 In 原子本身的有序排列，使得部分 In 原子和 Zn 原子产生了一定程度的随机占据。如果无序达到一定程度，将无法明确分辨调制结构。为了定量分析这一热涨落现象，我们可以讨论在一定温度下给定 IZO$_m$ 的 In/Zn-O 原子层中，In 原子与 Zn 原子发生位置交换的原子数 n 的大小，发生这一交换的起始理想构型为 Zigzag 模型。原子数 n 在平衡条件下的大

小，可以利用在给定温度 T 下，体系自由能的极值条件计算得到，即 $\left(\dfrac{\partial F}{\partial n}\right)_T =$ 0，这里 F 为体系的自由能。首先我们假设 In 原子和 Zn 原子发生交换仅仅限制在 MM-IZO$_m$ 的同一超胞的一个单元内，此时体系的熵可以写为

$$S = N_0 kT\left[\ln\left(\frac{N_{In}!}{(N_{In}-n)!\ n!}\right) + \ln\left(\frac{N_{Zn}!}{(N_{Zn}-n)!\ n!}\right)\right] \qquad (3-8)$$

其中 N_{In} 和 N_{Zn} 为在 In/Zn-O 原子层中的 In 和 Zn 原子数，$N_{In} = (2m)^2$，$N_{Zn} = mN_{In}$，N_0 为晶体中的单元总数。利用斯特林公式（Stirling formula），可以得到 S 对 n 的偏导数为

$$\frac{\partial S}{\partial n} = -2N_0\ln(n) + N_0\ln(N_{In}N_{Zn}) \qquad (3-9)$$

此时若定义 w 为单次两原子位置交换所需的能量（可以看出它是 m 的函数），这样可以利用自由能极值条件得到 n 的表达式为

$$n = (2m)^2\sqrt{m}\exp\left(-\frac{w}{2kT}\right) \qquad (3-10)$$

我们可以将 P-IZO$_m$ 与 MM-IZO$_m$ 结构之间每化学式单元（分子）的总能差异近似作为能量 w 的理论计算值，这样根据前面得到的理论计算结果，我们可以对不同 m 值情形下的 In 原子交换数做一个估算。以 IZO$_6$ 为例，通常在 1400 ℃[68] 的生长温度下，每单元内超过 16% 的 In 原子可能会与 Zn 原子发生交换。如果温度 T 被缓慢降低，那么 n 会按照式（3-10）的变化规律逐渐减小至 0，此时我们在通常的实验条件下应该可以观察到其调制结构特征。如果样品的降温过程较快，那么上述 n 值将有机会冻结为合成温度时刻的初始值，产生大量的无序排布，致使调制结构消失而无法观察到。这也同时为我们证明了平面结构和随机结构可以作为该体系的一种亚稳态结构存在。在不同的实验条件下，它们都有很大的可能被观察到，说明了该体系同时具有多态的结构特征。

3.6 计算结论

在本章内容中，我们将 $2m \times 2m$ 的超胞作为 IMZO$_m$ 的晶胞，提出了一种特殊的 Zigzag 原子结构模型，并且给出了该结构的形成规则。In 原子主要占据了该结构的八面体的位置，从而形成了 In-O 原子层，该位置是由体系中离子半径较大的阳离子优先占据的，M 原子在 MO(ZnO)$_m^+$（M/Zn-O）层中主要占据了三角双锥体的位置，并且沿着六方晶系的 $[\bar{1}10]$ 方向对称排列形成了阶梯形的双边对称结构，而 Zn 原子依然保持四配位结构。基于这种结构，我们从得到的高分辨模拟图像中可以清晰地看到 V 字形周期调制结构，得到与实验一致的结果。通过对不

同模拟参数的比较，可以发现该调制结构的出现与样品的厚度、M 原子的类型以及 m 值的大小有直接的关系，可以对实验中所发现的调制结构出现的实验条件提供合理的解释。通过总能计算，我们证明了该结构与已报道的模型相比具有较小或者相当的形成能。它为我们提供了一个新的出发点来理解和研究这类材料。事实证明，我们对该类材料基态结构的认识为进一步理论和实验研究其物理性质提供了基础，也为大量的实验结果提供了可靠的理论依据。

我们进一步以 IZO_m 为例，系统地考察了依赖于 m 值的 IZO_m 基于平面结构模型、Zigzag 模型、DYW 模型、准随机结构模型这 4 种结构模型的结构稳定性。计算结果肯定了具有 V 字形调制结构的模型比其他结构模型具有更高的稳定性，可以被视为该类体系的基态结构特征。Zigzag 结构和 DYW 结构的稳定性是相似的，这证明了在实验样品中可能形成不同的 V 字形调制结构。它们的形成基本遵守类似的机制。首先，In-O 原子层八面体结构的存在以及二次极化反转边界的存在已经被 DYW 模型所证明，它们是该类体系结构的一个普遍特征，这一特征也同样适用于 Zigzag 模型。利用 Zigzag 模型和准随机结构模型，我们发现消除体系悬挂键的动力学过程，以及尽可能同时保持体系对称性和近邻 In 原子间距最大化的要求，是形成该类调制结构的主要诱因。它们可以作为对 DYW 形成机制的一种补充，来对该体系调制结构的形成机制进行更加全面的描述。上述结果也同时证明，统计平衡过程和热涨落使得该体系出现多种亚稳态结构（如平面结构模型和随机结构模型）成为可能。这些结论为实验中观察到的该体系多型和多态的结构特征提供了系统而全面的解释。

第 4 章

半导体材料电子结构计算

4.1 体系结构关联的电子结构特征

透明导电氧化物通常都具有 n 型电导和宽带隙($3\sim4$ eV)的普遍特征，它们在透明光电子器件的开发和应用方面具有举足轻重的作用。这主要归因于它们兼具较低的电阻率和在整个可见光范围内的光学透明性[196-202]。作为这一类特殊氧化物的代表性材料，Sn 掺杂 In_2O_3 以及掺杂 ZnO，已经显示出独特的优势，被广泛应用于制备平面显示器和太阳能电池的透明电极材料[203-213]。In_2O_3 由于具有特殊的电子轨道重叠，形成了球对称的 s 型导带特征，从而使得 In_2O_3 在传输电子方面具有非常显著的优势。即使在高掺杂的情况下，这一优势也不会明显被减弱。这一特征为其在透明电极的制备和应用中奠定了主导地位，并且已经产业化[214]。尽管如此，In 元素为地球稀缺资源，因此 In_2O_3 不断增长的需求必然会导致资源的逐渐枯竭，从而大大抑制 In_2O_3 的广泛应用和推广。许多研究人员已经试图通过结合不同的二元化合物，例如 ZnO、In_2O_3 和 Ga_2O_3 等，开发和制备兼具良好电子输运能力以及光学透明性的多元化合物，以尽量减少 In 元素的使用，同时能有效地保持或者提高该体系的电导率和透光率[80,215-217]。在对这类多元化合物的探索过程中，同源化合物 $IMZO_m$ 已经吸引了研究人员的广泛关注。这主要是因为它们具有特殊的层状结构特征，并且兼具 In_2O_3 和 ZnO 许多固有的半导体物理性质。在该体系中，In 元素的存在可以保证载流子的输运通道仍然可以充分利用在 In_2O_3 中所表现出的优势，同时大大减少 In 元素的使用量，基本满足上述的要求和期望。另外，该类化合物特有的层状结构和在 M/Zn-O 原子层中 M（M 为 In 或 Ga）原子的存在，可以对该体系的氧空位的形成和扩散造成显著的影响，从而导致载流子浓度具有高度的可控性和较大的可变性[58,81]。另外，IZO_m 作为一种良好的热电材料，表现出了高温低热导的显著特征，并且优于同类掺杂的 In_2O_3 和 ZnO[95,96]。这一优势明显与其层状结构特征有关，说明它可以显著地影响该体系的各类物理性质。IMZO$_m$ 薄膜材料[187,218]及其纳米结构[219]的成功合成，已经为该类化合物的广泛研究和应用提供了重要的前提条件，但是它们的晶体及其电子结构的复杂性却为理论研究提出了挑战。

IZO$_m$ 的层状结构特征首先是由 Kasper 合成和确定的[76]，但是这些层与层之间的连接模式在 Kimizuka[77]之前并没有完全确定。早期的结果认为它们是由 ZnO 和 In$_2$O$_3$ 直接衔接而成的[88]。Kimizuka 认为该化合物是由 In-O 原子层和 In/Zn-O 原子堆叠层沿着六方晶系 c 轴依次交错堆叠而成的。如果我们忽略 In 和 Zn 原子在 In/Zn-O 原子层中的差异，那么可以将晶体的对称性归类为三方晶系和六方晶系，分别对应 m 为奇数和偶数的情形。其中，In-O 原子层中的 In 原子和 O 原子分别具有六配位和四配位结构，In/Zn-O 原子层中的 In 原子和 Zn 原子共同占据三角双锥体和四面体位置。In-O 原子层在晶体结构中扮演着极化反转边界的角色，它的存在已经被其他研究小组所证明[220,221]。但是在 In/Zn-O 原子层中的二次极化反转边界的存在和位置却一直存在争议。由于 HRTEM 技术的发展，使得人们在晶体结构层面已经可以清晰地观察到原子的周期结构。一些针对该体系的 HRTEM 实验结果发现，在其In/Zn-O 层中存在 V 字形周期调制结构[78,79,89,195,219]，但是该结果不是在所有 HRTEM 图像中都可以观察到的，它的出现需要满足一些特定的条件。因此，基于该体系的平面结构模型和调制结构模型被 Li 首先提出，来解释 HRTEM 实验中所观察到的不同结果[79]。此后，由 Da Silva、Yan 和 Wei[83]基于调制结构特征提出了一种原子结构模型(DYW 模型)，并且详细地讨论了该结构的可能形成机制。根据这些结果，我们基于 Li 的思想提出了一种 Zigzag 模型进行 HRTEM 模拟，并和不同结构的稳定性进行比较[222]。Yang 小组合成了一类 IZO$_m$ 纳米线[86]，其 HRTEM 图像表现出了不同的原子结构特征，他们根据实验结果给出了一种新的结构模型以解释其调制结构。这些不同的结果使我们相信，在不同的实验条件下，由于 In 原子在 In/Zn-O 层中不同规律的有序排列，可以使得该晶体表现出多型和多态的特征。这一情形很明显使得针对该体系的理论研究变得更加复杂和困难，并且很多与结构相关的物理问题有待得到进一步回答。例如，不同晶体构型的形成机制以及它们之间的差异和关联是什么？该体系电子结构特征和电学特征与 In 原子的不同有序排列以及不同的 m 值(即 In/Zn-O 原子层的层厚)有何种关联？它们是否有变化？这种变化是否存在规律和趋势？为什么 In 原子在该类化合物中，对于改进其电导特性起到关键的作用？这些问题都是需要我们逐一回答的。

目前对于该体系电子结构和光学性质的理论研究主要基于密度泛函第一性原理的计算。利用密度泛函理论对 IMZO$_m$ 材料进行研究，最重要的是了解其能带结构。Walsh 对 In$_2$O$_3$(ZnO)$_m$(IZO$_m$, m=1, 3, 5)能带结构的计算表明，IZO$_m$ 光学带隙的降低主要源于在 In$_2$O$_3$ 结构中的带间禁戒跃迁，由于 ZnO 的引入被消除[84]。该体系的价带部分主要集中在 In/Zn-O 原子层，而导带部分在 m 值较大时主要局限在 In-O 原子层，并且为我们留下了研究该体系最优化载流子输运路径的线索。对其带隙和吸收光谱的计算显示，其带隙宽度有随着 m 值的增加逐渐增加的趋势。以上结果主要是基于 DYW 模型以及针对 $m=1$，3，5 这 3 个特殊情形的计算结果，还不足以回答上面我们所提出的全部问题。这就促使我们对 IZO_m 层状结构、In 原子排列、m 值相关的电子结构特征做进一步深入和系统的研究，并且找出其变化规律，为理论研究该体系建立一种可行的方法和一致的模型。

为此，我们利用密度泛函理论 GGA+U 的方法，系统地计算了 IZO_m（$m=1$，2，3，4，5，6）基于平面结构和 Zigzag 模型的电子结构特征。为了得到准确的能带结构，我们引入了一种两步策略，分别利用不同的 U 值修正导带和价带能量的分布。计算所得到的带隙及其有效质量随着 m 值的增大具有渐增的趋势，其变化范围与已报道的 IZO_m 实验结果符合得很好。基于两种典型晶体结构的电子结构研究，我们阐明了 In 原子的不同规则排布对该体系载流子输运路径和迁移率所产生的不同影响，并且揭示了导致该体系各向异性电导特征的主要原因[80,182]。通过对导带电子态的空间分布以及不同原子在各类结构中的稳定性讨论，可以发现该类体系所存在的一种最优化载流子输运路径。我们的计算结果表明，这种固有的材料和结构特性在载流子输运方面明显要优于 ZnO，它使得该类材料在柔性和透明光电器件制备领域中具有广泛的应用前景。

本章内容主要安排如下：在 4.2 节，我们首先介绍计算 IZO_m 电子结构所选择的标准计算结构模型，然后在 4.3 节介绍计算方法，之后在 4.4 节给出两种标准结构模型的计算结果和讨论内容，最后在 4.5 节给出结论。

4.2　标准计算结构模型

尽管 IZO_m 基态构型可能会产生不同的 V 字形调制结构，但是在它们的形成机制中，有很大部分遵循类似的规律。首先，In-O 原子层八面体结构的存在以及二次极化反转边界的存在已经被 DYW 模型所证明。它们是该体系的一个普遍特征，同样适用于 Zigzag 模型。利用 Zigzag 模型和准随机结构模型，我们发现消除体系悬挂键的动力学过程，以及尽可能同时保持体系对称性以及近邻 In 原子间距最大化的要求，是形成调制结构的另一个主要原因。前面已经证明，热涨落过程可以使该体系出现多种亚稳态结构。这些结论无疑为下一步理论研究该体系的电子结构特征带来了复杂性。从原则上讲，对其进一步的研究似乎必须建立在给定的实验结构基础之上，即使是对于基态特征，也需要在特定的构型下对对应体系进行研究。然而，通过前面章节对各种结构的关联性和类似性的研究，我们不难发现，完全有可能在各种构型中找到几种典型的特例，来作为研究与该类体系结构相关的，尤其是与 In 原子排列相关的各类物理性质。

考虑到 Zigzag 模型和 DYW 模型的结构稳定性是非常相似的，然而 Zigzag 模型的建立并不依赖于 m 值的大小，因而我们选择了不依赖于 m 值的标准平面结构模型和 Zigzag 模型来作为典型模型，对其不同 m 值的电子结构特征给以比较研究。选择这两种模型主要是因为它们模型构建的一致性和具有代表性特征。从它们的计算结果中，我们不难发现该类体系所具有的一些普遍的性质和结构以及与 m 值相关的物理特征。考虑到这两种模型中仍然存在一些不确定因素，我们最终将 P1-IZO$_m$ 和 MM(M)-IZO$_m$ 作为明确的两种标准模型，作为计算它们电子结构的出发点。

4.3 计算方法

为了得到比较准确的 IZO$_m$ 电子结构特征，我们首先计算 ZnO、In$_2$O$_3$ 各自的电子结构，计算方法主要基于 GGA+U 的理论框架，理论和计算细节可以参考第 1 章的内容。这里 U 作为一个可调参数被引入计算过程，其计算结果的准确性取决于 U 值的选取。考虑到密度泛函理论中的带隙低估以及金属 d 电子态结合能计算值偏低的问题，我们选择 GGA+U 的方法对 IZO$_m$ 多元化合物未知带隙和有效质量进行估算。这一方法可以在一定程度上解决上述低估问题，其估算的准确程度依赖对前驱物 ZnO 以及 In$_2$O$_3$ 的计算结果，可以选择依据实验数据所得到的前驱物的校正值，作为合理的修正 U 值。

本章计算的方法与第 3 章中计算 IZO$_m$ 总能的方法类似，采用 GGA-PBE[9] 交换关联泛函形式，离子势采用 PAW 赝势形式[20]。化合物中的 In 元素和 Zn 元素的 d 电子已被包括在赝势中。KS 方程采用平面波基矢展开，基矢截断能为400 eV。对于 IZO$_m$ 的平面结构模型(P-IZO$_m$)，其能带结构 k 点都选择为对应晶系的高对称点；对于 Zigzag 模型，则选择与 P-IZO 方向一致的一些特殊格点。对于 IZO$_m$ 电子结构的计算，我们主要采用 Dudarev[12]简化后的 GGA+U 的计算方法。在该方法中，局域 d 电子态电子之间的强关联相互作用被纳入 GGA 泛函之中，可以利用一个可调参数 $U-J$(下文以 U 作为简化表示)来对体系的 KS 本征值和总能进行修正。它可以在一定程度上对 GGA 框架下描述强关联体系的内在缺陷做修正。这一修正技术由于具有合理的物理动机和原理辅助，因此已经被很多研究人员所采纳来研究 ZnO 和 In$_2$O$_3$ 的电子结构特征，并且能够正确地描述其 d 电子态电子的能量位置，合理地解释它们各自对应的光电子能谱实验数据[223,224]。作为一种理论方法，它在解决金属氧化物带隙低估的问题方面表现出了特有的优势，已经被广泛应用于研究带隙修正和晶格缺陷的问题之中[225]。就我们现有的知识而言，目前还没有足够充分的实验数据来对 IZO_m 的电子态能量分布给出肯定的结论，因而没有合理的校正 U 值可以利用。在此情形下，我们可以直接利用 ZnO 中的 Zn 3d 和 In_2O_3 中的 In 4d 电子的 U 值来作为 IZO_m 的修正值，而这些 U 值是首先通过对 ZnO 和 In_2O_3 实验结果的理论计算校正得到的。

4.4 计算结果分析

4.4.1 ZnO 和 In_2O_3 的电子结构

根据所报道的关于 ZnO 的 X 射线光谱实验结果[226-228]，Zn 3d 电子态主要与少量的 O 2p 电子态杂化。如果以价带顶（Valence Band Maximum，VBM）为能量零点，它们主要位于 $-8.8 \sim -7.5$ eV。另外有两个显著 DoS 峰位也已经被观察到，分别位于 -1.3 eV 和 -3.8 eV 附近，它们主要来源于 O 2p 电子态的贡献。我们通过测试计算，将 U 值变换范围选定为 $0 \sim 25$ eV，最终确定 ZnO 中用于修正 Zn 3d 电子的 U 值大小为 7.7 eV，并且用 U_d^{Zn} 来表示该值的大小。最终利用 U_d^{Zn} 值计算 ZnO 的 Zn 3d 和 O 2p 电子态 PDoS 结果如图 4-1(a) 所示，图中空心圆对应于实验结果中测量得到的 Zn 3d(-7.5 eV) 的峰位[227]，实心圆则对应于 O 2p 电子态对应的 3 个峰位，分别位于 -1.3 eV、-3.8 eV、-7.4 eV。它们的峰值强度已经按照实验结果做了同等比例的归一化处理。从图 4-1 中可以看到，计算得到的 PDoS 与实验结果的峰位符合得很好。理论计算的带隙宽度为 1.56 eV，与实验结果得出的 3.44 eV 比较[229]，可以看出该值仍然明显被低估，并且其偏差达到了标准值的 55%。当计算的修正值 U 被固定为 22.9 eV 时，计算所得到的 Zn 3d 态能量被下移到 $-15 \sim -11$ eV，但是此时的理论带隙值与实验结果完全一致。这一较大的 U 值可以认为是对体系导带能量分布的一种二次修正，从而使得带隙得到了准确计算，以下我们将使用 U_b^{Zn} 来表示该 U 值的大小。此外，与实验结果对比，在 U_b^{Zn} 修正后的导带底色散关系，也比 GGA 以及 GGA+ U_d^{Zn} 方法计算后的结果更加准确，这可以通过比较它们的有效质量大小得到证实。通过 GGA、GGA+ U_d^{Zn} 和 GGA+ U_b^{Zn} 3 种方法得到的导带底色散关系，计算的电子有效质量 $m_e(m_a)$ 分别为 0.13（0.13）、0.19（0.20）、0.30（0.32），它们都是以电子质量 m_0 为单位的，其中 m_e 和 m_a 分别对应于平行和垂直于 c 轴的电子有效质量。可以明显看出，由 GGA+ U_b^{Zn} 方法得到的计算结果与实验值 $0.28m_0$[230] 符合得最好，给出最小的相对误差。到此我们可以发现，从原理上讲，尽管 GGA+U 方法可以部分修正价带电子结构，并且有效提高其 d 电子态电子的结合能，但是它对导带电子态能量的修正却是难以同时达到理想的效果。也就是说，不可能通过单独的 U 值使得价带和导带的电子态都得到正确的描述。基于上述讨论，我们可以借助于两步策略对 ZnO 电子结构进行计算修正，即首先通过 GGA+ U_d^{Zn} 计算得到体系准确的 DoS 分布，之后通过 GGA+ U_b^{Zn} 计算对体系的导带结构进行修正，得到正确的带隙和能量色散关系。图 4-1(a) 为利用上述两步策略得到的 ZnO 能带结构和 PDoS。可以看出，它们准确描述了实验测量得到的 ZnO 的电子结构，包括体系 Zn 3d 能量位置和双重峰位特征，O 2p 和 Zn 3d 杂化对共价键贡献的比例及其能量分布特征，带隙特征以及导带底能量色散关系等特征。大部分高对称 k 点对应的能级位置与 Vogel 等人[231] 和 Erhart 等人[223] 分别报道的理论计算结果是一致的。

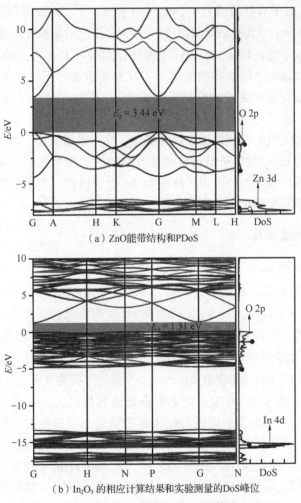

（a）ZnO能带结构和PDoS

（b）In₂O₃ 的相应计算结果和实验测量的DoS峰位

图 4-1　ZnO 和 In₂O₃ 能带结构（原图见彩插页图 4-1）

类似的程序可以被用来对 In_2O_3 的 In 4d 能级位置做 U 值修正。实验结果显示 In_2O_3 的 DoS 在-15.5 eV、-5.2 eV、-1.4 eV 位置附近有 3 个较强的峰位[232]。经过类似的测试计算，可以发现当修正值取 7.3 eV 时(以下我们将用 U_d^{In} 来表示该值的大小)，计算的 In 4d 和 O 2p 的 PDoS 可以准确重现实验测量的各峰位位置以及推测其来源。计算结果如图 4-1(b)所示，其中下垂线对应于实验测量的DoS 的峰位位置。位于-15.5 eV 位置的 DoS 峰位主要来源于 In 4d 电子态的贡献，其他两个峰位主要来源于 O 2p 电子态的贡献。计算所得到的能带结构与Erhart[224]所报道的计算结果基本是一致的。上述计算给出的带隙值为 1.31 eV，与实验结果测量的 In_2O_3 的光学带隙(3.75 eV)[233]相比，它被低估超过 65%。实验报道的 In_2O_3 电子有效质量为 $0.28m_0 \sim 0.35m_0$[234]，利用导带底色散关系得到的计算值为 $0.17m_0$，其低估范围超过了 39%。这说明该修正结果不能很好地描述体系的导带电子结构特征。Walsh[235]曾经仔细研究了 In_2O_3 本征带隙和光学带隙的差异，发现其电子结构带隙要远小于其光学带隙，位于 2.9 eV 附近，这主要是由其价带顶到导带底的禁戒跃迁导致的。这同时也显示了 In_2O_3 d 电子的自相互作用修正可能要比 ZnO 的更为复杂，因此仅仅通过单独增加 U 值，已经无法得到对其导带结构的合理修正和物理描述。然而幸运的是，该不足之处对于我们目前所考虑的 IZO_m 的电子结构推测是有利的。这主要是因为我们可以将理论计算与实验结果的偏差，归因于对体系 In 4d 电子自相互作用的非完备描述，从而为计算误差来源找到合理的物理依据。

4.4.2 IZO_m 的态密度

上述对 ZnO 和 In_2O_3 的电子态能量的预测和误差来源分析是我们准确推测 IZO_m 电子结构的基础。利用上述的两步策略，我们分别计算平面结构和 Zigzag 调制结构 $IZO_m(m=1, 2, 3, 4, 5, 6)$ 的电子结构特征。在计算其价带结构的过程中，我们利用上述得到的 U_d^{Zn} 和 U_d^{In} 值对体系的 Zn 3d 电子和 In 4d 电子做了修正，以下用 U_d 来表示该修正值的大小；在计算其导带结构时，该修正值被选取为 U_b^{Zn} 和 U_b^{In}，以下用 U_b 来表示该值的大小。通过上面的分析可以看出，类似于在 In_2O_3 中的情形，由于 In 4d 电子的非完备描述和修正，这一误差特征必然会在 IZO_m 的计算过程中被保留，因而低估体系带隙是不可避免的。然而，对这一误差来源的同源定位使我们可以通过一致的补偿来对理论计算与实验结果的偏差做修正。也就是说，我们可以认为在 IZO_m 中，In 4d 电子的非完备描述所导致的体系带隙低估是不随 m 值变化而变化的，它们可以利用同一偏差值来对理论计算的结果进行修正。而这一偏差值，可以通过比较任一 m 值所对应的 IZO_m 实验与理论结果的误差来得到。最后需要强调的是，以下的结果都是基于 $P1-IZO_m$ 和

MM(M)-IZO$_m$ 结构模型计算得到的，为了简化，我们将它们分别命名为 P-IZO$_m$ 和 Z-IZO$_m$。

图 4-2(a) 和 (b) 分别为 P-IZO$_m$ 和 Z-IZO$_m$ 对应于 $m=1$，2，3，4，5，6 的 PDoS 结果，它们分别对应于 Zn 3d、In 4d、O 2p 电子态的贡献。图 4-2 中 3 条虚线分别对应于理论计算得到的结果，In$_2$O$_3$ 中 In 4d 电子态最强峰位置(-15.4 eV) 和 ZnO 中 Zn 3d (-7.6 eV) 和 O 2p 电子态(-0.9 eV) 最强峰位置。首先，我们将注意力集中在 In 4d 电子态的分布特征。可以看到，一个明显的趋势为随着 m 值从 1 增加至 6，In 4d 电子态的峰位都逐渐向低能区域移动，这一情形在 P-IZO$_m$ 和 Z-IZO$_m$ 的计算结果中都有所体现。其中，大部分的 In 4d 电子态位于低于-15 eV 的能量区域。对于 P-IZO$_m$ 而言，其能量范围从 $m=1$ 时的-17.5~-13.9 eV，下移至-18.1~-14.2 eV。可以发现，在低能区域存在一个孤立的 O 2s-In 4d 电子态杂化峰，它随着 m 值的增大，从-18.3 eV($m=1$) 逐渐降低至-19.5 eV($m=6$) 位置。相比之下，Z-IZO$_m$ 中的 In 4d 电子态能量范围保持在-18.2~14.2 eV，随着 m 值的增加，他们基本保持不变。在 Z-IZO$_m$ 的 In 4d 电子态的 PDoS 中，没有明显的孤立峰存在。相比 P-IZO$_m$，这可以导致 O 2s 电子态电子的结合能有所降低，从而使得 O 原子的稳定性在一定程度上有所减弱。已经报道的结果显示[85]，基于 DYW 模型所计算的氧空位的形成能与其所在的位置相关，当 O 原子处于 In-O 原子层时，其空位的形成是最困难的。也就是说，在 In 原子的紧密排列原子层周围是很难形成氧空位的。这一结果可以理解为，紧密排列的格点如果被 In 原子所占据，由于其具有较大的离子半径，因而可以有效减小它们周围 O 离子之间的库仑排斥能，从而使得它们的位置稳定性有所提高。与 In$_2$O$_3$ 中的 In 4d 电子态相比，可以发现 IZO$_m$ 层状结构明显将 In 4d-O 2s 杂化能级向低能区域移动，并且有效拓宽了 In 4d 的带宽。特别对于 P-IZO$_m$ 而言，在低能区域存在较强的 In 4d 和 O 2s 电子态的杂化耦合，并且减弱了在价带顶附近的 In 4d-O 2p 电子态耦合。从这些结果中，我们已经可以清晰地看出，该结构中 In-O 原子之间结合能的增强证明了为什么将 ZnO 和 In$_2$O$_3$ 粉末作为前驱物时，可以有机会形成 In-O 原子层结构。

此时，我们可以将注意力转向 Zn 3d 和 O 2p 电子态的分布特征。从 Zn 3d 和 O 2p 的 PDoS 可以看出，随着 m 值的增大，它们同样表现出类似于 In 4d 电子态的能量逐渐减小的趋势。这一普遍的特征说明了，IZO$_m$ 层状结构的稳定性是随着 m 值的增大而逐渐提高的。对于 Z-IZO$_m$，两个较强的 Zn 3d 贡献峰逐渐从-7.1 eV 和-7.5 eV 移动到-7.4 eV 和-7.9 eV；相应地，在 P-IZO$_m$ 中，它们从-6.7 eV 和-7.1 eV 移动到了-6.9 eV 和-7.4 eV。通过比较 P-IZO$_m$ 和 Z-IZO$_m$ 各自对应的结果，可以发现调制结构导致了更为显著的 Zn 3d 和 O 2p 电子态能量的降低。与 ZnO 对应的 PDoS 相比，当 m 值较小时，P-IZO$_m$ 明显降低了 Zn 3d

电子的结合能。这预示着该结构在低 m 值情形下会明显降低 Zn 原子的结构稳定性，但是该不利情形将会随着 m 值的增大在 Z-IZO$_m$ 结构中逐渐缓解，使得在大 m 值对应的 Z-IZO$_m$ 中，Zn 原子的稳定性逐渐与其在 ZnO 中的情形趋于一致。这一结论也可以被认为是调制结构较平面结构模型更为稳定的一个重要原因，它与前面总能计算得到的结论是一致的。通过仔细观察图 4-2(a) 和(b) 可以发现，两种结构的 O 2p 电子态的能量范围都主要为 $-5\sim0$ eV，在价带顶附近的 p-d 耦合状态可以从图 4-2 中清晰地得到分辨。可以看出，两种结构价带顶附近的电子态，主要来自 Zn 3d 和 O 2p 电子轨道的杂化贡献，这一情形与 ZnO 价带顶端部分的电子态成分基本是一致的。

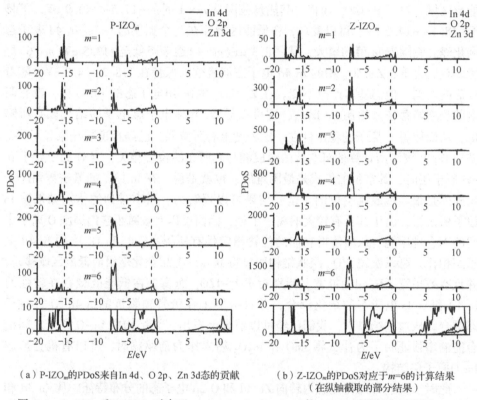

（a）P-IZO$_m$ 的 PDoS 来自 In 4d、O 2p、Zn 3d 态的贡献　　（b）Z-IZO$_m$ 的 PDoS 对应于 $m=6$ 的计算结果（在纵轴截取的部分结果）

图 4-2　P-IZO$_m$ 和 Z-IZO$_m$ 对应于 $m=1$，2，3，4，5，6 的 PDoS(原图见彩插页图 4-2)

4.4.3　IZO$_m$ 的能带结构

对于 IZO$_m$ 能带结构的描述，一项重要的任务是准确推测其带隙的大小和变化趋势。通过对 Z-IZO$_m$（P-IZO$_m$）的计算，可以发现理论直接计算的带隙值从 $m=1$ 至 $m=6$ 分别为 0.97（1.42）eV、1.08（1.52）eV、1.38（1.76）eV、

1.47(1.90)eV、1.50(1.91)eV、1.56(1.96)eV，其中括号内的数值对应于 P-IZO$_m$ 构型下计算的结果。这两种结构的计算结果都显示出带隙值随 m 的增加而单调递增的变化趋势。与实验报道的 IZO$_5$[80] 带隙结果(3.12 eV)比较，Z-IZO$_m$ 和 P-IZO$_m$ 结构理论直接计算的带隙值分别被低估了约 51% 和 38%，这与我们之前的预期是一致的。我们现在可以通过以 IZO$_5$ 为基准，利用理论与实验结果的差值，来校正这一直接计算误差，并且将这一固定差值直接应用到其他 IZO$_m$ 体系中，从而得到它们带隙的合理推测值，因为这一修正值已经假设是与 m 值无关的。图 4-3(a)展示了理论修正和直接计算得到的不同 m 值对应的 Z-IZO$_m$ 带隙值，基于 GGA 和 GGA+U_d 方法得到的计算结果也同时被列于图中以示比较。从 GGA 的直接计算结果中，我们并不能看出该体系带隙随 m 值具有显著的变化趋势，这也就说明了单纯的 GGA 方法不能很好地推测这一变化趋势。图 4-3 中最顶端的连接线对应于 GGA+U_b 的计算结果(带隙值)，它们是利用 1.62 eV 的误差修正来校正的，这一校正值事实上与 In$_2$O$_3$ 的低估值 1.59 eV 基本是一致的。从图 4-3 中可以看出，GGA+U_b 的计算方法给出了最为合理的带隙变化趋势，并且可以找到具有充分物理依据的理论计算误差来源。理论修正的带隙变化范围主要位于 2.59~3.18 eV(对应于 m=1，2，3，4，5，6)，这与实验观察到的该类体系带隙变化范围 2.8~3.1 eV 是基本一致的[80,92]。按照上述结果，理论推测的 IZO$_2$ 带隙值为 2.70 eV，该结果与实验报道的 2.90 eV[93] 基本是一致的。上述推测得到的 IZO$_3$ 带隙值为 3.00 eV，它与已经报道的结果 3.04 eV 也是基本一致的[63,84]。这些结果也证实了我们之前的假设，即利用不依赖于 m 值的固定修正值来修正 In 4d 电子态的非完备描述并不会对 IZO$_m$ 带隙计算结果带来很大的误差。这一类似的趋势也在 P-IZO$_m$ 结构中得到了体现，如图 4-3(b)所示。理论计算的上述两种结构的带隙在不同的 m 值下是不同的，这也就预示了不同的 In 原子构型对该体系的带隙结构会产生一定程度的影响，但是从上述结果可以看出它们的差异应该不大于 0.4 eV。通过不同的测量方法得到的有关 IZO$_5$ 的带隙结果分别为 3.12 eV[80] 和 2.75 eV[63]，这一结果差异看起来似乎支持我们目前的推测，即实验中不同的构型可能导致测量结果的显著偏差。尽管如此，为了在本章中使讨论简化，我们仍然假设 P-IZO$_m$ 和 Z-IZO$_m$ 之间的带隙差异并不显著，这样就仍然可以利用实验中报道的 IZO$_5$ 的带隙结果 3.12 eV 来对 P-IZO$_m$ 的带隙值做修正。理论修正和直接计算的结果如图 4-3(b)所示，图中同样列出了上述 3 种方法所计算的结果。从这些结果中，我们可以推测，随着 m 值的增大，IZO$_m$ 的带隙值将会逐渐与 ZnO 的趋于一致。

图 4-4(a)和(b)展示了 P-IZO$_m$ 和 Z-IZO$_m$ 在 m=1，2，3，4，5，6 时的能带结构计算结果，图中禁带区域已经标出了它们各自的带隙大小。P-IZO$_m$ 的带隙已经利用 IZO$_5$ 的实验结果做了一致的校正，校正值为 1.21 eV。对于 P-IZO$_m$，

能量色散关系给出了沿着倒空间 k_z 和 k_y 方向的计算结果；相应地，Z-IZO$_m$ 给出了沿着 k_x、k_y、k_z 3 个方向的能带结构。通过观察两种原胞结构，我们可以发现，当 m 取奇数时，P-IZO$_m$ 的 k_z 方向与 Z-IZO$_m$ 的 k_x 方向是一致的；当 m 取偶数时，它与 Z-IZO$_m$ 的 k_y 方向是一致的。以下我们将使用 k_c 来统一表示该方向的结果。为了清晰地看出这些能带结构特征和变化规律，图 4-4 只给出了价带顶和导带底部分的计算结果，从图中可以看出，价带顶部分平缓的色散关系显然抑制了该体系的空穴输运过程，从而确定了它们的 n 型电导优势，这与其 n 型电导实验结果是一致的。

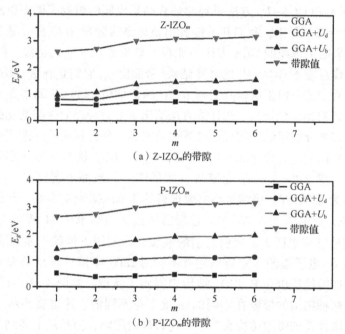

（a）Z-IZO$_m$ 的带隙

（b）P-IZO$_m$ 的带隙

图 4-3　基于 GGA、GGA+U_d、GGA+U_b 方法计算和修正的 IZO$_m$ 带隙值

　　当我们沿着 P-IZO$_m$ 的 k_c 方向观察其导带结构时，可以发现一个典型的特征：这些能带被分成了不同的子带，子带之间通过不同的能量间隔分离。当 m 取奇数时，每个子带中包含 3 条能带；当 m 取偶数时，每个子带中包含两条能带。这些子带中包含的能带数目是与原胞中包含的结构单元数目一致的。这一类似的情形也可以在 Z-IZO$_m$ 的能带结构中观察到（除了 Z-IZO$_1$ 的情形，因为 Z-IZO$_1$ 对应的原胞只有一个结构单元）。在 P-IZO$_m$ 最下面的几条子带中，当 $m \geqslant 4$ 时，这些子带中的能带几乎都重合在一起保持简并状态。从半经典局域态的观点出发，我们可以想象电子本身是依据平移对称性局域在不同原胞的等价位置区域，而这些不同的电子能级应该属于同一能带，但是对应不同的 k 波矢。对于目前的情形，我们可以发现位于同一原胞中不同单元等价位置的电子可以具有相同

的 k 波矢，但是却属于不同的能带。从这些特征中直接可以得到以下重要的推论：平移对称性可以导致能带的形成，它们将等价位置的电子能级劈裂成不同的能量，连接形成同一能带，并且通过不同的 k 波矢来标记这些不同的电子态；非平移对称性导致各单元处等价位置的电子能带劈裂，形成同一 k 波矢标记的不同能带下的电子态。可以发现，这一结论可以推广到类似结构，它们的能带结构中不同的电子态特征和其所具有的对称性可以被简化描述。此时描述电子态的指标可以具体化为能带指数、k 波矢、非平移对称性。

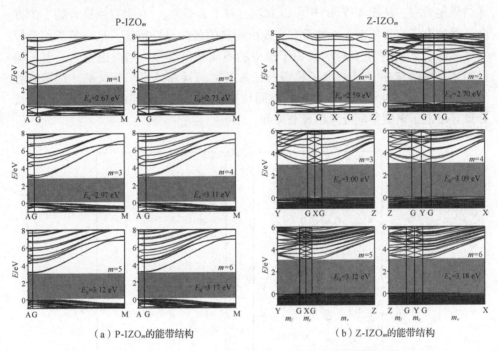

（a）P-IZO$_m$ 的能带结构　　　　　　（b）Z-IZO$_m$ 的能带结构

图 4-4　IZO$_m$（$m=1$，2，3，4，5，6）的能带结构（原图见彩插页图 4-4）

4.4.4　IZO$_m$ 的电子有效质量和最优化输运路径

从图 4-4 所示的能带色散关系中，我们可以发现另一个显著的特征：随着 m 值的增大，沿着倒格矢 k_c 方向的导带底色散关系逐渐变得越来越平缓，特别是对于 P-IZO$_m$ 结构，其特征表现得更为明显。这一各向异性特征将直接体现在其电子有效质量张量沿不同方向的差异上。

图 4-5 所示为沿着不同特定方向所计算的 P-IZO$_m$ 和 Z-IZO$_m$ 随着 m 值变化的电子有效质量 m^*。为了比较，我们同时给出了基于 GGA、GGA+U_d、GGA+U_b 这 3 种方法计算得到的结果。在计算电子有效质量时涉及能量色散关系的二次求导，因而为了有效减小计算误差，我们采用了更为密集的 k 点间隔来对零点

附近的导带结构做计算，其间距都小于 0.003 2π/Å。对于 P-IZO$_m$，从图 4-5 中可以看出，基于 GGA+U_b 方法计算所得到的 m_c 随着 m 值的增大逐渐显著大于 m_a。当 $m=6$ 时，m_c（0.72）的数值是此时的 m_a（0.30）的两倍之多。但是从 GGA 和 GGA+U_d 的计算结果可以发现，这一有效质量各向异性特征并没有被很好地体现出来。事实上，实验中已经报道了 IZO$_m$ 的电导率和迁移率，沿着晶体 c 轴方向的数值都远小于垂直于 c 轴平面内的数值[182]。基于 GGA+U_b 的计算结果揭示了，沿 c 轴方向 m_c 的增加是减小其在该方向电子迁移率的一个重要原因。与这些结果相对应，从图 4-5(b) 中可以发现，对于 Z-IZO$_m$，在沿着倒格矢的 3 个方向计算的电子有效质量 m^* 并没有表现出明显的各向异性特征。这一显著的差异主要来源于 In 原子在 In/Zn-O 原子层中的不同规则排布，同时也说明了电子输运的难易程度与 In 原子的电子轨道特征及其空间排布是密切相关的。这意味着导带底电子态空间分布与 In 原子的空间位置密切相关，不同的 In 原子排布直接导致导带电子密度空间分布的显著差异。

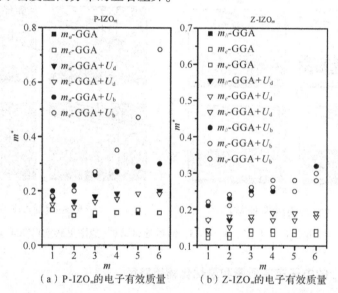

图 4-5　基于 GGA、GGA+U_d、GGA+U_b 方法计算的 IZO$_m$

（$m=1$，2，3，4，5，6）的电子有效质量(原图见彩插页图 4-5)

作为一个实例，我们在图 4-6 中给出了 P-IZO$_3$ 和 Z-IZO$_3$ 两种结构的导带底子带包含的 3 条能带对应的空间电子密度等高线图，以阐明这一差异及其对电子输运路径的影响。图 4-6(a) 和 (b) 分别对应于 P-IZO$_3$ 和 Z-IZO$_3$ 在六方晶系的(110)平面和单斜晶系的(001)平面投影的电子密度等高线图。如图 4-6(a) 所示，导带电子主要布局在 In-O 原子层的 In 原子以及含 In 平面的 In 原子周围，该图直观地显示了在该体系中电子的可能最优化输运路径，位于垂直于 c 轴的 In

原子密排面附近。从图 4-6(a) 中可以看出，沿着 c 轴的电子的输运过程，如同电子需要克服势垒而经历类似于跳跃电导过程一样，需要从一个通道进入另一个通道。然而在目前的情形下，电子仍然是处于扩展态的，因此这一准受限的输运特征事实上是通过增加其在该方向有效质量 m_c 的大小，同时保持其扩展态特征来得以体现的。此时如果我们再仔细观察图 4-6(b) 可以发现，上述情形在 Z-IZO_3 中是截然不同的。Z-IZO_3 的导带电子主要分布在 V 字形调制结构的边界以及 In-O 原子层的边界，如果其最优化电子输运通道位于调制结构边界，那么可以看出沿着 3 个方向所形成的最优化电子输运通道非常相似，这对应于体系的电子有效质量在这 3 个方向上的各向异性特征并不明显。通过上述结果可以看出，m^* 的各向异性特征在 P-IZO_m 结构中表现得如此明显，以至于可以利用测量其不同方向的电子迁移率差异，来确定此时实际合成样品的晶体结构特征与何种结构模型更为接近。

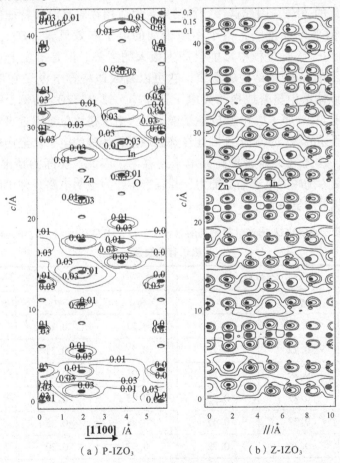

（a）P-IZO$_3$　　　　　（b）Z-IZO$_3$

图 4-6　P-IZO$_3$ 和 Z-IZO$_3$ 的电子密度等高线图（原图见彩插页图 4-6）

无论是哪种结构，都可以看到计算出的 m^* 随着 m 值的增加单调递增。从图4-6中可以看出，导带底处的电子态主要来自 In 原子电子轨道的贡献，因此其色散关系更类似于在 In_2O_3 中的结果。从前述内容和误差来源分析中判断，该体系的电子有效质量 m^* 主要依赖于 In 原子的电子轨道特征，因而它们的数值被低估是不可避免的。相比之下，$GGA+U_b$ 计算的结果给出了对 m^* 的最佳估计，该计算结果已经被列于表 4-1 中。从表 4-1 中可以看出，当 m 值较小时，该体系计算的电子有效质量与 ZnO 和 In_2O_3 非常接近，但是随着 m 值的增大，m^* 逐渐增大。与 ZnO 和 In_2O_3 相比，m^* 的增大可以归因为 In 原子电子轨道的非均匀一致的关联和交叠。根据已经报道的 IZO_5 的结果，其测量的电子有效质量应该接近于 $0.67m_0$ [80]。如果我们考虑到报道结果中包含电导各向异性的显著特征，可以假定此时测量样品结构更接近于平面结构模型，那么此时利用基于P-IZO_5 的计算结果可以发现，理论推测的电子有效质量误差范围将不超过实验结果的 30%，因此这些计算结果足以应用在对其电学特征的讨论。从这些结果中似乎可以推断，由于不断增加的电子有效质量，IZO_m 与 ZnO 和 In_2O_3 相比在电子输运过程中可能会产生很大的劣势。但是事实上是，由于在 IZO_m 中电子最优化输运路径的形成，它可以有效地将导电电子和散射中心分离，从而在该体系中显著地提高其电子迁移率。以 P-IZO_m 为例，最优化输运路径主要位于 In-O 原子层和含 In 原子层附近，由于在该位置附近很难形成点缺陷，如前文所述的氧空位缺陷，因此在该区域附近传输的电子会经历较少和较弱的杂质散射，这无疑会显著提高其电子迁移率。因此，实际的情形是 IZO_m 比 ZnO 表现出更为优越的电子输运能力，并且有望作为透明电路元件中的电子输运通道展现出优异的器件性能。

表 4-1　基于 $GGA+U_b$ 方法计算得到的 P-IZO_m 和 Z-IZO_m (m=1，2，3，4，5，6) 的电子有效质量

m	P-IZO_m		Z-IZO_m		
	m_a	m_c	$m_{//}$	m_c	m_v
1	0.20	0.18	0.21	0.17	0.22
2	0.22	0.20	0.23	0.21	0.24
3	0.26	0.27	0.25	0.24	0.26
4	0.27	0.35	0.25	0.26	0.28
5	0.29	0.47	0.28	0.25	0.28
6	0.30	0.72	0.32	0.30	0.28

注：表中数据(2~5列)单位为电子质量。

4.5　计算结论

通过利用 P-IZO$_m$ 和 Z-IZO$_m$ 结构模型作为 IZO$_m$ 典型样本标准模型，我们计算了由于 In 原子的不同排列以及不同层厚(即与 m 值相关)导致的典型的电子结构差异。计算结果显示，Z-IZO$_m$ 和 P-IZO$_m$ 的 In 4d 电子比 In$_2$O$_3$ 中的 In 4d 电子具有更高的结合能，从而保证了 In-O 原子层形成的可能性。与 ZnO 相比，Zn 3d 电子在 Z-IZO$_m$ 结构中更加稳定，而 P-IZO$_m$ 使之趋于不稳定状态，它们的稳定性都随 m 值的增大而增加。能带结构计算给出了 IZO$_m$ 随 m 值增大而带隙渐增的重要结论。当 m 值取 1~6 时，其数值变化范围为 2.59~3.18 eV。这为我们准确推测不同 m 值下该体系带隙的变化特征提供了可靠的理论依据。通过比较不同 m 值下 P-IZO$_m$ 和 Z-IZO$_m$ 的电子有效质量我们发现，P-IZO$_m$ 具有显著的各向异性特征，其沿 c 轴方向的电子有效质量要大于垂直于 c 轴方向的结果，并且随着 m 值的增大，它们的电子有效质量逐渐增加，差异也逐渐增大。这为我们解释其电导率各向异性的实验结果提供了理论依据。计算结果发现 In-O 原子层以及 In 原子的调制结构可以为电子提供最优化的电子输运通道，通过 In 原子的特殊排列可以实现其最优化导电路径的形成，并且其层状结构有利于电子与缺陷的分离，从而减小载流子散射概率。这一结果明确了其电子迁移率在一定条件下优于 ZnO 的根本原因，为该体系在光电器件中的广泛应用提供了理论依据，也为其在电子器件中的广泛应用提供了保证。

第 5 章
半导体纳米结构电子输运性质计算

5.1 半导体纳米结构电子输运 I-V 特性曲线特征

一维半导体纳米结构(纳米线或者纳米带)由于具备特殊的电学性质,在纳米电子学和纳米光电子学领域具有广泛应用前景,因此成为当前研究人员关注的焦点,在近 20 年间进行了广泛的研究[236-239]。一维半导体纳米结构独特的几何特征使其非常适合应用于纳米尺度器件和电路元件,例如电路桥接元件[35-38]和电子输运沟道[39-42]等。尤其是其良好可控的生长工艺条件,为设计和组装不同功能的纳米设备提供了保证,并且可以对其新功能进行合理的预测和推断[43,44,51-53,55]。半导体纳米线所特有的对表面效应的敏感性,使之展现出在高效传感器和光伏器件中良好的应用前景[48-50,240]。作为下一代光电子器件的基本组建单元,它有望替代当前的微电子传统工业技术,实现功能化和尺度化的崭新飞跃。在各类物理性质研究方面,由于大量的纳米器件都涉及基本电学性质的应用,因此对材料几何和尺度相关的电子输运性质的研究,一直以来便是该领域的研究热点。同时,作为在纳米材料中可以输运载流子的最小维度体系,一维纳米结构也为研究电子输运的基本物理问题提供了一个理想的实验平台[81,157,241-243]。在这些研究中,区分和澄清纳米结构体系本征以及接触边界影响下的电子输运行为,是研究和制备高性能纳米器件设备的必要一环,也是关键的一步。这主要是由于器件尺寸逐步趋于微型化,从而使得原本可以忽略的微观尺度接触效应可以产生与器件本身同等程度的电学性能影响[244]。在很多情况下,一维纳米器件的接触效应甚至可以直接主导体系的载流子输运行为,掩盖体系本征的电学特征。因此,有效区分体系的内部和接触面影响的载流子输运特征是极具挑战性的一项研究工作。

在研究半导体纳米线(带)电学性质时,我们经常会遇到研究单根纳米线 I-V 特性曲线的情形,此时不可避免地要出现金属-半导体-金属(Metal-Semiconductor-Metal,MSM)相接触的结构特征。纳米线的电子输运行为可以在很大程度上被金属纳米电极和纳米线之间的接触类型所影响甚至决定。在实践应用中,欧姆接触类型的形成，是一维材料集成功能器件单元设备所必需的关键技术。另一方面，有意图地将接触端制备成肖特基接触类型也已经引起了广大研究人员的兴趣。这主要是因为由该接触类型制备的纳米器件在光响应和气敏实验中表现出更为优异的性能[245,246]。这些不同的应用课题要求我们有必要深入去了解 MSM 结构是如何影响纳米器件输运性质的。许多理论方法在早期就已经被提出用于研究纳米材料的电子输运性质，关于这些方面工作的综述，我们建议参阅 C. Beenakker 和 H. van Houten 写的综述文章以及文章中的参考文献[147]。近些年来，由于计算机软硬件技术的发展，利用密度泛函理论结合非平衡态格林函数的方法，为我们提供了一种强有力的计算手段，来计算和分析在纳米结构体系中表现出的诸多量子输运现象。该方法可以在不需要唯象参数的条件下，对给定体系在不同实验条件下纳米器件的电子输运过程进行第一性原理的定量模拟和计算[247-250]。尽管如此，它的应用仍然受到计算体系的尺度和计算条件的多重限制，并不能满足大尺度纳米体系的计算需要。在很多情形下，测量得到的单根半导体纳米线的 I-V 特性曲线特征，往往都受限于其实验接触电极类型的影响，而此时纳米线本身的输运特征可能仅仅等价于一个串联电阻的效果。这种情形通常对应于半导体纳米线的轴向尺寸远大于其平均自由程，而径向尺寸远大于其电子德布罗意波长。针对这种情况，Zhang 等人[158]基于金属半导体接触已经发展的理论，建立了一种双肖特基势垒接触模型，以此来描述单根纳米线在 MSM 结构体系下的电子输运特征。Hernandez-Ramirez 等人[251]发展了一套类似的计算方法，利用这种肖特基势垒接触的实验测量结果来提取实验体系的各类电学参数。由于这一方法简单易行且可以有效估算其电学参数，因此得到了部分研究人员的推广和应用[252]。但是他们都没有考虑到纳米线的空间局域效应导致的子带结构特征，同时也没有办法确定 MSM 结构下纳米线与金属电极接触面积的大小。并且在上述方法的计算过程中，掺杂浓度被直接替换为载流子浓度，使其无法解释和分析由于体系载流子浓度的变化而导致的体系 I-V 特性曲线的变化。许多实验结果已经显示，单根纳米线的 I-V 特性曲线在特定的实验条件下，可以实现从线性到非线性以及相反的转换。例如，由 ZnO 纳米线制备的肖特基二极管的 I-V 特性曲线，在一定的紫外光照射下，可以表现出线性的欧姆电导特性[241,253]。另外，由于体系外加应变导致的 ZnO 纳米线 I-V 特性曲线从线性到非线性的转换，也已经被实验所观察到[254]。目前，大家普遍接受的观点是，这类接触类型的转换现象主要是由测量体系肖特基势垒高度在外加实验条件下的变化所导致的。基于理论计算，我们发现体系载流子的变化，同样可以产生不同类型的 I-V 特性曲线之间的相互转换。这些结果使我们认为有必要做进一步的深入研究，来重新认识 MSM 结构下纳米体系 I-V 特性曲线的计算方法，以及不同接触类型的转换机制及其决定因素。

　　在本章中，我们将通过由单根纳米线连接的、背靠背双肖特基势垒接触的

MSM 结构模型来模拟实际测量时的情形，建立其 $I-V$ 特性曲线理论计算方法。在考虑肖特基势垒接触及其内建势能函数的分布时，通常的耗尽区近似已经不足以描述这类本征结构的特征，因而我们将自由载流子对势垒附近空间电荷区的贡献也同时加以考虑。半导体纳米线在 MSM 结构中被视为一个等价的串联电阻来加以考虑，但是它们的子带结构却需要被区分。这样可以避免金属电极和纳米线接触面积所存在的不确定性，把这些不确定性完全归因于接触势垒高度的影响，同时还可以将其与体系费米能级的位置相关联。通过势垒处的电流主要由两部分组成，一部分为热发射电流，另一部分为隧穿电流。它们相对于总电流的贡献比例是载流子浓度和势垒高度的函数。我们在室温条件下对这一函数随上述两参数的变化规律进行讨论。通过对其 $I-V$ 特性曲线的理论计算，可以发现 MSM 结构两端的肖特基势垒对曲线的线型具有不同程度的影响，并且其线型是由接触势垒的高度和载流子浓度同时决定的，相类似的 $I-V$ 特性曲线不仅可以通过调节体系的势垒高度得到，也可以通过调节体系的载流子浓度而获得。基于此，我们对欧姆-肖特基接触类型的不同转换机制进行讨论。利用所建立的 $I-V$ 特性曲线计算方法，我们便可以对实验结果进行计算模拟和匹配，从而有效地得到其各类电学参数。这一方法对于讨论一维纳米结构受接触势垒影响的电学性质具有普适性特征，它为我们下一步甄别和研究与 IZO_m 结构相关的以及与接触效应相关的电学性质提供了前提条件。

目前，一种普遍的探索半导体纳米线或者纳米带电学性质的实验方法是基于纳米线场效应晶体管的原理，通过测量其 $I-V$ 特性曲线来讨论其基本的电学特征[255,256]。然而，如果在体系具有大量的束缚中心的情形下，为了能够了解这些本征的束缚中心对体系电学性质的影响，一种更好的替代方法是利用两金属电极接触直接测量的技术来探测单根纳米线（带）的 $I-V$ 特性曲线。这种直接测量的方法具有典型的 MSM 结构特征，该方法没有场效应晶体管所带来的栅极电压接触界面，从而可以消除这些由于额外的接触界面所导致的外来的束缚中心的影响，来直接研究其内部的束缚态对材料电学性能所带来的影响。否则，这些接触界面的束缚态可以同材料内部的状态相混合，并且具有相当的数量级，所测量的结果必然是在它们的共同作用下所导致的，从而无法明确地辨析体系的本征输运行为和它们的影响。

基于上述考虑，我们利用基于 MSM 结构的直接单根纳米带测量方法，对掺杂和未掺杂的 IZO_m 多元半导体化合物纳米带进行了一系列电学性质的实验测量和理论分析研究。对于一般的金属氧化物（如 ZnO 纳米线），当体系所测量的 $I-V$ 特性曲线在低电压区域或者整个测量范围中都表现为线性特征时，即表明该体系表现为欧姆输运行为，接触电极为欧姆接触类型，只有少量的信息可以从中提取得到。但是，当体系的 $I-V$ 特性曲线表现为非线性特征时，许多额外的信息，如表征材料电学特性的各类参数，便可以通过理论计算模拟得到[9,14-17]。当外加偏压较低，体系处于低场区域时，通常认为测量的 I-V 非线性特性曲线主要是由测量结构中的肖特基接触电极所造成的。该类电极会在金属-半导体接触两端产生肖特基势垒，使得在此区域的电子输运过程不再满足欧姆导电特征。另一方面，如果已经知道测量结构的接触端为欧姆接触类型，并且测量的特性曲线仍然表现出非线性特征时，这类非线性 I-V 特性曲线通常会被认为是由空间电荷限制（Space Charge Limited，SCL）输运机制所导致的。尽管如此，许多已发表的论文[257-260]以及我们基于 IZO$_m$ 纳米带的测量结果显示，非线性 I-V 特性曲线可以在欧姆接触的条件下，并且在低场情形下出现。这一低场范围要远小于 SCL 输运机制所要求的过渡电压值，从而可以排除通常的 SCL 输运机制所导致的非线性输运特征。因此，这就迫切需要我们开发一种模型来澄清这类特殊的载流子输运机制。

前面的章节已经证明，IZO$_m$ 具有复杂的多态晶体结构和特殊的准多型基态结构特征，并且已经被研究多年。作为透明导电氧化物中的一员，它有望替代 In$_2$O$_3$ 材料，可以被广泛应用于下一代柔性和透明纳米光电子器件中。我们对其电学性质的深入研究发现，由于 In 原子和 Zn 原子在其 In/Zn-O 原子堆叠层中等价位置的无序排布，导致存在大量的束缚态。这些束缚中心可能成为影响其电学性能的决定因素，使其表现出特有的电子输运行为。此外，其结构无序导致的束缚态与其他体系本征缺陷导致的各类无序束缚态具有类似的特征。然而在该体系下，这一无序特征可以得到定量的估算。这就为我们克服了通常情况无法定量讨论这类无序状态的困难，并且可以借此考察这类束缚中心对其电学性质所带来的影响。这在很大程度上降低了该类问题的复杂性。Nomura[81] 的论文已经证明，这类同构化合物在其导带底部具有大量的带尾态存在，它们随温度变化的电学输运特征表现为其电导率随温度变化服从关系式 $\sigma = \sigma_0 \mathrm{e}^{\frac{A}{\sqrt[3]{T}}}$。这一关系式是描述非晶态半导体材料跳跃电导特征的典型表达式，这也就间接证明，该类体系的无序特征对电学性能的影响具有与非晶态半导体类似的特征。然而其特有的晶体结构又与非晶态材料显著不同，这就保证了它可以具有较大的载流子迁移率。因此，我们可以期望这些束缚中心在导致其出现非欧姆输运行为的过程中扮演了重要的角色。为此，我们提出了一种声子激发的束缚态电子跃迁传输电子输运模型，来解释这一特殊的非线性 I-V 特性曲线，并且可以利用该模型提取体系的各类电学参数。在此基础上，我们期望建立起一定的规则来区分不同机制导致的非线性曲线的特征，以方便我们在研究过程中辨识体系的输运机制和区分各类主导影响因素。深入地分析和理解这类受束缚态影响的电子输运过程，可以加快纳米材料应用的步伐，在很大程度上推进实用化的进程。

本章内容如下：5.2 节描述如何获得内建势能函数以及纳米线的子带结构；

5.3 节对接触端的热发射电流和隧穿电流的表达式进行介绍和讨论；5.4 节通过对基于 MSM 结构模型下的 I-V 特性曲线的计算，详细讨论不同接触端对曲线线型的影响；5.5 节讨论通过改变不同参数诱导的欧姆-肖特基转变的机制。

5.2　纳米线 MSM 结构模型

5.2.1　空间电荷区的势能分布

图 5-1 展示了 MSM 结构平衡态能带结构示意图。其中包含两个背靠背的肖特基势垒，它们同时处于外加零偏压条件下，其中 $q\phi_{b1}$ 和 $q\phi_{b2}$ 分别对应于左右两接触端的势垒高度，E_{b1} 和 E_{b2} 为它们各自对应的内建势垒高度，它们的数值都是以体系导带底（Conduction Band Minimum，CBM）E_c 为参考零点的。图 5-1 中的 w_1 和 w_2 对应两接触端空间电荷区的宽度，这两个区域位于均匀一致的半导体纳米线的两端。我们同时还需要假设该纳米线的载流子浓度为 n，介电常数为 ε_r。从图 5-1 中可以看出，$q\varphi_s$ 对应于导带底 E_c 和费米能级 E_F 之差。一种简单易行且被普遍采用以描述空间电荷区电势能分布的方法称为耗尽区近似方法，即假设空间电荷区净电荷没有自由载流子的贡献，完全由电离杂质浓度所决定。

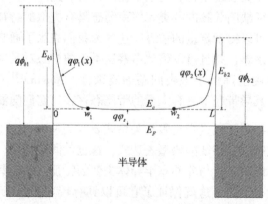

图 5-1　MSM 结构平衡态能带结构示意图

对于目前的情形，这一假设并不能对我们所讨论的体系进行很好的描述。这主要是因为体系处于本征状态，具有非明确定义的掺杂浓度 N，它们的载流子浓度会随着外加实验条件的不同而有所变化。因而利用固定的掺杂浓度 N 来描述其 I-V 特性曲线及其变化规律是困难的。为了明确阐述载流子浓度对空间电荷区的贡献，我们需要以泊松方程为出发点。包含自由载流子贡献的空间电荷区域的泊松方程可以写为

$$\frac{d^2\varphi(x)}{dx^2} = -\frac{nq}{\varepsilon_0\varepsilon_r}(1 - e^{\frac{q\varphi(x)}{kT}}) \tag{5-1}$$

其中 n 为导带内部的自由载流子浓度，ε_0 为真空电容率，$\varphi(x)$ 为空间电荷区的势能函数，并且将导带底作为其参考零点，q 为电子所带电荷的绝对值大小。式(5-1)可以被变形为如下形式：

$$y''y - y'^2 = -\alpha\beta(1 - y)y^2 \tag{5-2}$$

其中 $\alpha = \frac{nq}{\varepsilon_0\varepsilon_r}$，$\beta = \frac{q}{kT}$，$y = e^{\beta\varphi(x)}$，$y' = \frac{dy}{dx}$。如果我们此时引入一个新的辅助变量 v 来代替 y'^2，式(5-2)变为

$$\frac{1}{2}\frac{dv}{dy}y - v = -\alpha\beta(1 - y)y^2 \tag{5-3}$$

求解微分式(5-3)，在合理的边界条件下，可以得到如下解：

$$dx = \pm\frac{d\zeta}{\sqrt{2\alpha\beta(e^{-\zeta} + \zeta)}} \tag{5-4}$$

其中 $\zeta = -\beta\varphi(x)$，式(5-4)中"±"的选择依赖于特定的边界条件。式(5-4)已经将初始变量在结果中做了代回。仔细观察式(5-4)可以发现，如果 ζ 的数值远大于某一特定近似值 ζ_0，则式中的 $e^{-\zeta} + \zeta$ 项将由于指数函数的快速衰减而近似等于 ζ。此时，如果我们忽略式中 $e^{-\zeta}$ 对方程的贡献，可以发现，通常使用的耗尽区近似下的势能函数可以通过对式(5-4)两边积分得到，只需要让其边界条件满足关系式 $-q\varphi(w) = 0$。其结果可以写为

$$-q\varphi(x) = \frac{nq^2}{2\varepsilon_0\varepsilon_r}(w - x)^2 \tag{5-5}$$

式中的 x 取值范围为 $0\sim w$。式(5-5)与通常使用的表达式唯一的差别在于，已经使用自由载流子浓度 n 替换了掺杂浓度 N。另一方面，如果 ζ 取值很小，例如远小于某一特定值 ζ_0，则 $e^{-\zeta}$ 可以被其二级泰勒级数展开 $1 - \zeta + \frac{\zeta^2}{2}$ 所替代。此时，基于这一近似，求解式(5-4)可以得到如下结果：

$$-q\varphi(x) = \begin{cases} \sqrt{2}kT\sinh(\sqrt{\alpha\beta}(w - x)), & \zeta < \zeta_0 \\ \dfrac{q\alpha}{2}(w - x + \dfrac{2\sqrt{\zeta_0} - T_0}{\sqrt{2\alpha\beta}})^2, & \zeta \geq \zeta_0 \end{cases} \tag{5-6}$$

其中 $T_0 = \sqrt{2}\text{arcsinh}(\frac{\zeta_0}{\sqrt{2}})$。为了比较式(5-5)和式(5-6)的近似结果与式(5-4)精确数值积分得到的势能函数的差异，我们将基于上述方程各自求解得到的 3 条势能曲线，同时将之绘制于图 5-2 中。图 5-2 中实线对应于式(5-4)的数值积分结

果，虚线对应于式(5-5)的计算结果，点划线对应于式(5-6)的计算结果。计算过程中所选择的参数 $n = 10^{17}/\mathrm{cm}^3$，$\zeta_0 = 2$，$\varepsilon_r = 8$。

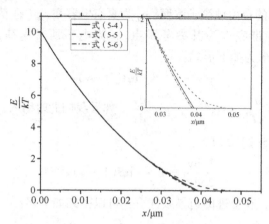

图 5-2　基于不同方程计算的内建势能分布函数

室温条件 $T = 300\ \mathrm{K}$ 已经被采用，并且它将被视为本章所涉及问题的特定实验温度条件。我们可以发现，当 ζ 大于 2 时，3 条曲线的变化几乎已经没有什么差别。基于式(5-6)得到的近似计算结果与准确的数值结果在整个取值范围内符合得很好，因而可以将其视为式(5-4)的近似解析解。基于式(5-6)可以得到空间电荷区宽度的表达式为

$$w = \sqrt{\frac{2\varepsilon_0 \varepsilon_r}{nq}}\left(\sqrt{\varphi_b} - 0.6\sqrt{\frac{kT}{q}}\right) \tag{5-7}$$

其中 $\varphi_b = \dfrac{E_b}{q}$，它与基于式(5-5)得到的结果不同。这一差异可以从图5-2中清晰地看到。通常情形下 φ_b 的数值一般都小于 1 V，相比于广泛使用的表示式[261]

$$w = \sqrt{\frac{2\varepsilon_0 \varepsilon_r}{nq}}\left(\sqrt{\varphi_b - \frac{kT}{q}}\right) \tag{5-8}$$

此时的 $\sqrt{\varphi_b - \dfrac{kT}{q}}$ 和 $\sqrt{\varphi_b} - 0.6\sqrt{\dfrac{kT}{q}}$ 之间的差异不超过 0.08。如果在电容-电压(CV)测量方法中，使用式(5-7)代替式(5-8)来确定体系的接触势垒高度，那么原来在势垒高度方程中的修正项 $\dfrac{kT}{q}$ [262] 将会被 $\dfrac{1.44kT}{q}$ 所替代。此时，我们可以期望这一外加的 $\dfrac{0.44kT}{q}$ 修正项可以在一定程度上对势垒高度的准确估算给出修正。这里我们应该提到的是，来自对势能曲线的映像力修正并没有被显式地包含在其表达式之中，它已经被假设仅仅对实际的势垒高度起到一定的修正作用。

5.2.2　纳米线的子带结构

在传统的体材料和纳米线之间存在着一个显著的物理差异，就是当纳米线径向尺寸逐渐减小时，由于空间尺度的局域效应，在纳米线的导带结构中会出现不同能量间隔的子带。这些能量间隔依赖于其径向尺寸的大小。当我们考虑载流子在半导体纳米线内部的传输过程时，要同时考虑这些来自不同能量子带中电子的贡献。为了对这些子带特征给出一般化的定量结果，我们利用单带有效质量方程和二维无限深圆势阱为参考模型，来描述这类处于类似波导模式中的电子动力学过程。为了简化讨论，我们假设电子有效质量在所有子带中都取同一数值，且等于体材料导带底电子有效质量的大小。沿着体系的径向，无限深圆势阱函数可以被写为

$$U(\rho) = \begin{cases} 0, & \rho < r_0 \\ \infty, & \rho > r_0 \end{cases} \tag{5-9}$$

其中 r_0 是纳米线的半径。薛定谔方程在柱坐标系下的形式可以写为

$$\left[E_c + \frac{\hbar^2 k_x^2}{2m^*} - \frac{\hbar^2}{2m^*}\left(\frac{\mathrm{d}^2}{\mathrm{d}\rho^2} + \frac{1}{\rho}\frac{\mathrm{d}}{\mathrm{d}\rho}\right) - \frac{m^2}{\rho^2} + U(\rho) \right] R_m(\rho) = E R_m(\rho) \tag{5-10}$$

其中 m 为磁量子数，m^* 为电子有效质量，ρ 位于 yz 平面内。得到式（5-10）的过程中，已经利用了沿 x 方向的平面波条件。在 $R_m(r_0) = 0$ 的边界条件下，求解式（5-10）可以得到其能量本征值为

$$E = E_c + E_{mn} + \frac{\hbar^2 k_x^2}{2m^*} \tag{5-11}$$

其中

$$E_{mn} = \frac{\hbar^2 x_{mn}^2}{2m^* r_0^2} \tag{5-12}$$

在式（5-12）中，x_{mn} 是方程 $J_{|m|}(x) = 0$ 的第 n 个根，其中 $J_m(x)$ 为第一类贝塞尔函数。以下我们将使用符号 T_{mn} 来表示能量最小值为 E_{mn} 所对应的子带模式，能量参考零点为导带底部。从式（5-12）中，我们可以发现不同子带模式的能量间隔主要由纳米线的半径所决定。如果我们使用更为接近实际情形的空间局域势能函数来描述其径向的限域效应，子带的能量间隔会与式（5-12）有一定的差异，但是这些差异并不会对我们以下的纳米线电子输运过程的一般性讨论造成影响。如果沿着径向纳米线的半径足够小，导致其量子效应显著，且不能被热涨落现象所掩盖，则此时的子带能量间隔至少要大于 kT 的能量。这一条件要求纳米线半径要满足不等式条件 $r_0 < \dfrac{\hbar\sqrt{\Delta x_{\min}^2}}{\sqrt{2m^* kT}}$，其中 $\Delta x_{\min}^2$ 为 $|x_{mn}^2 - x_{m'n'}^2|$ 集合的最小值，它

们的下角标可以分别取 m，m'（取值为 0，1，……）和 n，n'（取值为 1，2，……），并且要求等式 $m = m'$ 和 $n = n'$ 不能同时被满足。通过计算可以发现，$\Delta x_{\min}^2$ 的数值近似等于 9，这样按照上述不等式可以发现，满足可观测的量子效应条件为纳米线半径至少要小于 $\dfrac{3\hbar}{\sqrt{2m^* kT}}$。但是这一临界值在目前的讨论中并不意味着如果体系的纳米线半径大于该值就可以不考虑其子带结构特征。对于较大半径的纳米线结构，我们在实际的讨论中仍然可以利用纳米线的子带结构特征，来回避纳米线测量时遇到的接触面积不确定性问题，从而可以对体系的电流给出定量的描述。

5.3　金属半导体接触端的电子输运特征

当一外加偏压 V 被施加于 MSM 结构之上时，在不同的 T_{mn} 模式中的电子便开始从高势能区域向低势能区域流动。这一传导电流主要由 3 种不同的输运过程组成。其中，热发射电流和隧穿电流是金属半导体接触端的主导输运电流，而扩散或漂移过程则主导着处于纳米线中间区域且远离接触端的电子输运过程。在以下的讨论中，我们将主要关注位于接触端的电子输运机制，而纳米线本身的输运行为被假设为遵守欧姆定律。它们从宏观的角度被视为欧姆导体，但是要同时考虑其子带结构特征。这一情形对于大部分的大尺度半导体纳米线体系来说都是适用的。

对于具有能量 E 且处于 T_{mn} 模式中的电子，在给定势能函数分布的情形下，根据一维 WKB 近似，其通过给定势垒的透射概率函数可以写为[263]

$$\tau(E) = \exp\left(-\frac{4\pi}{h}\int_0^{x_E}\sqrt{2m^*(E_\varphi(x) - E)}\,\mathrm{d}x\right) \tag{5-13}$$

其中 h 为普朗克常量，$E_\varphi(x) = -q\varphi(x)$，$x_E$ 是方程 $E_\varphi(x_E) = E$ 对应的解。电子能量的最大值 E 应该小于 E_b。当电子能量 E 大于 E_b 时，$\tau(E)$ 的数值被设为单位 1，而此时的电子输运过程对应为热发射过程。将式(5-4)代入式(5-13)，此时透射概率函数可以写为如下形式：

$$\tau(\eta) = \exp\left(-\frac{kT}{E_{00}}\int_\eta^{\zeta(E_b)}\frac{\sqrt{(\zeta - \eta)}\,\mathrm{d}\zeta}{\sqrt{(\mathrm{e}^{-\zeta} + \zeta)}}\right) \tag{5-14}$$

其中 $\eta = \dfrac{E}{kT}$，$\zeta = \dfrac{E_\varphi(x)}{kT}$。式(5-14)中所有的参量已经被表达为无量纲的量。其中，E_{00} 被普遍定义为一个可以决定势垒处电子输运机制的重要参量，它的大小直接决定了隧穿和热发射过程对总电流的贡献比例，其具体的表达式为

$$E_{00} = \frac{q\hbar}{2} \sqrt{\frac{n}{\varepsilon_0 \varepsilon_r m^*}} \tag{5-15}$$

方程(5-15)中的各项参数与原始形式相比的唯一改变为,原始形式中的掺杂浓度 N 在这里已经被体系的自由载流子浓度 n 所替代。这一替代意味着如果纳米线的载流子浓度沿其轴向非均匀分布,或者在特定的实验条件下有所改变,那么会直接导致在其接触两端输运过程的变化和差异。如果我们在计算的过程中,忽略 $e^{-\zeta}$ 项的贡献,对式(5-14)中的积分项 $\int_\eta^{\zeta(E_b)} \frac{\sqrt{(\zeta - \eta)}\, d\zeta}{\sqrt{(e^{-\zeta} + \zeta)}}$ 进行积分,可以得到

$$y_l(\zeta_b, \ \eta) = \sqrt{\zeta_b(\zeta_b - \eta)} - \eta \ln\left(\frac{\sqrt{\zeta_b} + \sqrt{\zeta_b - \eta}}{\sqrt{\eta}}\right) \tag{5-16}$$

其中 $\zeta_b = \dfrac{E_b}{kT}$。 该结果与文献[264]中报道的结果是一致的。另一方面,如果假设 ζ 只取较小的数值,那么我们将式(5-14)中的 $e^{-\zeta}$ 项直接替换为 $1 - \zeta + \dfrac{\zeta^2}{2}$,此时上述积分变为

$$y_s(\zeta_b, \ \eta) = -2\sqrt{2}\, \sqrt[4]{2 + \eta^2} \exp\left(\frac{\Omega}{2}i + \frac{\pi}{4}i\right)\left[E(\phi \mid n) - F(\phi \mid n)\right] \tag{5-17}$$

其中 $\phi = \arcsin\left(\sqrt{\dfrac{\zeta_b - \eta}{\sqrt{2 + \eta^2}}} \exp\left(\dfrac{\Omega}{2}i + \dfrac{\pi}{4}i\right)\right)$, $n = -\exp(-2\Omega i)$, $\Omega = \arctan\left(\dfrac{\eta}{\sqrt{2}}\right)$, $F(\phi \mid n)$ 和 $E(\phi \mid n)$ 分别对应第一类和第二类椭圆积分。

在一接触端给定正向偏压下,电子将从半导体向金属方向流动,其所形成电流大小的一般表达式可以写为

$$I_f = q \int_0^\infty v_x(E) f_s(E) N(E) \tau(E)\, dE \tag{5-18}$$

其中 $f_s(E)$ 是电子分布函数,当半导体处于非简并状态时,它对应于麦克斯韦-玻尔兹曼(Maxwell-Boltzmann,MB)分布函数;当半导体处于简并状态时,它对应于费米-狄拉克(Fermi-Dirac,FD)分布函数。$N(E)$ 对应于能量 E 处的电子态密度,$v_x(E)$ 为具有能量 E 的载流子沿着 x 方向的运动速度。在一维情形下,将式(5-11)代入式(5-18)可以得到电流表达式为

$$I^f = \sum_{E_{mn}} \frac{2qkT}{h} \int_0^\infty f_s(E_{mn}, \ \zeta) \tau(E_{mn}, \ \zeta)\, d\zeta \tag{5-19}$$

其中 $\zeta = \dfrac{E}{kT}$。 式(5-19)中的求和需要包括所有可能的 T_{mn} 模式下电子的贡献。在函数

$f_s(\zeta)$ 和 $\tau(\zeta)$ 中附加的参数 E_{mn}，意味着在对应的 T_{mn} 模式中进行积分时，函数中能量的大小是相对于 $E_c + E_{mn}$ 计算的。在非简并情形下，$f_s(E_{mn}, E)$ 可以表述为

$$f_B(E_{mn}, E) = e^{-\frac{q\varphi_s + E_{mn} + E}{kT}} \tag{5-20}$$

相应地，在简并情形下，式(5-20)变为

$$f_F(E_{mn}, E) = \frac{1}{e^{\frac{q\varphi_s + E_{mn} + E}{kT}} + 1} \tag{5-21}$$

5.3.1 电流的能量分布

由于 MSM 结构具有两个接触势垒，因此研究和分析在不同势垒处电子的主导输运机制可以明晰它们对实验结果的不同影响，这里我们主要介绍如何区分不同输运过程的贡献。在本章内容中，我们将讨论的体系局限于 n 型半导体纳米线，且其具有宽带隙特征，这样空穴对电流的贡献以及在接触势垒区域的带间隧穿效应可以被忽略掉。我们将温度限定在室温条件，这样 E_{00} 便可以作为载流子浓度的函数单独由 n 来确定。定义能量 E_M 为载流子能量分布函数中极大值对应的能量位置。这些载流子对应于从半导体注入金属的电子，它们是半导体中自由载流子浓度 n 的函数。通过确定 E_M 的位置，我们便可以明确接触端电流的主要贡献，从而确定何种传输机制占主导地位。如果将式(5-20)代入式(5-19)中的被积函数中，则被积函数在对应的每条子带中取极大值的条件可以给出如下关系式：

$$\int_\eta^{\zeta_b} \frac{d\zeta}{2\sqrt{e^{-\zeta} + \zeta}\sqrt{\zeta - \eta}} = \frac{E_{00}}{kT} \tag{5-22}$$

这里应该强调的是式(5-22)中 ζ_b 是随着 E_{mn} 的大小而变化的。如果上述计算是基于 FD 分布函数即由式(5-22)得到的，则对式(5-19)中的被积函数求极值可以得到

$$\frac{1 + e^{\eta + \frac{q\varphi_s + E_{mn}}{kT}}}{e^{\eta + \frac{q\varphi_s + E_{mn}}{kT}}} \int_\eta^{\zeta_b} \frac{d\zeta}{2\sqrt{e^{-\zeta} + \zeta}\sqrt{\zeta - \eta}} = \frac{E_{00}}{kT} \tag{5-23}$$

式(5-23)中包含对导带底和费米能级之差 $q\varphi_s$ 的依赖关系，而 $q\varphi_s$ 主要由载流子浓度所决定。在目前一维的情形下，体系载流子浓度在非简并的情形下可以被写为

$$n_{nd} = \sum_{E_{mn}} \frac{2\sqrt{2\pi m^* kT}}{h} e^{-\frac{q\varphi_s + E_{mn}}{kT}} \tag{5-24}$$

在得到上述方程时，我们已经利用了积分结果 $\int_0^\infty \frac{e^{-t} dt}{\sqrt{t}} = \sqrt{\pi}$ 和式(5-20)。在简并情形下，式(5-24)变为

$$n_d = \sum_{E_{mn}} \frac{2\sqrt{2m^* kT}}{h} F_{-\frac{1}{2}}\left(-\frac{q\varphi_s + E_{mn}}{kT}\right) \qquad (5-25)$$

其中 $F_{-\frac{1}{2}}(\xi)$ 为费米函数，它的定义式为 $F_{-\frac{1}{2}}(\xi) = \int_0^\infty \frac{1}{\sqrt{x}(\mathrm{e}^{x-\xi}+1)}\mathrm{d}x$。能量 E_M 在简并情形下可以通过同时求解式（5-23）和式（5-25）的联立方程得到。计算得到的最低能量子带的 $E_M - n$ 曲线已经绘制于图 5-3（a）中，计算过程中所使用的参数分别选择为 $\zeta_b = 30$、$m^* = 0.27m_0$、$r_0 = 50\ \mathrm{nm}$、$\varepsilon_r = 8$，其中 m_0 是自由电子质量。这些选择的有效质量和介电常数主要基于 ZnO 的近似值。图 5-3（a）中曲线 1 和曲线 2 分别来自基于 MB 分布函数和 FD 分布函数得到的计算结果，曲线 3 给出了以费米能级作为载流子浓度（或者 $\frac{kT}{E_{00}}$）的函数相对于导带底的能量位置。从图 5-3（a）中可以看出，当载流子浓度从 $1\times10^{16}/\mathrm{cm}^3$ 增加至 $1\times10^{19}/\mathrm{cm}^3$ 时，参加输运的载流子主体部分逐渐从高能区域向低能区域过渡。换一种说法就是，随着

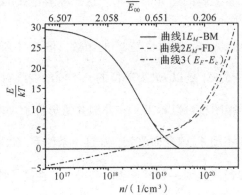

（a）基于 BM 分布函数和 FD 分布函数的计算结果，曲线 3 为费米能级

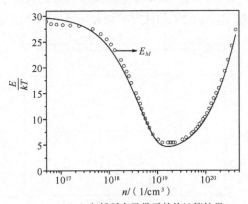

（b）包括所有子带贡献的计算结果

图 5-3　电流能量极大值计算分布曲线

载流子浓度的增加，隧穿电流逐渐占据了电子输运的主导位置。从曲线 1 我们可以看出，载流子浓度有一临界值 n_M，该值对应于载流子输运过程完全为场发射的过程。这一情形只在 ζ_b 很小时适用，因为此时 MB 分布函数在此条件下仍然有效。n_M 作为 ζ_b 的函数，在小势垒近似下可以写为

$$n_M = E_{00}^{-1} \left(\frac{\sqrt[4]{2}}{\sqrt[4]{\mathrm{e}^{\mathrm{i}\pi}}} F\left(\arcsin \frac{\sqrt[4]{\mathrm{e}^{\mathrm{i}\pi}} \sqrt{\zeta_b}}{\sqrt[4]{2}} \mid -1 \right) kT \right) \tag{5-26}$$

其中 F 函数的定义与式(5-17)中的一致，E_{00}^{-1} 表示 $E_{00}(n)$ 的反函数。这一过渡点并不会发生在简并情形的导带底部。从曲线 2 中可以看出，在高载流子浓度区域，注入电流主要来自费米能级附近电子的贡献。这是简并半导体的一个典型输运特征。事实上，在每一子带中，描述能带弯曲的物理量 ζ_b 都是相对于各自的 E_{mn} 值来计算的，因而计算的 E_M 值在每一子带中的结果都会有所差异。在图 5-3(b) 中，给出了利用 FD 分布函数得到的包括所有子带贡献的 E_M 的大小，它们对应于图中的空心圆点。与上述最低子带的计算结果比较[图 5-3(b) 中对应实线部分]，可以发现二者之间的差异非常小。这意味着电流的主要贡献可以被认为是来自较低的子带部分。

从式(5-23)中可以发现，E_M 同时也是 ζ_b 的函数。图 5-4 所示为 $\dfrac{E_M}{E_b}$ 作为 E_b 的函数的计算结果。图中的 E_b 是以 kT 为单位的，不同的曲线对应于利用不同的 $\dfrac{kT}{E_{00}}$ 参数值计算的结果。很明显可以看出，在非简并情形且 ζ_b 非常小时，$\dfrac{E_M}{E_b}$ 的大小接近于单位 1 并且基本不随 E_b 改变而改变。在这一条件下，E_M 和 E_b 之比只是载流子浓度 n 的函数，可以被表达为 $\dfrac{E_M}{E_b} = \left[\cosh\left(\dfrac{E_{00}}{kT} \right) \right]^{-2}$。在简并情形下，可以从式(5-23)中发现，当 $-q\varphi_s$ 非常大时，如果让等式成立，E_M 的数值应该是非常接近费米能级的，因此此时的 E_M 对 E_b 的依赖性与非简并情形下相比已变得并不显著。

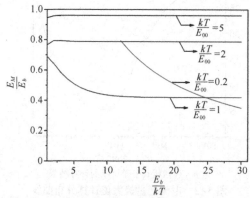

图 5-4　E_M 作为 E_b 的函数，在 $\dfrac{kT}{E_{00}}$ 给定值下的计算结果

为了阐明载流子的整个能量分布特征，图 5-5 中给出了在若干选定的 $\dfrac{kT}{E_{00}}$ 值下计算的电流能量分布函数曲线。曲线的半高宽特征显示，当载流子浓度不处于非简并到简并的过渡区域时，载流子能量主要集中于某一较小的能量范围；反之，它将具有整个势垒高度能量范围的分布。这些特征显示了隧穿电流和热发射电流之间的比例对载流子浓度具有强烈的依赖关系。

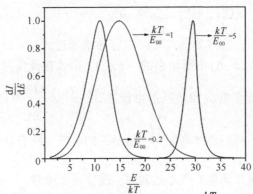

图 5-5　归一化的电流能量分布函数(分别对应 3 个 $\dfrac{kT}{E_{00}}$ 给定值的计算结果)

5.3.2　接触端区域的电子输运过程

从原理上讲，可以将总电流分解成两部分，使其分别对应于隧穿和热发射过程，进而可以对每一部分的电流单独计算考虑。在非简并的情形下，隧穿电流 I_{TF}^{f} 可以通过将式(5-14)和式(5-20)代入式(5-19)得到，它可以被表述为

$$I_{TF}^{f} = I_0 \sum_{E_{mn}} \int_0^{\zeta_b} f_B(E_{mn},\ kT\eta) T_f \mathrm{d}\eta \qquad (5-27)$$

其中 $I_0 = \dfrac{2qkT}{h}$，T_f 为透射概率，可以写为

$$T_f = \exp\left[-\frac{kT}{E_{00}} y(\zeta_b,\ \eta) \right] \qquad (5-28)$$

如果此时体系处于外加偏压 V_f 的情形下，ζ_b 的大小等于 $\dfrac{q\phi_b - q\varphi_s - E_{mn} - qV_f}{kT}$，$y(\zeta_b,\ \eta)$ 作为 $q\phi_b$ 的函数对应于式(5-14)中的被积函数。与此同时，热发射电流可以被写为

$$I_{TE}^{f} = \sum_{E_{mn},\ \zeta_b > 0} I_0 \exp\left[-\left(\zeta_b + \frac{E_{mn}}{kT} + \frac{q\varphi_s}{kT} \right) \right] + \sum_{E_{mn},\ \zeta_b \leqslant 0} I_0 \exp\left[-\left(\frac{E_{mn}}{kT} + \frac{q\varphi_s}{kT} \right) \right]$$

$$(5-29)$$

式(5-28)根据式(5-16)和式(5-17)所使用的近似关系，可以被变形为容易进行数值计算的形式，其表述如下：

$$T_f \approx \begin{cases} \exp[-\dfrac{kT}{E_{00}}(y_s(2, \eta) + y_l(\zeta_b, 2))], & \zeta_b > 2 \text{ 和 } \eta \leqslant 2 \\[2ex] \exp[-\dfrac{kT}{E_{00}}(y_l(\zeta_b, \eta))], & \zeta_b > 2 \text{ 和 } \eta > 2 \\[2ex] \exp[-\dfrac{kT}{E_{00}}y_s(\zeta_b, \eta)], & \zeta_b \leqslant 2 \end{cases} \tag{5-30}$$

在简并的情形下，这些表达式可以很容易地通过式(5-21)替换式(5-20)得到，此时需要假定式(5-6)中所给出的 $-q\varphi(x)$ 形式在此情形下仍然适用。

图 5-6 给出了隧穿电流和热发射电流之比 $\dfrac{I^f_{\mathrm{TF}}}{I^f_{\mathrm{TE}}}$ 以 $\dfrac{kT}{E_{00}}$ 为自变量的计算结果，不同的曲线对应于不同的势垒高度 $\dfrac{q\phi_b}{kT}$ 情形下的数值。所有计算曲线的一个普遍特征是当体系从非简并到简并状态过渡时，隧穿过程随着 $\dfrac{kT}{E_{00}}$ 的减小（对应于载流子浓度的增加），逐渐成为电子的主导输运过程。在 $\dfrac{kT}{E_{00}} \gg 1$ 的情形下，热发射载流子是主要的电流贡献来源，因为此时的载流子隧穿概率要远小于在能量 E_b 处载流子的占据概率。当 $\dfrac{kT}{E_{00}}$ 的数值接近于1或者比1要小时，我们可以从图5-6中发现，热发射电流在当 $\dfrac{q\phi_b}{kT}$ 的数值并不是很小时，基本是可以忽略的。很明显可以看出，

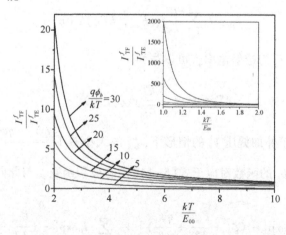

图5-6　正向偏压下从半导体流向金属端的隧穿电流和热发射电流之比

$\dfrac{q\phi_b}{kT}$ 的数值越大，曲线斜率的绝对值就会越大。这一趋势阐明了隧穿电流在较大势垒高度的情形下，是更容易变成体系电流的主导部分的。因此隧穿电流对总电流的贡献在该条件下，即使对于非简并的情形，也是不应该被忽略不计的。可以通过仔细观察 $\dfrac{I^f_{TF}}{I^f_{TE}}$ 曲线在简并和非简并的过渡区域的变化特征来认识这一结果。

从式 (5-28) 可以推理出总电流 I^f 是载流子浓度 n 和势垒高度 $q\phi_b$ 的函数，相同大小的电流值可以通过取不同的 n 和 $q\phi_b$ 的值而得到。图 5-7 为函数 $\lg(I^f)$ 作为 n 和 $q\phi_b$ 的函数的等高线图，图中给出了一些特定的 $\lg(I^f)$ 数值来显示 $\lg(I^f)$ 随上述两参数的变化趋势。从图 5-7 中可以看出，当 $\dfrac{kT}{E_{00}}$ 的数值远大于单位 1 时，I^f 的大小主要取决于 $q\phi_b$ 的大小。随着载流子浓度的不断增加，由于 $q\phi_b$ 数值的增加所导致的电流 I^f 的减小会逐渐被补偿，直到 n 的增加取代 $q\phi_b$ 的增加成为影响电流 I^f 大小的主要因素。

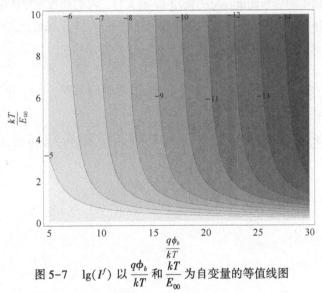

图 5-7　$\lg(I^f)$ 以 $\dfrac{q\phi_b}{kT}$ 和 $\dfrac{kT}{E_{00}}$ 为自变量的等值线图

5.4　MSM 结构 I-V 特性曲线特征

5.4.1　不同单元位置的电子输运特征

当在 MSM 结构下施加给定电压 V 时，电压将会被分解为 3 部分，分别被分配至两接触端和纳米线本身这一级联电阻上。如图 5-8 所示，V_1 和 V_2 对应于在接触 1 端和 2 端所施加的反向和正向偏压的大小，V_s 为通过纳米线本身的压降。在给定电压 V 的条件下，通过整个 MSM 结构体系的电流 I 可以被写为

$$I = I_{1r}(V_1) = \frac{V_s}{R} = I_{2f}(V_2) \tag{5-31}$$

其中 I_{1r}（I_{2f}）是通过接触 1（2）端在反向（正向）偏压下的电流的大小，$\dfrac{V_s}{R}$ 为通过纳米线本身的电流的大小。$I_{1r}(V_1)$ 的表达式具体可以写为

$$I_{1r}(V_1) = I_0 \sum_{E_{mn}} \int_0^{\zeta_b} \left[f_F(E_{mn} - qV_1,\ kT\eta) - f_F(E_{mn},\ kT\eta) \right] T_f \mathrm{d}\eta$$
$$+ I_{\mathrm{TE}}^f \left[\exp\left(\frac{qV_1}{kT}\right) - 1 \right] \tag{5-32}$$

其中 ζ_b 的大小等于 $\dfrac{q\phi_{b1} - q\varphi_s - E_{mn} + qV_1}{kT}$。这里 FD 分布函数已经被应用于式 (5-32) 中，因为在金属中的费米能级在反向偏压 V_1 很大时，将会超过半导体中的费米能级，从而使得 MB 分布函数不再适用。在非简并的情形下，$I_{2f}(V_2)$ 的表达式可以写为

$$I_{2f}(V_2) = (I_{\mathrm{TF}}^f + I_{\mathrm{TE}}^f) \left[1 - \exp\left(-\frac{qV_2}{kT}\right) \right] \tag{5-33}$$

其中式 (5-32) 对应的 ζ_b 中的 qV_1 和 $q\phi_{b1}$ 的值此时应该被 $-qV_2$ 和 $q\phi_{b2}$ 所取代。$I_{2f}(V_2)$ 的表达式在简并情形下可以写为

$$I_{2f}(V_2) = I_0 \sum_{E_{mn}} \int_0^{\zeta_b} \left[f_F(E_{mn},\ kT\eta) - f_F(E_{mn} + qV_2,\ kT\eta) \right] T_f \mathrm{d}\eta$$
$$+ I_{\mathrm{TE}}^f \left[1 - \exp\left(-\frac{qV_2}{kT}\right) \right] \tag{5-34}$$

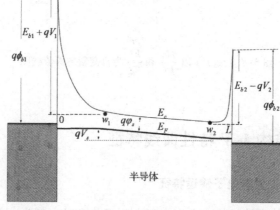

图 5-8　在外加偏压下 MSM 结构的能带示意

　　图 5-9(a)和(b)展示了反向偏压下电流计算曲线，可以得出 $\lg(I)$ 作为 V 的函数在接触 1 端和 2 端所计算得到的结果，图中不同的曲线对应于不同的 $\dfrac{kT}{E_{00}}$ 和 $\dfrac{q\phi_b}{kT}$ 取值条件下 $\lg(I)$ 的计算结果。这些不同参数条件下 $\lg(I)$ – V 变化曲线以及 $R = 100$ MΩ 的纳米线对应的变化曲线被同时绘制在图中以示比较。从图 5-9(b) 中可以看出，与纳米线结果相比，在接触 2 端的 $\lg(I)$ 值随着外加偏压的增加迅速增大。其电流值的大小，在势垒高度较大且载流子浓度较低的情形下，在外加偏压变化不超过 0.5 V 的范围内，可以达到好几个数量级的变化。如果我们要求相同大小的电流通过纳米线和接触 2 端，那么可以发现，即使在它们两端总的外加偏压远大于 1 V 时，在接触 2 端的压降也将会只在远小于 1 V 的取值范围内变化。

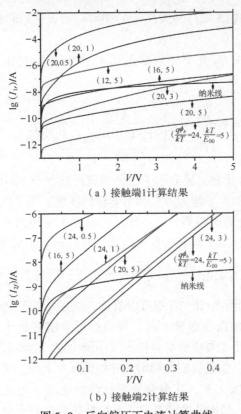

（a）接触端 1 计算结果

（b）接触端 2 计算结果

图 5-9　反向偏压下电流计算曲线

　　与此同时，从图 5-9(a)中可以看出，$\lg(I)$ – V 曲线在接触 1 端的变化特征与在接触 2 端的显著不同。在接触 1 端的 $\lg(I)$，当势垒高度取值不是很小或者载流子浓度不是很大时，其变化趋势和变化范围与纳米线的变化在整个外加偏压的范围内是相当的，因而外加于 MSM 结构下的电压将会主要分配到接触 1 端和纳米线上，以保证电流在其各个部分的大小是一致的。在图 5-9(a) 和 (b) 中，可以非常明显地看出，在相同的外加偏压下，势垒高度的减小或者载流子浓度的增加可以显著地增加 $\lg(I)$ 的大小，但是当上述两个参数在一定范围内变化时，基于它们计算得到的 $\lg(I)$ 曲线的变化趋势彼此之间是非常类似的。对于非简并的情形，在一定的近似条件下，这些类似的变化特征可以使我们有可能将其表述成一种简化的且被广泛使用的电流-电压指数函数形式。这里如果我们只考虑正向偏压下电子从半导体向金属流动的情形，那么接触端的电流在式(5-27) 和式(5-29)的基础上可以被表述为

$$I^f = (I_{TF} + I_{TE})\exp\left(-\frac{q\phi_b}{kT} + \frac{qV_f}{nkT}\right) \tag{5-35}$$

其中 I_{TF} 和 I_{TE} 分别是式(5-27) 和式(5-29)中对应的表达式同时乘因子 $\exp\left(\frac{q\phi_b}{kT} - \frac{qV_f}{nkT}\right)$。如果假设 $I_{TF} + I_{TE}$ 并不随外加偏压 V_f 的变化而变化，则可以推导出式(5-35)中的理想因子 n 为

$$n = \frac{qV_f}{kT\ln\left[\dfrac{I^f_{TF}(qV_f/kT) + I^f_{TE}(qV_f/kT)}{I^f_{TF}(0) + I^f_{TE}(0)}\right]} \tag{5-36}$$

图 5-9(a) 和 (b) 中的显著差异显示了当外加偏压施加于 MSM 结构时，在接触 1 端和 2 端可以有不同的主导输运过程和 I-V 特性曲线。为了阐明这些差异，我们人为地将 MSM 结构分解成两部分，一部分由接触 1 端和纳米线组成，将其记为结构 I，另一部分由接触 2 端和纳米线组成，将其记为结构 II。它们各自的 I-V 特性曲线在一些特殊选定的 $\frac{q\phi_b}{kT}$ 和 $\frac{kT}{E_{00}}$ 参数值下，所计算的结果已经被示于图 5-10(a) 和 (b) 中。从图 5-10(b) 中可以看出，接触 2 端对于电流的影响，在势垒高度非常大以及外加偏压非常小时，可以被想象成等价于一个阈值电压的作用。该阈值电压的大小主要由势垒高度的大小所决定。当通过纳米线的压降与接触 2 端的压降相当时，如果我们继续增加外加偏压的大小，那么之后增加的部分将会主要分配于纳米线之上，这将会导致线性的电流和电压关系的出现。从图 5-10(b) 中可以看出，结构 II 处计算的 I-V 特性曲线的斜率与纳米线本身相比只有非常小的差异，这一差异在一定程度上会使得基于 I-V 特性曲线计算得到的纳米线电阻产生较小的误差，但是它们在实验中是难以被观察到的。与图 5-10(b) 不同，图 5-10(a) 中的结果显示出即使在较大的外加偏压条件下，在结构 II 处的 I-V 特性曲线仍然可以被观察到具有非线性的变化特征。其中，两个极端的情形

分别对应于关闭态和导通态。它们都具有线性 $I\text{-}V$ 特性曲线变化关系，可以从一般的情形中很容易地被区分出来。关闭态主要来源于接触 1 端的有效电阻具有较大的数值，其大小远大于纳米线本身的电阻，这来源于此时该接触端具有较大的势垒高度。而导通态的来源恰恰与上述情形相反，主要来源于较小的势垒高度。在一般的情形下，在接触 1 端的有效电阻是外加电压 V 的函数，它们的大小是与纳米线电阻的大小相当且可比较的，因而其压降在这两部分的分配也是随 V 值变化而变化的。从上述结果可以看出，结构 I 处的 $I\text{-}V$ 特性曲线变化趋势很大程度上依赖于接触 1 端的电子输运性质。

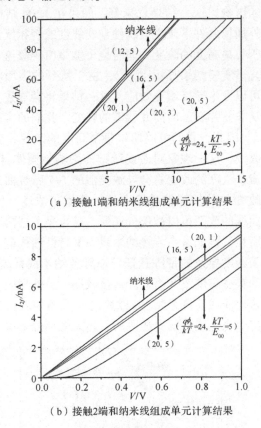

（a）接触1端和纳米线组成单元计算结果

（b）接触2端和纳米线组成单元计算结果

图 5-10　MSM 结构两单元的 $I\text{-}V$ 特性曲线

5.4.2　$I\text{-}V$ 特性曲线特征

从接触 2 端的计算结果可以明显看出，总电流主要由隧穿和热发射电流的贡献所组成，任何一部分的贡献在一般的情形下都是不可以被轻易忽略的。而接触 1 端的电流主要来源于载流子的隧穿过程。当外加偏压远大于 1 V 且此时在该端的势垒高度并不是很小时，我们可以忽略在接触1端热发射电子的贡献。为了能够清晰地比较在接触1端、接触2端、纳米线、结构Ⅰ、结构Ⅱ和MSM结构下不同的输运特征，我们将不同结构下计算的$I-V$特性曲线同时绘制在图5-11中，计算时所选定的参数已经在图中做了标注。从图5-11中，我们可以清晰地分辨出，不同接触端对通过MSM结构的总电流的影响。结构Ⅰ处的$I-V$特性曲线与MSM结构下的结果基本是一致的，这也就是说MSM结构下的$I-V$特性曲线线型主要依赖于接触1端和纳米线的电子输运特征。从图5-10中可以发现一个重要的特征，即载流子浓度的增加或者势垒高度的减小，可以对MSM结构下的$I-V$特性曲线产生类似的影响。这一结果意味着，如果在MSM结构下测量的$I-V$特性曲线，在特定的外加场条件下产生从线性到非线性或者相反的变化过程，其原因可能不仅仅是由于势垒高度的改变，同时也可能是由于载流子浓度的改变。一些纳米线的光致发光谱实验结果显示[265,266]，由于特殊的表面特征，在激光辐照的激发下，纳米线可以发生导带填充效应，这一结果将会导致其载流子浓度发生很大的变化，产生从非简并状态向简并状态的转变。我们的实验结果也已经证实了这种变化特征[266]。因此，我们可以期望势垒高度的改变将会导致$I-V$特性曲线发生不可还原的改变，这一现象对曲线线型的影响如同体材料金属-半导体接触的情形；同时载流子浓度的改变将会导致类似的$I-V$特性曲线特征的改变，但是如果导致载流子改变的外加场被移除之后，载流子浓度有可能还原到初始状态，此时$I-V$特性曲线的改变可以被部分还原。这也是上述两种因素导致实验曲线发生变化的差异所在。例如，在测量纳米线$I-V$特性曲线的同时，如果外加紫外光辐照条件，光子激发导致的带隙跃迁可以导致纳米线载流子浓度显著增加；此外，光辐照导致的势垒高度改变类似于对接触端的热处理效应，因而总的效果会导致测量的$I-V$特性曲线实现肖特基-欧姆之间线型的转变，并且这一转变在外加场移除后，是可以完全或者部分还原的。还原的部分来源于载流子的复合效

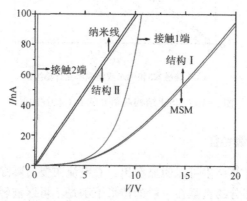

图5-11　接触1端、接触2端、纳米线、结构Ⅰ、结构Ⅱ和MSM结构的$I-V$特性曲线

应，而未还原的部分来源于热处理后势垒高度和载流子浓度的改变。因此，这类曲线线型的转变并不能简单地归因于接触势垒高度的改变。

5.5　IZO$_m$ 纳米带电子输运特征

5.5.1　实验结果

本节所使用的本征和掺杂 IZO$_m$ 纳米带样品基于化学气相沉积原理制备。具体的合成方法以及样品的表征结果已经在文献中做了报道[68,69,267]，这里不再详述。测量样品为单根未掺杂 IZO$_m$ 纳米带，其横截面宽度和厚度分别接近 0.5 μm和 100 nm；Si 施主掺杂的 IZO$_m$ 纳米带（DIZO$_m$），其宽度和厚度分别接近 1 μm和 50 nm。样品电学性质的测量方法主要是微栅模板法[268]，需要将间隔为 20 μm的 Ti/Au 电极沉积于镀有 SiO$_2$ 表面层的 Si 衬底上，纳米带放置于两电极之间，并且通过高纯氮气进行热处理，以此来有效提高电极与纳米带之间的接触质量。实验测量的样品 I-V 特性曲线如图 5-12 所示，其中图 5-12(a) 和 (b) 分别对应

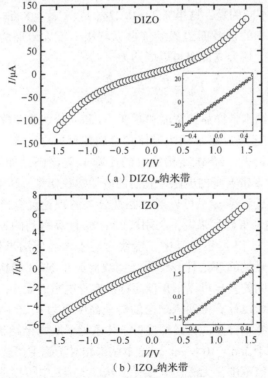

（a）DIZO$_m$ 纳米带

（b）IZO$_m$ 纳米带

图 5-12　实验测量的 DIZO$_m$ 和 IZO$_m$ 纳米带的 I-V 特性曲线

DIZO$_m$ 和 IZO$_m$ 纳米带的测量结果，为样品在外加低偏压区域所对应的实验结果。从图 5-12 中可以清晰地看出，样品在低电压区域为线性趋势，表现出欧姆输运特征，这似乎表示测量样品的接触电极为欧姆接触类型，然而在高偏压区域的非线性特征使得上述结论产生了不确定性。

5.5.2 MSM 结构模拟

事实上，具有肖特基势垒接触电极的 MSM 结构，也可以产生与图 5-12 所示类似的 $I-V$ 特性曲线。前面我们已经证明，在该测量结构框架下，$I-V$ 特性曲线的线型是由处于反向偏压下的金属-半导体接触端以及纳米结构本身的电阻所控制的[158,269]。实验中测量的非线性对称曲线表明，在 MSM 结构下，两接触端具有相同的势垒高度。在反向偏压为 V_1 的接触区域，从金属流向半导体的电子的输运主要为电子隧穿和热发射过程。这一电流可以用公式表示为这两部分贡献之和，其大小为

$$I_r(V_1) = I_0 \sum_{E_{mn}} \int_0^{t_b} \left[f_F(E_{mn} - qV_1, \ E) \right] T_f \frac{\mathrm{d}E}{kT} + I_{TE}^f \exp\left(\frac{qV_1}{kT} \right) \tag{5-37}$$

式(5-37)中各量的含义及其表达式与前述内容一致。在本节中，室温条件 $T = 300$ K 仍然适用。不同的是，这里 $m^* = 0.27m_0$ [270]，$\varepsilon_r = 8.6$。

当前，纳米结构的横截面边界条件可以利用二维无限深势阱来做很好的近似。在此条件下，上述分立能级可以表达为

$$E_{mn} = \frac{\hbar^2 \pi^2 n^2}{2m^* w^2} + \frac{\hbar^2 \pi^2 m^2}{2m^* t^2} \tag{5-38}$$

其中 w 和 t 分别为纳米带样品的宽度和厚度，m 和 n 分别取整数。

在式(5-37)中已经忽略了从半导体到金属的反向电子流，反向电子流并不会引起很大的计算误差。MSM 结构的总的压降 V 应该满足如下条件：$V = V_1 + IR_n$，其中 R_n 为纳米带自身的电阻。它们的电学参数如势垒高度 $q\phi_b$、电阻 R_n、载流子浓度 n 以及迁移率 μ，可以通过匹配公式的理论计算结果与实验结果获得。对于 DIZO$_m$ 纳米带样品来说，利用式(5-38)计算得到的 $I-V$ 特性曲线与实验测量的结果如图 5-13 所示。其中，虚线对应于未考虑纳米带自身电阻贡献，只包括反向偏压接触端的理论计算结果，实线对应于 MSM 结构下纳米带的理论计算结果。它们之间的差异可以用来确定样品本身电阻的大小。通过计算模拟和实验结果的匹配，可以计算得到该结构的势垒高度值为 0.26 eV。与通常情形相比，该结果属于肖特基势垒，但已经接近于体系处于欧姆接触状态。计算得到的体系载流子浓度等于 $2.6 \times 10^{17}/\mathrm{cm}^3$，这个结果相对于施主掺杂的 IZO$_m$ 来说非常小，处于非合理取值范围，无法让人接受。从图 5-13 中可以明显地看出，当外加偏压大于 1V 以后，测量的结果和理论计算结果的差异基本不再变化，这一差

异给出了纳米带的电阻值为 1.7 kΩ。通过该值，我们可以推算出体系的迁移率可以达到 5.65×10^4 cm²/(V·s)，远大于合理的取值范围。这些结果严重偏离了我们对施主掺杂样品所预期的结果，使我们可以非常合理地排除该体系非线性 I–V 特性曲线是由肖特基势垒所引起的可能性。此外，理论计算的 I–V 特性曲线无法在低电压区域保持很好的线性特征，无法给出实验结果所得到的类似情形。如果继续降低模拟的势垒高度和载流子浓度，等价于该结构接触电极具有欧姆接触类型，从而使得在低电压区域具有线性特征成为自然的结果。我们对其他测试样品如掺杂和未掺杂的 ZnO 纳米线（带）进行了同样方法的测试，结果显示在整个外加偏压区域，其 I–V 特性曲线都具有一致的欧姆电导特征，这些结果确定了该结构欧姆接触的形成，也肯定了上述的结论。类似的情形出现在测量 InN 纳米线的电学性质的实验中[242]。一种合理的、可以被用来解释这类欧姆接触下的非线性输运特征的机制为 SCL 输运过程。这一输运过程通常要求测量结构体系具有良好的欧姆接触类型，以及样品本身具有较好的结晶质量，从而对应较低的载流子浓度。

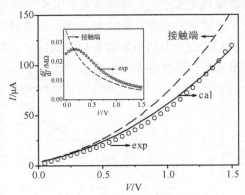

图 5-13　基于 MSM 结构的 DIZO$_m$ 纳米带 I–V 特性曲线

5.5.3　SCL 输运

如果图 5-12 所示的非线性曲线特征主要是由电子的 SCL 输运机制所引起的[271,272]，那么可以预期该体系必然具有较低的载流子浓度和较好的欧姆接触。在此情形下，当外加偏压足够大时，其 I–V 特性曲线偏离线性趋势的行为预示着，从电极注入样品中的载流子浓度已经和样品自身的载流子浓度具有相当的数量级，甚至会大于样品自身的载流子浓度。在通常情形下，由注入载流子主导的电流-电压关系式可以被表达为

$$J = \theta \varepsilon \mu \frac{V^2}{L^3} \tag{5-39}$$

其中 $\varepsilon = \varepsilon_0 \varepsilon_r$，$L$ 为样品的长度。θ 为在体系有束缚中心影响的情形下，注入总电荷中参与输运部分的电荷与总电荷之比。当 θ 取单位 1 时，对应于无束缚中心影

响的电子输运过程，此时电流电压关系为平方幂次依赖关系，此关系式通常被称为 Mott-Gurney 定律。当 θ 为常数并且小于 1 时，注入载流子将会由于束缚中心的存在而被部分限制，无法参与输运过程。此类束缚中心通常属于浅束缚中心，θ 的大小在一定程度上反映了注入载流子对电流贡献的减小程度。当束缚中心为深束缚态或者束缚态具有指数函数分布时，往往会导致上述电流-电压关系式偏离平方定律，并且产生具有更高幂次的电压依赖关系（$J \propto V^\beta$ 且 $\beta > 2$）。假定此时 SCL 输运机制是导致样品非线性特征的主要原因，我们可以利用对 IZO_m 纳米带和 $DIZO_m$ 纳米带的实验结果在对数坐标下的多项式拟合，来确定这一幂次函数的依赖关系。如图 5-14 所示，当外加偏压 $V < 0.5$ V 时，两样品在对数坐标下的实验曲线斜率都为 1，这也就表示在该偏压区域，体系表现为欧姆电导输运行为。图 5-14（a）展示了 IZO_m 纳米带样品的实验拟合结果，从图中可以看出在高电压区域，上述结果满足 1.38 的幂次电压依赖关系，这一幂次函数与束缚中心限制的 SCL 输运机制幂次定律依赖关系明显不符，排除了基于特征的束缚态主导的输运过程，从而为解释其非线性流压特征带来了困难。但是从图 5-14（b）所示的拟合结果可以发现，似乎对于 $DIZO_m$ 的实验结果，可以利用无束缚态影响或者浅束缚态情形的 SCL 输运机制对其进行解释和定量描述。这是因为其在高电压区域满足电压平方的依赖关系。通过临界电压值的公式

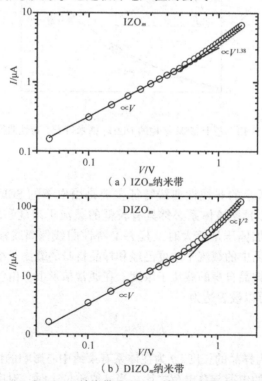

（a）IZO_m纳米带

（b）$DIZO_m$纳米带

图 5-14　IZO_m 和 $DIZO_m$ 纳米带基于 SCL 输运机制拟合的 I-V 特性曲线

$$V_c = \frac{nqL^2}{\varepsilon\theta} \tag{5-40}$$

可以利用图 5-14(b) 中的交叉点求解得到体系的载流子浓度的大小。计算得到的载流子浓度最大值，对应于 $\theta = 1$ 的情形，等于 $9.03 \times 10^{11}/\mathrm{cm}^3$，此时对应的临界电压值为 $V_c = 0.76\ \mathrm{V}$。相应地，计算得到的最小的载流子迁移率 μ 为 $1.13 \times 10^9\ \mathrm{cm}^2/(\mathrm{V \cdot s})$。这些结果都远远偏离了施主掺杂样品的真实值的大小。因此上述输运机制也并不能很好地解释实验中所得到的 DIZO_m 样品非线性 $I\text{-}V$ 特性曲线的结果。也就是说，利用通常的 SCL 输运机制，无法对 IZO_m 的实验结果给出一个合理的解释，从而排除了该机制主导其电子输运过程的可能性。

5.5.4　跳跃辅助的束缚态电子能带输运模型

考虑到 IZO_m 化合物特殊的晶体结构特征，我们可以期望实验测量得到的特殊的非线性 $I\text{-}V$ 特性曲线一定与其特有的原子结构特征密切相关。通常情况下，它们的晶体结构由 In/Zn-O 原子堆叠层和 In-O 原子层沿着六方晶系 c 轴方向交错排列形成[79,83,222]。在 In/Zn-O 原子堆叠层中，In 原子和 Zn 原子可以随机分布在该层的等价位置上，从而可以产生大量的局域电子态，通常这些电子态都会位于导带底部附近[81]。这一情形类似于非晶无序半导体所具有的特征，即体系中随机分布着大量的束缚中心。我们可以利用跳跃辅助的束缚态电子参与能带输运的电子输运模型，很好地描述该材料表现出的特有非欧姆输运特征。按照跳跃电导的输运机制，从束缚位置 i 到 j 的近似平均跃迁概率可以被写为[273]

$$\Gamma_{ij} = f(E_i)\left[1 - f(E_j)\right]\gamma_{ij} \tag{5-41}$$

其中 $f(E)$ 为 FD 分布函数；γ_{ij} 为本征跃迁概率，可以被写为

$$\gamma_{ij} = \begin{cases} \gamma_0 \exp\left[-2\alpha r_{ij} - \dfrac{E_j - E_i}{kT}\right], & E_j > E_i \\[2mm] \gamma_0 \exp(-2\alpha r_{ij}), & E_j < E_i \end{cases} \tag{5-42}$$

其中 γ_0 是一个常数，反映声子辅助的跃迁强度。α^{-1} 是描述局域态波函数空间延展程度的物理量，具有长度的量纲。r_{ij} 为两个跃迁位置之间的距离。当没有外加偏压时，整个体系处于热平衡状态，净跃迁概率为 0，这意味着 $\Gamma_{ij}^0 = \Gamma_{ji}^0$。而当一外加场 F 施加于体系时，体系将会处于非平衡状态，一部分的束缚态电子将会在声子的辅助下被激发至导带参与载流子输运过程，从而使体系的载流子浓度显著增加。这一激发过程可以被描述为处于位置 i、具有能量 E_i 的束缚态电子，首先通过跳跃过程跃迁至位于位置 j、具有能量 E_j 的非占据束缚态。同时在热激发的过程中，该束缚态将会被声子激发，还原至其原有的大概率的非占据态，激发的电子将会进入导带，参与载流子输运的过程。假设体系的局域态数目非常大，以至于当外加偏压满足 $q\boldsymbol{F} \cdot \boldsymbol{r}_{ij} = E_j - E_i$ 的条件时，便会产生大量的参与输运的导

带电子，我们此时便可以利用上述过程对这一增加的载流子浓度给出一个很好的估计，它可以被表达为

$$\delta n = \gamma_0 \exp(-2\alpha r_{ij})D(E_i)\left(-\frac{\partial f(\eta)}{\partial \eta}\right)_{E_i}\frac{qFr_{ij}}{kT}dE_i \tag{5-43}$$

其中 $\eta = \dfrac{E}{kT}$，$D(E)$ 为态密度函数。近似表达式 $\boldsymbol{F} \cdot \boldsymbol{r}_{ij} \approx Fr_{ij}$ 已经在式(5-43)中被采用以简化问题的处理。对 δn 进行跨越费米能级积分，可以得到增加的载流子浓度的近似表达式为

$$\Delta n = \int_{E_r}\delta n \approx D(E_F)\frac{q\bar{r}F}{kT} \tag{5-44}$$

其中 $\bar{r}$ 为近似的两局域态之间的平均距离，$D(E_F)$ 为位于费米能级处的束缚态密度。在此基础上，我们可以将电流–电压关系式表达为

$$J = (n_0 + \Delta n)q\mu E = q\mu\left[n_0\frac{V}{L} + D(E_F)\frac{q\bar{r}}{kT}\frac{V^2}{L^2}\right] \tag{5-45}$$

其中 n_0 为体系的本征载流子浓度。L 是测量电极之间的距离。式(5-45)给出了电流密度和电压的一种非线性关系式，它可以被用来解释和拟合(D)IZO_m 的非线性 I–V 特性曲线的实验结果。

图5-15 展示了 $DIZO_m$ 和 IZO_m 纳米带基于输运模型拟合的 I–V 特性曲线，即基于式(5-45)对样品实验结果进行拟合的计算结果。从上述拟合结果可以看出，计算得到的 $DIZO_m$ 和 IZO_m 纳米带的电阻率分别为 13.6×10^{-3} $\Omega\cdot$ cm 和 96.7×10^{-3} $\Omega\cdot$ cm。

同时，我们还可以得到无量纲参数 $\chi = \dfrac{D(E_F)}{n_0}\dfrac{\bar{r}}{L}$ 的大小，对于 $DIZO_m$ 和 IZO_m，χ 分别等于 0.055 和 0.012。我们首先可以对该类体系的 $D(E_F)$ 值给出一个很好的估算值，大小主要与其化学式 IZO_m 中的参数 m 密切相关。首先考虑 IZO_m 单位体积的大小，按照平面结构模型，每分子单元体积作为 m 的函数可以被表达为

$$V_m = a_m^2 c_{0m}(m+2)\sin\left(\frac{\pi}{3}\right) \tag{5-46}$$

其中 a_m 为体系晶格常数，c_{0m} 为沿着晶体 c 轴方向两阳离子层之间的层间距。根据第 2 章的计算结果，理论计算得到的体系最优化结构参数值可以被表达为 m 的函数，它们用公式可以分别表述为

$$a_m = 3.389 + 0.205\exp\left(-\frac{m}{3.452}\right) \tag{5-47}$$

以及

$$c_{0m} = 2.663 + 0.341\exp\left(-\frac{m}{4.183}\right) \tag{5-48}$$

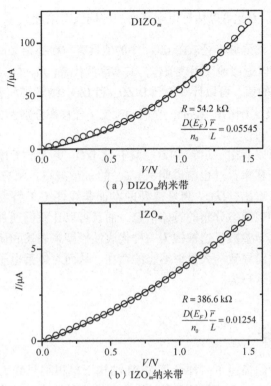

图 5-15　DIZO$_m$ 和 IZO$_m$ 纳米带基于输运模型拟合的 I-V 特性曲线

单位为 Å。就目前大家所达成的共识而言，普遍被接受的 IZO$_m$ 的基态结构为在 In/Zn-O 原子堆叠层中具有 V 字形调制结构的原子构型。我们在第 2 章中已经讨论并证明了原子堆叠层中的 In 原子和 Zn 原子的位置，可以在生长过程中基于平衡态的涨落而随机地变换。在 $2m \times 2m$ 的晶胞中，以 V 字形调制结构为初始基态的情形下，上述交换的 In 原子的数目可以被描述为 $N_m = (2m)^2 \sqrt{m} \exp(-\frac{w_m}{2kT_s})$，其中 w_m 为在原子堆叠层中两阳离子交换所需要的能量，这里 T_s 可以直接取材料的生长温度。基于平面结构模型和调制结构基态模型的每分子单元总能的差异可以被视为 w_m 的理论计算值。依据第 2 章的计算，可以将其表述为

$$w_m = -0.439 + 0.603 m^{0.333} \tag{5-49}$$

单位为 eV。基于上述结果，我们可以求得 $D_m(E_F)$ 的近似表达式为

$$D_m(E_F) = \frac{2\sqrt{m}}{a_m^2 c_{0m}(m+2)\sin(\frac{\pi}{3})} \exp(-\frac{w_m}{2kT_s}) \tag{5-50}$$

DIZO$_m$ 和 IZO$_m$ 纳米带的 m 值分别为 3 和 18。DIZO$_m$ 纳米带中施主杂质与 In

原子之比为 $1:17$, 因此可以估算得到其增加的局域态浓度为 $\frac{1}{9V_3}$。如果我们假设式(5-44)中的准平均局域半径 $\bar{r}$ 在 IZO_m 中的值具有与在掺杂 ZnO 的局域半径类似的数量级, 我们可以近似地采用该值作为其实际的代替($\bar{r} \approx 5$ nm)[274]。此时利用上述无量纲参数 χ 的值, 可以计算得到 $DIZO_m$ 和 IZO_m 纳米带的载流子浓度分别为 $2.15 \times 10^{19}/cm^3$ 以及 $3.04 \times 10^{18}/cm^3$, 它们的载流子迁移率分别为 21.35 $cm^2/(V \cdot s)$ 和 21.23 $cm^2/(V \cdot s)$。

从上述结果可以看出, 尽管 $DIZO_m$ 具有比 IZO_m 更大的无序性, 但是它们具有接近的载流子迁移率, 这也就说明了 IZO_m 的 m 值越小, 越有利于电子的输运。从上述结果还可以看出, IZO_m 测量得到的本征非线性 $I-V$ 特性曲线, 不仅反映了其结构无序性和束缚态分布的具体信息, 而且可以让我们通过这种简单的测量方法获取其各类电学参数。这被视为一种代表性模型来表述和研究由于结构无序或者本征缺陷无序而导致的大量束缚态的存在, 从而对体系电子输运性质产生显著影响的非欧姆输运行为。

5.6 计算结论

在本章中, 我们描述了一种计算 MSM 结构下单根纳米线 $I-V$ 特性曲线的方法。载流子浓度作为一个重要的参数被引入电流的计算表达式中, 并且同时考虑了纳米线的子带结构特征。我们发现大的势垒高度将会导致电子隧穿过程变得比热发射过程更容易发生, 从而更易成为在势垒接触端电流的主导输运过程。尤其是在载流子浓度较高的情形下, 该特征更为显著。在较大的反向偏压条件下, 肖特基势垒处的电流主要来自隧穿过程。MSM 结构中的两个肖特基势垒对 $I-V$ 特性曲线具有不同程度的影响, 其中, 在势垒高度较大并且外加偏压较小时, 处于正向偏压的接触势垒扮演着阈值电压的角色; 另一方面, 处于反向偏压的接触势垒主要控制着实验曲线的线型特征。类似线型的 $I-V$ 特性曲线可以通过调节势垒高度大小或者载流子浓度大小而得到, 这也就意味着实验中发现的纳米线在外加场条件下, 与金属接触的不同类型转变, 不仅可以归因为势垒高度的改变, 也可以是载流子浓度的变化所致。

在此基础上, 我们基于 MSM 结构的直接电学测量方法, 测量了 (D)IZO_m 纳米带的 $I-V$ 特性曲线, 发现它们的电子输运过程表现出不同寻常的非欧姆输运特征。通过 MSM 结构模拟和 SCL 输运机制拟合, 我们发现这些非线性 $I-V$ 特性曲线无法通过普遍被人们接受的肖特基势垒和 SCL 输运机制来给以合理的解释。我们引入了一种新的电子输运机制来对这类具有大量束缚中心材料的实验结果进行解释, 并且给出了一种非线性电流-电压关系式。利用该式, 通过对实验测量结果的拟合，便可以有效提取出体系的各类电学参数。体系在外加偏压下会产生大量激发的跳跃电子进入导带，参与电子输运过程，从而直接导致这类非线性 I-V 特性曲线的出现。同时，计算的结果显示该体系具有良好的和可控的电学性质，同时较小的 m 值更加有利于电子的输运，例如，对于 $DIZO_m$，$n = 2.15 \times 10^{19}/cm^3$，$\mu = 21.35\ cm^2/(V \cdot s)$；对于 IZO_m，$n = 3.04 \times 10^{18}/cm^3$，$\mu = 21.23\ cm^2/(V \cdot s)$。结果表明该类材料可以作为 ZnO 和 In_2O_3 的潜在替代者，广泛应用于柔性和透明纳米光电子器件。

第6章

储能材料结构形成机制

6.1 MXenes 结构形成机制存在的问题

MXenes(目前有超过 17 个成员)[165]是目前发展最快的一类 2D 材料,它们是通过提取 MAX 相中的 A 层,并将之剥落成功转化为 MX(f-MX)纳米片所形成的[121],其中已知的 MAX 母相是过渡金属(M)的三元碳化物和氮化物(X 是 C 和/或 N)。它们由 $M_{n+1}X_n(n=1,2,3)$ 原子块层和六边形单元(空间群 $P6_3/mmc$)中的 A 族元素层(主要来自 ⅢA 或 ⅣA 族)交织而成[120],其中包括 70 多个成员,如研究最多的 Ti_3AlC_2 和 Ti_3AlC。由于其固有的层状结构、纳米晶性质以及允许离子键、共价键和金属键共存的独特能力,这些材料具有良好的导电性[275]以及与不同主族原子进行二次插层的能力[110,127,276,277]。作为 MXenes 中的一员,f-Ti_2C 作为负极材料在钠离子插层方面表现出了很高的性能,比容量达到了 90 mAh/g[124]。具有剥落结构的 f-Ti_3C_2 在实验中达到 410 mAh/g 的高锂容量[127],甚至超过了先前报道的 320 mAh/g 的理论最大值[119]。使用 LiF+HCl 溶液[111]制备的分层 Ti_3C_2 具有高达 900 F/cm^3 的高容量体电容,与水合 RuO_2 非常接近。研究人员对不同碱原子的理论容量进行了预测,结果表明碱原子在离子二次电池和混合电化学电容器中的应用具有很大的优势。人们普遍认为,用 HF(或 LiF+HCl)溶解的 Ti_3C_2 的表面通常包含—O、—OH 和—F 末端,并且与它们的容量和电子性质密切相关。然而,—O/—OH/—F 的比例和分布、离子的相关容量和形成机制尚未明确澄清,至今仍有争议。困难在于它们总是随合成方法和后续处理过程变化而变化[134,278]。因此,从合成条件上彻底了解它们的形成机理是一个很大的挑战。

虽然许多研究都集中在 MXenes 的表征上,但其表面结构和形成机理在实验过程中仍然存在争议。在这里,我们系统地研究 MX 与从 ⅠA 族到 ⅦA 族的不同原子(H、Li、Na、K、Mg、Al、Si、P、O、S、F、Cl)在不同嵌入位置上形成的结构,开发了一个基于第一性原理计算的有效策略来揭示 MAX、MXA_2、MXT_x 和

MXT$_x$A$_{x'}$结构的形成机制。引入竞争和匹配机制来确定相位的形成概率。计算表明，从 MAX 到 MXA$_2$ 的转变过程和 MX 的能量、构型以及原子的化学势有关。用不同方法制备的 MXT$_x$ 的结构与实验条件和 c 晶格参数有关。根据这些结果可以很好地解释实验结果。作为代表，我们证明了 Ti$_3$C$_2$T$_x$A$_{x'}$（A 为 Li）的容量与 c 晶格参数有关，计算的允许值为 130.3 mAh/g（Ti$_3$C$_2$F$_2$Li）至 536.8 mAh/g（Ti$_3$C$_2$O$_2$Li$_4$）。如果可以获得具有合适 c 轴值的样品，则可以期望更高的值。在 Ti$_3$C$_2$F$_2$ 单元和 Ti$_3$C$_2$O$_2$ 单元中，储能机制应分为双层电容过程和氧化还原储能机制。该方法可用于优化 MXenes 的结构和组成。

6.2　计算方法

本研究中定义的量可根据密度泛函理论计算，主要使用 VASP 程序。采用 PBE 泛函的广义梯度近似来描述交换势和关联势[9]，用 PAW 法处理离子与电子的相互作用[20]。用截止能量为 400 eV 的平面波基组展开波函数。用 9×9×1 点网格对每个单胞 2 个 f.u. 的结构进行倒空间积分，其他情况选择一致分离倒空间间隔。平衡体积是用计算的能量–体积（或 c 轴值）曲线的最小值确定的。原子坐标和晶胞形状被弛豫，直到剩余力在原子上小于 0.03 eV/Å。结果发现计算量可以看作 c 轴值的函数。

6.3　插层 Ti$_3$C$_2$ 的结构特性及形成机理

6.3.1　纯 Ti$_3$C$_2$ 和 Ti$_3$C$_2$ 嵌入单一原子的基态结构

考虑到缺乏原始 Ti$_3$C$_2$ 的结构信息，我们对 143 ~ 221 号的 79 个空间群和 18 个化学式为 A$_3$B$_2$ 的可能结构进行了优化，用来寻找其基态结构。我们不能保证它的动力稳定性。结果发现，最有利的结构是 164 号空间群的 AA 结构，如图 6-1(a) 所示，而不是 194 号空间群的 AB 结构（$P6_3$/mmc），其中 AA 和 AB 表示两个相邻 Ti$_3$C$_2$ 层的堆叠顺序。在嵌入了一个原子（如 Al 原子）之后，AB 结构比 AA 结构更加稳定，总能降低了 0.15 eV/f.u.。基于 Ti$_3$C$_2$O$_2$Li$_4$ 的计算还表明，与 AA 结构相比，将 Li 嵌入 AB 结构可以显著降低能量，如图 6-2 所示。因此，由 $E_{Ti_3C_2}$ 生成的 Ti$_3$C$_2$ 的整体最小能量应符合基态 AA 结构，电化学过程中形成的插层化合物应符合 AB 结构。

因为金属结合在层间起主导作用，所以当原始 Ti$_3$C$_2$ 层状结构处于 c 轴值收缩到 15.2 Å 的基态结构时，很难被剥落。这说明了 $E_{Ti_3C_2}$ 随单位晶胞中 Ti$_3$C$_2$ 层数的变化而变化，如图6-1(b)中的单胞结构所示，它是沿 c 轴的两个相邻单元之间距离的函数，这证实了层间存在金属键。这可以从给定结构的电荷密度中观察到，如图6-3所示。相比之下，$Ti_3C_2T_2$(T 为 F 或 O)的能量几乎不随层数和距离的变化而变化，因此 $Ti_3C_2T_2$ 更容易剥落，与实验结果相同。

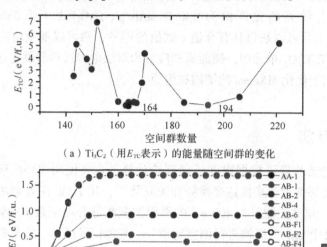

（a）Ti_3C_2（用E_{TC}表示）的能量随空间群的变化

（b）Ti_3C_2能量沿c轴随单胞间矩的变化

图6-1　计算总能(原图见彩插页图6-1)

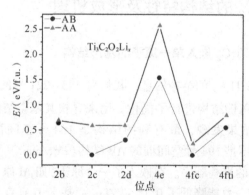

图6-2　根据 $Ti_3C_2O_2Li_x$ 的 Li 嵌入位置计算所得的嵌入形成能

在 Ti_3C_2 的层间空间中，插层原子可以占据 6 个高度对称的位置。它们可以用外科夫(Wyckoff)字母表示为 2b、2c、2d、4e、4fc 和 4fti，其中 4fc 和 4fti 分别对应于 C 和 Ti 原子顶部的 4f 位置，这些位置可以从图6-4 中识别出来。原子可以占据 2x(x 为 a、b、c)位形成 Ti_3AC_2 或 4x(x 为 e、fc、fti)位形成 $Ti_3C_2A_2$ 的结

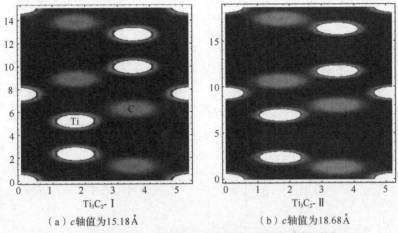

（a）c 轴值为15.18Å　　　　　（b）c 轴值为18.68Å

图 6-3　Ti_3C_2 沿（110）面投影的电荷密度（原图见彩插页图 6-3）

构。占位偏好取决于其相对稳定性。这些位置的计算能量及其优化的晶格参数如图 6-4 所示。很明显，Ti_3AC_2 结构的 2b 和 $Ti_3C_2A_2$ 结构的 4e 是最有利位置，除了 IA 族原子，它们分别优先占据 2c 和 4fc 位点。这些结论与实验[131]和其他计算结果对某些特定原子（如 Al 原子和 Li 原子）的结果是一致的。如图 6-4（c）和（d）所示，由于 Ti_3AC_2 中的 2b 和 2c 位与 $Ti_3C_2A_2$ 中的 4e 和 4fc 位之间的能量差很小，因此 Ti_3C_2 层间空间中 IA 族原子的扩散有一条优化的路径。从图 6-4（a）中可以看出，由 Ti_3C_2 形成的 Ti_3AC_2 和 $Ti_3C_2A_2$ 在其最稳定的位置上与 A 原子相互连接而形成的 Ti_3AC_2 和 $Ti_3C_2A_2$ 的结构不会引起 a 轴晶格参数的任何显著变化；但是，除了 IA 族原子外，不利的位置会引起 $\dfrac{a}{c}$ 比值的巨大变化。这种变化的程度可以用来说明插层原子是否容易在空间中移动。如图 6-4（b）所示，Ti_3AC_2 的 c 轴值随着基团元素的类型，按照其主族序位的降低（从ⅦA族降低至 IA 族）而增加，这与层间主要的结合类型相对应，这些层之间逐渐经历了从强离子键到弱金属键的过渡。值得注意的是，Ti_3AC_2（A 为 Li、Na、K 或 Mg）的 c 轴值需要增加到 20 Å 以上才能形成稳定的层状结构。为了实现从 Ti_3AC_2 到 $Ti_3C_2A_2$ 的结构转变，需要扩大层间空间，如图 6-4（b）所示。对于 A 为 Si 或 Al，计算出 Ti_3SiC_2（c_{Si} = 17.74 Å）和 Ti_3AlC_2（c_{Al} = 18.65 Å）的 c 轴值，与实验结果符合良好（c_{Si} = 17.78 Å[279]，c_{Al} = 18.73 Å[280]）。到目前为止，基于本研究中讨论的其他原子的稳定化合物 Ti_3AC_2 和 $Ti_3C_2A_2$ 还没有直接合成，但是插层化合物可以通过电化学反应等辅助过程合成。我们可以预期，必定有一些规则来确定它们的形成概率和条件，这将在后文讨论。

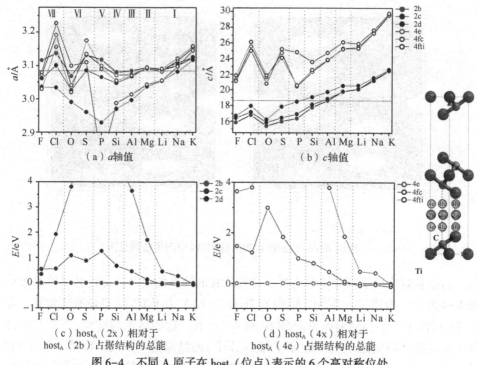

（a）a轴值 　　　　　　（b）c轴值

（c）$host_A$（2x）相对于 $host_A$（2b）占据结构的总能

（d）$host_A$（4x）相对于 $host_A$（4e）占据结构的总能

图 6-4　不同 A 原子在 $host_A$（位点）表示的 6 个高对称位处

嵌入 Ti_3C_2 的晶格参数和能量（原图见彩插页图 6-4）

6.3.2　Ti_3C_2 与单一原子相互作用的形成机理

为了比较 Ti_3AC_2 和 $Ti_3C_2A_2$ 结构在不同插层原子和位置之间的稳定性，首先需要定义几个基本物理量。该体系的原子化学势 μ_A^{min} 和插层结构的形成焓 ΔH_A^f 的下限，可以用以下表达式确定：

$$\mu_A^{min}(\text{site}, c) = \left[E_A^{site}(c) - E_{host, A}(c) - n\mu_A^{ref} \right] \cdot \frac{1}{n} \tag{6-1}$$

$$\Delta H_A^f(\text{site}, c, \text{en}) = n\mu_A(\text{site}, c, \text{en}) + \Delta E_{host}(c) \tag{6-2}$$

n 是每个分子单元嵌入的 A 原子的数量，$E_A^{site}(c)$ 是嵌入原子 A 的宿主的局部最小总能（用 $host_A$ 表示，A 为 Li、Na、K、Mg、Al、Si、P、S、O、Cl 或 F），它是 c 轴值的函数。$E_{host, A}(c)$ 是具有相同优化结构的宿主的能量。μ_A^{ref} 是原子化学势的上限。根据合成条件，分别从它们对应的分子 HF、H_2O、H_2、HCl、H_2S、P_4 和体结构 Li、Na、K、Mg、Al、Si 得到 μ_A^{ref}。μ_A^{ref} 在式（6-2）中是一个依赖于插层位置、c 轴值和合成环境的变量。$\Delta E_{host}(c)$ 是 $E_{host, A}(c)$ 与 E_{host} 之间的能量差，其中 E_{host} 是由其基态结构确定的宿主能量，记为 $E_{host}(0)$ [对应的 ΔH_A^f 应该记为 $\Delta H_A^f(0)$]以及与 $host_A$ 的 c 轴值相同的局部最小 $E_{host}(c)$，这取决于反应过程和阶段。如果嵌入

原子只引起宿主的原子弛豫，而对宿主的晶格参数没有显著影响，则可以将 $E_{\text{host}}(c)$ 作为比较宿主稳定性的参考能量。对于稳定的化合物，$\Delta H_{\text{A}}^f(0)$ 应为负，并始终满足这些体系的 $\Delta H_{\text{A}}^f(0) \geqslant \Delta H_{\text{A}}^f(c) \geqslant n\mu_{\text{A}}^{\min}$ 的关系。如果允许插层化合物的 $\Delta H_{\text{A}}^f(0)$ 大于 0，则要求 $\Delta H_{\text{A}}^f(c)$ 为负数。通过计算 2x 和 4x 位点的能量差，可以确定不同插层原子的 Ti_3AC_2 和 $Ti_3C_2A_2$ 结构的首选，公式如下：

$$\Delta E_{\text{A}}(2x,\ 4x) = n(\mu_{\text{A}}^{4x} - \mu_{\text{A}}^{2x}) + (\Delta E_{\text{host}}^{4x} - \Delta E_{\text{host}}^{2x}) \tag{6-3}$$

式中，IA 族原子的 2x=2c 和 4x=4fc，其他原子的 2x=2b 和 4x=4e。式(6-3)中的能量应该由它们各自的基态结构导出。根据上述定义，计算结果可以有效地消除层间范德瓦耳斯相互作用的贡献，突出各类成键结合性能。

图 6-5 展示了 Ti_3C_2 中插层原子的临界化学势（$\mu_{\text{A}}^{\min}$）随 c 轴值的变化。每个原子都有两组从 Ti_3AC_2 和 $Ti_3C_2A_2$ 结构获得的数据。图 6-5(a)、(b) 和 (c) 中的 (1) 和 (2) 分别给出了基于 Ti_3AC_2 和 $Ti_3C_2A_2$ 结构的关于 $E_{Ti_3C_2,\ \text{A}}(\text{site},\ c)$ 和 $E_{Ti_3C_2}(0)$ 的计算结果，其中可以使用函数 $TC(\text{A},\ \text{site},\ c)$（$TC = Ti_3C_2$）区分相应的主体结构。$E_{Ti_3C_2}(c)$ 的结果也在每个分图中给出，以供比较。根据这些结果，我们可以计算出 ΔH_{A}^f 和 ΔE_{A} 依赖于 $\mu_{\text{A}}^{\min}$ 的临界值，并得出结构形成和插层的规律。

(1) 各组间原子从ⅦA 将实现从 Ti_3AC_2 到 $Ti_3C_2A_2$ 的结构变换，如果 Ti_3C_2 在 c 轴的值从 15.2 Å 增加到大于 20 Å，如图 6-5(a)（A 为 F、Cl、O）和(b)（A 为 S、P、Si 或 Al）所示。它们一般对应于实验中 A'-4e 层对 A-2b 的提取和置换过程，其中 A 和 A' 可以根据其占据位置和原子类型进行区分。从图6-5(a) 和 (b) 的(1)中可以看出，当 c 轴值增大到约 20 Å 时，$E_{Ti_3C_2,\ \text{A}}(2b,\ c)$ 值的突变，可视为转化的能垒。这些能量跃迁是由 Ti-4f、C-4f 和 Ti-2a 沿 c 轴的距离增加引起的。如果 A' 原子占据了 4e 位点，弛豫结构可以部分恢复，这取决于嵌入原子的类型。

(2) 对于 A 为 F 的情况，与 $E_{Ti_3C_2}(c)$ 的值相比，$E_{Ti_3C_2,\ \text{F}}(4e,\ c)$ 的值几乎保持不变，如图 6-5(a) 的(2)所示。相比之下，由于 Ti-4f 原子的氧化以及 Ti-2a 和 Ti-4f原子之间的距离增加，O 原子可以诱导 $E_{Ti_3C_2,\ \text{O}}(4e,\ c)$ 相对于 $E_{Ti_3C_2}(c)$ 的显著变化。如图 6-5(c) 的(1)和(2)所示，对于嵌入 IA 族和 ⅡA 族原子的结构，可以发现一个明显的特征：Li、Na、K 和 Mg 在这两个位置的嵌入不会引起 $E_{\text{host},\ \text{A}}(\text{site},\ c)$ 的任何显著变化。利用 $E_{\text{host},\ \text{A}}(\text{site},\ c)$ 和 $E_{\text{host}}(\text{site},\ c)$ 之间的能量差 $\Delta E_{Ti_3C_2}(\text{A},\ c)$ 来识别基于原始 Ti_3C_2 的插层结构的电荷重分布和键型转变是可行的。$\Delta E_{TC}(\text{A})$ 的值可作为判断 A 原子插层和去除过程是否困难的参考量。

(3) 如图 6-5(a) 所示，$\mu_{\text{A}}^{\min}$（A 为 F、Cl）的全局最小值对应于 c 轴值大于 20 Å 的 $Ti_3C_2A_2$ 结构。6 种选择中最有利的占位位点是 4e [$\Delta E_{\text{F(Cl)}}(2b,\ 4e) < 0$，如图 6-6 所示]，这意味着 $Ti_3C_2A_2$ 是ⅦA 基团原子嵌入 Ti_3C_2 后的首选结构。

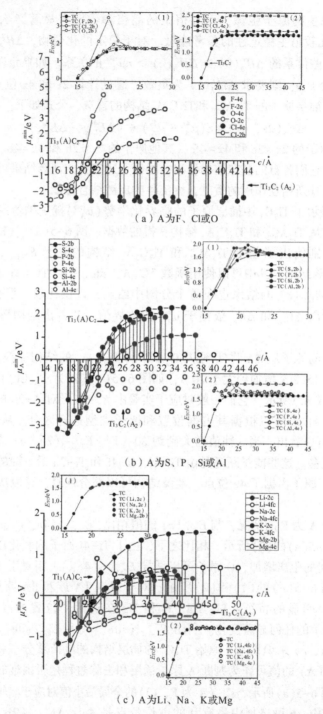

（a）A为F、Cl或O

（b）A为S、P、Si或Al

（c）A为Li、Na、K或Mg

图6-5　Ti_3C_2中插层原子的临界化学势随c轴值的变化(原图见彩插页图6-5)

根据 $Ti_3C_2A_2$ 结构，F 的插层 $\Delta H_A^f(0)$ 最小，如图 6-7(a) 所示，$\Delta E_{Ti_3C_2}(F, c)$ 的值接近于 0，因此，它是占据 4e 位点取代其他元素的最有利元素，这也是 F 在母晶相提取 A 层时被最优先选择的原因之一。$Ti_3C_2Cl_2$ 结构需要较大的 c 轴值（约 25.5 Å）来稳定其结构。因此，Cl 离子的嵌入会引起层间空间的显著变化。F 和 Cl 共存有利于 Ti_3AC_2 相的剥落。从化学反应的观点来看，选择 F 离子从相应的 MAX 相中析出 Al 是通过形成稳定的复合离子如 AlF_6^{3-} 来决定的。Cl 离子不能与 Al 形成如此稳定的配合物。$Ti_3C_2F_2$ 和 $Ti_3C_2O_2$ 具有几乎相同的晶格参数和 μ_A^{min}；因此，$Ti_3C_2F_{2-x}O_x$ 是出现在 4e 位点的 F 和 O 之间有一个分配比的一种很自然的构型，这应该始终取决于实验条件。

（4）2b 位的占据是从 ⅡA 族原子到 ⅥA 族原子最稳定的构型[$\Delta E_A(2b, 4e)$ > 0，如图 6-6 所示]。如图 6-7(b) 所示，负的 $\Delta H_A^f(0)$ 表明化合物 Ti_3AC_2 对这些原子是稳定的，并且有可能被合成。尽管 Ti_3AC_2 结构具有竞争优势，但热力学过程仍然允许以较小的比例瞬时出现其他可能的构型。如图 6-7 所示，可以从计算结果中揭示竞争和匹配机制。结果表明，稳定的 Ti_3AC_2（A 属于 ⅧA 族和 ⅣA 族）是最容易合成的化合物，因为在这些情况下，Ti_3AC_2[$\Delta H_A^f(2b, 0)$ < 0]和 $Ti_3C_2A_2$[$\Delta H_A^f(4e, 0)$ > 0]的匹配条件和转化过程，不用考虑晶体生长过程中的结构。合成稳定的含 Mg 的 Ti_3AC_2（A 属于 ⅡA 族）构型的困难主要源于 $\Delta H_{Mg}^f(2b, 0)$ 的小绝对值。这不能提供足够的金属键来稳定层间连接。由于 Ti_3AC_2[$\Delta H_A^f(2b, 0)$<0]和 $Ti_3C_2A_2$[$\Delta H_A^f(4e, 0)$<0]结构之间的匹配机制使生长和转化过程复杂化，因此 P、O 和 S 的层状 Ti_3AC_2（A 属于 ⅤA 和 ⅥA 族）也很难形成。c 轴值增大后，O 和 S 原子始终可以参与 F 原子诱导的剥落过程，但由于二者的匹配机制，很难单独形成稳定的化合物 Ti_3AC_2 或 $Ti_3C_2A_2$。

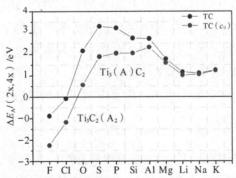

注：用 TC 和 TC(c_0) 表示的结果分别来自参考能量 $E_{TC}(0)$ 和 $E_{TC}(c_0)$，其中 c_0 是基态下 $host_A$ 的 c 轴值。

图 6-6　根据式(6-3)计算不同原子的 Ti_3AC_2 和 Ti_3C_2A 结构之间的能量差

（原图见彩插页图 6-6）

（5）Li、Na 和 K[ΔH_A^f（4fc，0）> 0]不能形成稳定的化合物 Ti_3AC_2[A 属于 I A 族]，但基于嵌入层间距扩展后形成的插层化合物 Ti_3AC_2[ΔH_A^f（2fc，c_0）< 0]或 $Ti_3C_2A_2$[Li 和 Na 为 ΔH_A^f（4fc，c_0）< 0]是允许存在的，其中 c_0 对应基态 $host_A$ 的 c 轴值。每个分子单元中嵌入的 I A 族原子数应取决于 c 轴值，该值决定了 $f-Ti_3C_2$ 的容量上限。

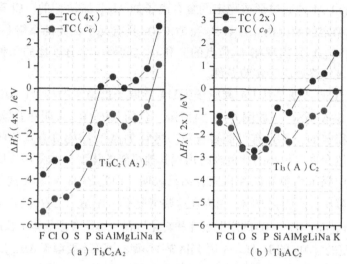

注：如果插层原子属于 I A 族，则 4x=4fc 和 2x=2c，否则 4x=4e 和 2x=2b。

图 6-7　根据式（6-2）计算不同原子的生成焓（原图见彩插页图 6-7）

6.3.3　Ti_3C_2 与 F 和 O 相互作用的形成机理

当 $Ti_3C_2F_2$ 和 $Ti_3C_2O_2$ 的 c 轴值大于 20 Å 时，二者的 ΔH_A^f、μ_A^{min} 和晶格参数具有可比性。因此，它们在层间空间中共存是热力学平衡的要求。$f-Ti_3C_2$ 在其平衡状态下可以表示为 $Ti_3C_2F_{2-x}O_x$，其中参数 x 应与形成能量 E^f 有关，可根据热力学平衡条件和超胞近似下的 DFT 计算得到。

基于中性 $Ti_3C_2F_2$ 建立的 $Ti_3C_2F_{2-x}O_x$ 超单元的几何结构生成焓可以定义如下：

$$\Delta H_{sup}^f(x) = \left[E_{sup}(x) - E_{TC} - 2m(2-x)\mu_F^{ref} - 2mx\mu_O^{ref} \right] \cdot \frac{1}{2m} \quad (6-4)$$

式中，m 是重复单胞的数目，$E_{sup}(x)$ 是超胞的总能。当 F 原子被 O 原子部分取代时，体积几乎保持不变，因此 $Ti_3C_2F_{2-x}O_x$ 的优化结构可以从一致的体积中获得。结果表明，O 原子按 4e 对称性沿[11$\bar{2}$0]方向排列比其他随机分布更有利，因此，$\Delta H_{sup}^f(x)$ 的计算基于这种构型规则。计算出的相对于 E_F 的 $\Delta H_{sup}^f(x)$ 如图 6-8（a）所示，其中 E_F 是由 $Ti_3C_2F_2$ 结构推导出的基态能量。可以看出，$\Delta H_{sup}^f(x)$ 是 x 在

0~2的单调递增函数，基态结构对应于 $Ti_3C_2F_2$。在不同的反应条件下，F 或 O 相对于 μ^{ref} 的原子化学势可以在 $\mu^{min} \sim 0$ 变化。其中 μ^{min} 是 x 的函数，可以通过求解以下联立方程来计算

$$\begin{cases} x\mu_O^{min}(x) - x\mu_F^{min}(x) = \left[E_{sup}(x) - mE_F - 2mx\mu_O^{ref} + 2mx\mu_F^{ref} \right] \cdot \dfrac{1}{2m} \\ x\mu_O^{min} + (2-x)\mu_F^{min} = \left[E_{sup}(x) - E_{host,\,sup}(x,\,c) - 2m(2-x)\mu_F^{ref} - 2mx\mu_O^{ref} \right] \cdot \dfrac{1}{2m} \end{cases} \quad (6\text{-}5)$$

其中 $E_{host,\,sup}(x,\,c)$ 与式(6-1)中的定义相同，计算结果如图 6-8(b)所示。根据热力学平衡条件，自由能 F 应满足 $\left(\dfrac{\partial F}{\partial x}\right)_T = 0$。然后可以推导出关于 x 的方程，

$$x = \frac{2}{1 + \exp\left(\dfrac{\partial E^f(x)}{\partial x} \cdot \dfrac{1}{kT}\right)} \quad (6\text{-}6)$$

其中，

$$E^f(x) = \left[E_{sup}(x) - mE_F - 2mx\mu_O(x) + 2mx\mu_F(x) \right] \cdot \frac{1}{2m} \quad (6\text{-}7)$$

考虑到对称性的要求，式(6-6)的推导是基于 O 的随机分布的假设，否则 x 的值应该在 $\dfrac{2}{1 + \exp\left(4\dfrac{\partial E^f(x)}{\partial x} \cdot \dfrac{1}{kT}\right)}$ 和 $\dfrac{2}{1 + \exp\left(\dfrac{\partial E^f(x)}{\partial x} \cdot \dfrac{1}{kT}\right)}$ 之间。

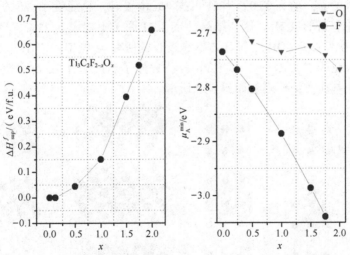

（a）$Ti_3C_2F_{2-x}O_x$ 的生成焓是 x 的函数　（b）$Ti_3C_2F_{2-x}O_x$ 中 F 和 O 的临界原子化学势

图 6-8　形成焓计算值

基于图 6-8 所示的结果，可以考虑两种极端情况。一种情况对应于富氧条件，$\mu_O = 0$，$\mu_F = \mu_F^{min}(x)$，将它们代入式（6-7）中，可以得到 $E^f(x) < 0$ 和 $\dfrac{\partial E^f(x)}{\partial x} \ll 0$，那么，式（6-6）的解是 $x=2$，这对应于 $Ti_3C_2O_2$ 结构的形成。另一种情况是富氟条件，$\mu_O = \mu_O^{min}(x)$ 和 $\mu_F = 0$，给出了 $E^f(x) > 0$ 和 $\dfrac{\partial E^f(x)}{\partial x} \gg 0$ 的结果，对应于 $x=0$ 的 $Ti_3C_2F_2$ 的形成。一般情况下，x 随实验条件的变化而变化。在初始反应阶段，我们可以假设样品可以直接从 F 离子的水溶液中获得，而不需要经历取代过程；因此，可以利用 $\Delta H_{sup}^f(x)$ 的计算结果来获得 x 的值，这就得到了 $x=0.24$ 的结果，可作为 HF 水溶液中 x 的最小值。

$Ti_3C_2F_{2-x}O_x$ 的形成过程可以总结如下。$Ti_3C_2F_2$ 单元是 $Ti_3C_2F_{2-x}O_x$ 的基态结构，在理想条件下，可以在初始反应阶段得到。最小 x 值由热涨落和平衡过程导出。使用含有 OH^- 和 O^{2-} 离子的水溶液对样品进行后续处理可以看作—F 的部分取代过程。$Ti_3C_2F_{2-x}O_x$ 的形成机理基于不同处理方法得到了实验结果关于 O 和 F 比值的报告数据的支持[4]。

6.3.4　Ti_3C_2 与 F、O 以及 H 相互作用的形成机理

如果宿主 $Ti_3C_2F_2$ 被 $Ti_3C_2F_{2-x}O_x$ 取代，H 的嵌入有可能形成稳定的化合物 $Ti_3C_2F_{2-x}O_xH_y$。注意 AB 结构与 AA 结构相比在这个过程中更为稳定，因为该结构显著降低了计算出的总能。以 $Ti_3C_2F_2$ 为单位，2b、2c 和 2d 位的占位不稳定，因为它们计算的 μ_H^{min} 值大于 0。当 H 占据 4fc 位置时，总能最小，但仍不稳定，在层间空间中容易形成 H_2。这些结果证实了 H 原子不能嵌入 $Ti_3C_2F_2$ 中。对于 $Ti_3C_2O_2$，应考虑 $Ti_3C_2(OH)_2$ 和 H 占据靠近 O 的所有 4e 位 $Ti_3C_2O_2H$ 以及 H 部分占据 4e 或 2b 位的 $Ti_3C_2O_2H_y$，其中 2b 表示 H 原子通过牺牲 2b 对称性被两个 O 原子中的一个捕获。结构模型如图 6-9 所示。

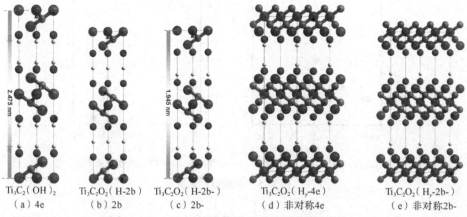

$Ti_3C_2(OH)_2$	$Ti_3C_2O_2(H-2b)$	$Ti_3C_2O_2(H-2b-)$	$Ti_3C_2O_2(H_y-4e)$	$Ti_3C_2O_2(H_y-2b-)$
（a）4e	（b）2b	（c）2b-	（d）非对称4e	（e）非对称2b-

图 6-9　$Ti_3C_2O_2H_y$ 结构模型（原图见彩插页图 6-9）

这些可能构型的稳定性可由每个原子的插层生成焓决定，其定义如下：

$$\Delta H_A^i(\text{site}, c) = \left[E_A^{\text{site}}(c) - E_{\text{host}} - n\mu_A^{\text{ref}} \right] \frac{1}{n} \tag{6-8}$$

$Ti_3C_2(OH)_2$ 是不稳定的，如果这种结构是由 H 嵌入主体 $Ti_3C_2O_2$ 而形成的。它的计算值作为 c 的函数给出了 $\Delta H_H^i > 0$，如图 6-10 中的 4e 所示。如果 H 占据了 $Ti_3C_2O_2$ 的 4fc（或 4fti）位，则最终的稳定状态对应于 $Ti_3C_2O_2 + H_2$ 的形成（见图 6-10 中 4fc 和 4fti 表示的曲线）。将—OH 基团嵌入主体 Ti_3C_2 中形成 $Ti_3C_2(OH)_2$ 结构是可能的。它对 Ti_3C_2 的作用类似于 Cl 原子，使 $\Delta H_{OH}^i < 0$ 处于稳定状态，c 轴值增加到 24.75 Å。不同的反应条件和插层过程，如合成或电化学过程，可以得到稳定度不同的一致产物，它们的区别主要体现在 Ti_3C_2 的结构性能上。如图 6-11 所示，—OH 嵌入 Ti_3C_2 中，H 嵌入 $Ti_3C_2O_2$ 中，分别得到 $E_{Ti_3C_2, OH}$ 和 $E_{Ti_3C_2, O}$ 值不同的产物。对于后一种情况，可以根据 H 与 O 的平衡条件计算 H 与 O 之间的热涨落比 Δr，如图 6-10 所示，可表示为

$$\Delta r = \exp\left(-\frac{\Delta H_H^i(c)}{kT} \right) \tag{6-9}$$

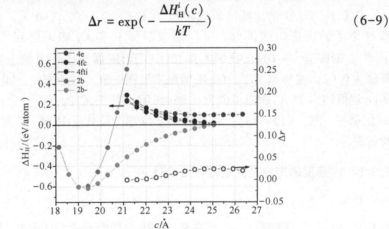

图 6-10　$Ti_3C_2F_{2-x}O_xH_y$ 的生成焓随 c 轴值和不同构型的变化

（原图见彩插页图 6-10）

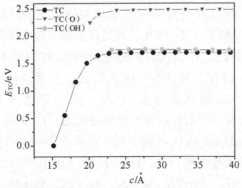

图 6-11　不同构型转化后的 Ti_3C_2 计算能量（简写为 E_{TC}）随 c 轴值的变化

131

基于超胞计算，可以发现 $Ti_3C_2O_2H_r$ 中的 r 值是 c 轴值的函数。当 c 轴值固定为 $Ti_3C_2O_2$ 的平衡值时，其结果为 $r=0.7$，并且随着 c 轴值的增加而增加。现在，我们可以明确地表达功能化的 Ti_3C_2 为 $Ti_3C_2F_{2-x}O_{x-y}(OH)_y$ 或 $Ti_3C_2F_{2-x}O_{x(1-r-\Delta r)}(OH)_{x(r+\Delta r)}$。当插层 H 占据 4e 位点时，其中 x 满足式（6-6）的关系，Δr 服从式（6-9），$y=x(r+\Delta r)$。这种构型的形成总是伴随着 c 轴值的增大而增加。

如果样品的 c 轴值在约 $19.45\sim21.60$ Å，则 $Ti_3C_2O_2$ 或者 $Ti_3C_2O_2H_y$ 的构型应该由占据 2b 位的 H 形成，因为 $\Delta H_H^i(2b-, c)$ 的 $Ti_3C_2O_2H$ 小于 0，给出了测试结构中的最小值，如图 6-10 所示。$\Delta H_H^i(2b-, c)$ 的结果证实了当 c 轴值小于 21.60 Å时，两个 O 原子间的不对称吸附更为有利。$Ti_3C_2O_2H_y$ 的基态（$y=1$）给出了 19.45 Å的 c 轴值，该值随 y 值的减小而增大。因此，可以根据实验 c 轴值来评估 y 值。例如，c 轴值 20.18 Å对应于样品 $Ti_3C_2F_{2-x}O_{2x}H_{x/8}$，在某些 $Ti_3C_2O_2$ 单元中，两个 O 原子共享一个 H 原子。此外，计算结果表明，O 原子和 H 原子分别位于 2b 和 4e 位置时，生成 H_2O 的稳定性更高。

$Ti_3C_2F_{2-x}O_{2x}H_y$ 的这些形成机制和 $Ti_3C_2F_{2-x}O_{x(1-r-\Delta r)}(OH)_{x(r+\Delta r)}$ 由其 c 轴值和 H 原子的占据位来区分，可以用来解释 $f-Ti_3C_2$ 表面终端的 NMR 实验结果[134]。据报道，—OH 的比例为 0.12，对于 HF 腐蚀样品（c 轴值为 $19\sim20$ Å）计算值为 0.02，这与 $Ti_3C_2F_{2-x}O_{2x}H_y$ 的形成过程一致。另一方面，LiF + HCl 合成样品（c 轴值约为 25 Å）的报道值为 0.06 ± 0.02，与 $Ti_3C_2F_{2-x}O_{x(1-r-\Delta r)}(OH)_{x(r+\Delta r)}$ 的 Δr 值基本一致。当 $r=0$ 时，对应嵌入的 Li 原子取代了 H 原子，这将在下文中进行讨论。

6.3.5　Li 插层的形成及其电荷存储机制

基于上述结果，我们可以讨论 IA 族原子嵌入 $Ti_3C_2T_x$ 中，其中 T_x 为 $Ti_3C_2F_{2-x}O_{x(1-r-\Delta r)}(OH)_{x(r+\Delta r)}$ 或者 $F_{2-x}O_xH_y$。如图 6-4（b）所示，Li、Na 和 K 嵌入 Ti_3C_2 中，单层结构的 c 轴值可扩大到 20 Å以上，双层结构的 c 轴值可在 4fc 位置扩展到 25 Å以上。结果表明，这些结果也适用于 $Ti_3C_2T_x$，根据 $Ti_3C_2T_x$ 的基态结构，可以计算出 $Ti_3C_2T_xA_x$ 在电化学反应过程中形成的插层化合物。基于 $Ti_3C_2(OH)_2$、$Ti_3C_2F_2$ 和 $Ti_3C_2O_2$ 单元，通过区分插层效应来讨论电荷存储特性仍然是必要的。在此，我们以 Li 为代表来说明插层化合物 $Ti_3C_2T_xLi_x$ 的形成机理。

对于 $Ti_3C_2(OH)_2Li$ 化合物，如果 Li 占据 2b、2c 和 2d 位，则可能导致 $\Delta H_{Li}^i > 0$，结构不稳定。如果原子占据 4fc 位，则会导致 H 的解吸附，并生成 $Ti_3C_2O_2Li_2$ 和 H_2。因此，我们可以得出这样的结论：Li 的嵌入和 4e 位上 H 原子的解吸附，对形成 $Ti_3C_2F_{2-x}O_xLi_x$ 起到了至关重要的作用。由此，基于 $Ti_3C_2F_2$ 和 $Ti_3C_2O_2$ 单元讨论主体容量是可行的。ΔH_{Li}^i 应该是 c 轴值和 Li 占据位置的函数。可能的位置可以用 2c、4fc、4fc+2b、4fc+2c、4fc+2d、4fc+4e 和 4fc+4fti 表示，其中两个占据点之间的加号表示它们可以同时被占用。计算结果如图 6-12 所示。$Ti_3C_2F_2Li_x$ 和 $Ti_3C_2O_2Li_x$ 的允许状态由它们的 c 轴值决定。当 c 轴值扩展时，x 值可以从 1 增加到 4，对应于 130.3 mAh/g($Ti_3C_2F_2Li$) 至 536.8 mAh/g($Ti_3C_2O_2Li_4$) 优化后的稳定结构。Li 的分布是基于 AB 构型下其沿 c 轴在层间的重新堆叠。其优点在于分层过程可以固定 Ti_3C_2 被支撑增大 c 值后的扩展结构，再堆积过程可以保证 AB 构型的存在，从而促进离子的二次插层。

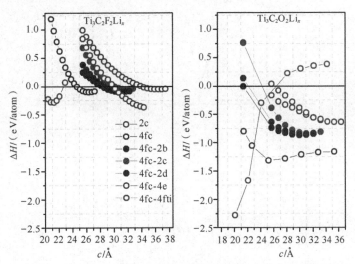

图 6-12　$Ti_3C_2F_2Li_x$ 和 $Ti_3C_2O_2Li_x$ 的插层形成熵随各自 c 轴值的变化

（原图见彩插页图 6-12）

以 $Ti_3C_2F_2$ 单元为例，F 原子主要接受来自主体的传导电子，因此不能完全改变 Ti_3C_2 原有的金属性能。然而，这种情况与 $Ti_3C_2O_2$ 中 O 原子的情况不同，它们从主体 Ti_3C_2 中吸收价电子形成配位结构，然后将其电子结构性质从金属变为半导体，这可以从金属态密度和电荷密度分布中观察到原始和端接的 Ti_3C_2，如图 6-13 和图 6-14 所示。当 Li 原子嵌入 $Ti_3C_2T_x$ 中时，F 原子和 O 原子可以诱导不同的电子转移态。Li 的嵌入可以增加 $Ti_3C_2O_2$ 的能量，但会降低 Ti_3C_2 的能量。这与 Ti_3C_2 和嵌入 Li 之间的电子密度重新分布相对应。O 的存在可以诱导 Ti 的氧化还原，并通过插层 Li 降低 Ti 的氧化态，因此，在含 Li 的 O 单元周围的放电/充电过程对应于氧化/还原反应。与此相反，Li 在主体 $Ti_3C_2F_2$ 早期的嵌入不会改变 $Ti_3C_2F_2$ 和 Ti_3C_2 的能量，如图 6-15 和图 6-5(a) 中的(2)所示。在 Li 嵌入基体后，F 原子可使带电电子进入基体的导带，因此含 F 单元周围的放电/充电过程与物理吸附过程相对应。储能机理可分为 $Ti_3C_2F_2$ 单元的双层电容过程和 $Ti_3C_2O_2$ 单元的氧化还原储能机理。该方法可用于研究所有的 MAX 成员及其相应的剥落 MXenes，以预测其形成机制，并优化其结构的储能能力。

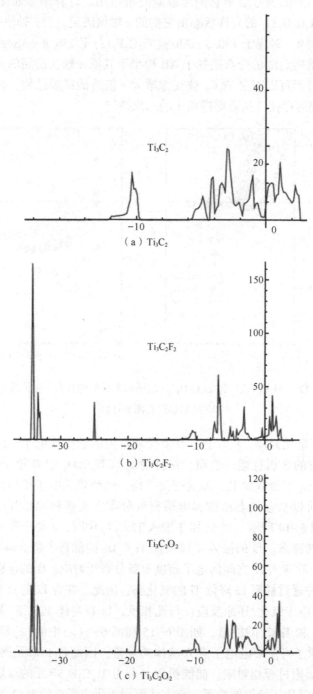

图 6-13　态密度

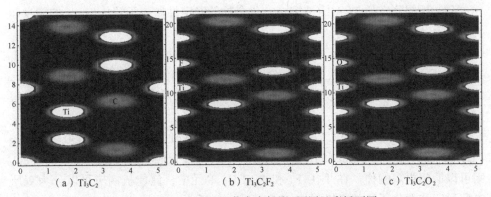

图 6-14 Ti_3C_2 沿 (110) 的电荷密度投影(原图见彩插页图 6-14)

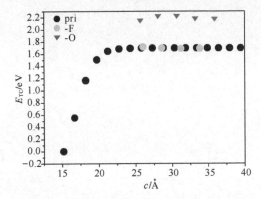

注:包括纯的 TC 和由 $Ti_3C_2F_2Li_2(Ti_3C_2O_2Li_2)$ 转换而来的 TC。

图 6-15 Ti_3C_2 的计算能量(E_{TC})随 c 轴变化值

6.4 计算结论

我们系统地研究了 Ti_3C_2 的结构形成机理,以及 Ti_3C_2 在不同位置与不同主族原子(H、Li、Na、K、Mg、Al、Si、P、O、S、F、Cl)相互作用形成的插层结构。结果表明,纯 Ti_3C_2 和插层 Ti_3C_2 的最佳构型分别为 AA 和 AB 构型。我们基于第一性原理计算建立了一个有效的方法来揭示 Ti_3AC_2、$Ti_3C_2A_2$、$Ti_3C_2T_x$ 和 $Ti_3C_2T_xA_{x'}$ 的形成机理。

(1)除IA族原子外,Ti_3AC_2 结构的最有利位是 2b,$Ti_3C_2A_2$ 为 4e。IA族原子更有利于占据 2c 和 4fc 的位置,并具有优化的扩散路径。Ti_3AC_2 在层间的主要结合形式随着主基团数从ⅦA族逐渐减小到IA族,由离子键向弱金属键转变。

(2)竞争和匹配机制是决定 A 原子不同的稳定 Ti_3AC_2 相形成概率的关键因素。

（3）插层稳定的 $Ti_3AC_2(Ti_3C_2A_2)$ 化合物的稳定性取决于转化 Ti_3C_2 的能量和构型以及 A 原子的化学势。

（4）由 HF 和 LiF + HCl 处理得到的 $Ti_3C_2T_x$ 的结构可以表述为 $Ti_3C_2F_{2-x}O_xH_y$ 和 $Ti_3C_2F_{2-x}O_{x(1-r-\Delta r)}(OH)_{x(r+\Delta r)}$，分别用它们的 c 轴值和 H 的占据位置来区分，公式中的每个参数都可以表示为实验条件和 c 轴值的函数。根据这些结果可以很好地解释实验结果。

（5） $Ti_3C_2T_xA_x$（A 为 Li）的容量取决于它们的 c 轴值，允许值为 130.3 mAh/g （$Ti_3C_2F_2Li$）~ 536.8 mAh/g（$Ti_3C_2O_2Li_4$）。如果可以合成具有合适 c 轴值的样品，则可以期望更高的值。在 $Ti_3C_2F_2$ 和 $Ti_3C_2O_2$ 单元中，储能机制应可以分为双层电容过程和氧化还原储能机制。

第 7 章

储能材料结构动力学变化

7.1 MXenes 的结构变化问题

一个关于 MXenes 的令人困惑的问题是 $Ti_3C_2T_x$ 晶体的 c 轴值随合成程序的变化而变化，但表面结构中起支柱作用以支撑 Ti_3C_2 层的部分及其实验变化规律仍存在争议。在本章中，我们基于 DFT 计算和实验结果，总结出了 $Ti_3C_2T_x$ 的结构模型和形成机理。样品二维材料的 c 轴值在 1.9~2.9 nm 变化，相应的支柱由含 H 基团的不同分布和比例决定。决定 c 轴值的含 H 基团的比例被表示为层间空间的函数，可用于定量分析样品经过不同处理后表面官能团的变化，结果对应于在不同处理或电化学过程中 MXenes 表面结构的原位检测。

7.2 计算方法

采用 DFT 研究具有代表性的 $Ti_3C_2T_x$ 的结构稳定性。总能计算使用 VASP 代码[23]中的平面波方法框架。使用 Perdew-Burke-Ernzerhof(PBE) 函数[9]的方案中的 GGA 来描述交换和关联电势，并使用 PAW 方法来描述离子电子相互作用[20]。采用具有 400 eV 截断能量的平面波基组与 Γ 中心的 k 点网格用于所有单元结构模型，每个单元具有两个化学单位，并且一致的网格间距被应用于其他超胞的设置。平衡体积由计算的能量与 c 轴曲线的最小值决定。在每个原子受力为 0.03 eV/Å 的终止标准下，原子坐标和晶胞形状得到了稳态弛豫。

7.3　含 H 基团对 $Ti_3C_2T_x$ 结构动力学的影响

7.3.1　表面官能团的形成机理

我们可以定义嵌入体系的形成焓，以比较主体在不同对称位置嵌入的不同表面官能团的稳定性[281]：

$$\Delta H_A^f(\text{site}, c_0, \text{en}) = n\mu_A(\text{site}, c_0, \text{en}) + (E_{\text{host, A}}(c_0) - E_{\text{host}}) \qquad (7-1)$$

其中 n 为单位公式中嵌入的原子数，而 μ_A 为 A 的化学势，它取决于嵌入位点、c 轴值和合成环境，用 en 表示。在理想条件下，可以通过插层结构与扩展主体之间的能量差来估计插层前初始状态 A 的化学势。$E_{\text{host,A}}$ 和 E_{host} 分别是由扩展基态结构和原始基态结构确定的主体能量。c_0 是主体在最小能量状态下被嵌入原子扩展的 c 轴值。参考文献[281]已经揭示了主体体系的叠层模式、有利的插层位置和插层结构的细节。由于发现剥落的 $Ti_3C_2T_x$ 的层间空间是由氢键决定的，因此范德瓦耳斯相互作用没有包括在计算中。由于氢键比范德瓦耳斯相互作用强得多，范德瓦耳斯相互作用的贡献[282]可以忽略不计。忽略范德瓦耳斯相互作用可以突出氢键性质，并根据实验结果给出合理的构型。

根据 DFT 计算，设竞争反应方向标准为合成物相对于反应物的生成焓为负，则从能量的角度可以支持以下反应过程

$$[Ti_3C_2]_{c_0=15.18} + 2[-F] \rightarrow [F \overset{4e}{-} Ti_3C_2 \overset{4e}{-} F]_{c_0=21.27} \qquad (7-2)$$

$$[Ti_3C_2] + 2[-O] \rightarrow [O-Ti_3C_2-O]_{c_0=21.60} \qquad (7-3)$$

方括号外的下标是其各自基态结构下的 c 轴值。在这种情况下，Ti_3C_2 被视为主体。符号 $T \overset{4e}{-} Ti_3C_2 \overset{4e}{-} T$（T 为 F、O）表示 $Ti_3C_2F_2$ 的结构，其中—T 官能团占据最有利的 4e 位点，如图 7-1(a)所示。对于其他类似的情况，省略位点符号。根据合成条件，可分别由分子 HF、H_2O 和 H_2 得到参考原子化学势。

结果发现，如图 7-1(a)所示，在 HF 刻蚀条件下的初始反应阶段，$Ti_3C_2F_2$ 单元应该是 $Ti_3C_2F_{2-x}(O[OH])_x$ 的基态结构，方括号表示为—O 和—OH 共享的位置。图 7-1(b)所示为 $Ti_3C_2F_{2-x}O_x$ 和 $Ti_3C_2F_{2-x}(OH)_x$ 相对于 $Ti_3C_2F_2$ 的生成焓。$Ti_3C_2F_{2-x}(O[OH])_x$ 的构型为正，表明 F 元素在 4e 位上吸附，有利于 $Ti_3C_2F_{2-x}(O[OH])_x$ 的 c 轴扩展，这也对应于样品是通过 HF 水溶液处理得到的。由于 F 元素不能明显改变膨胀后 Ti_3C_2[281]的总能，因此可以通过物理吸附的方式从主体 Ti_3C_2 导带获得电子。后续的反应过程和样品在水溶液中的处理可以看作—F 被—OH/—O 部分取代的过程。一些实验结果表明，当将样品浸入碱性水溶液中时，—OH 有机会取代—F[283]，但如图 7-1(b)所示，能量不支持直接取代，仅

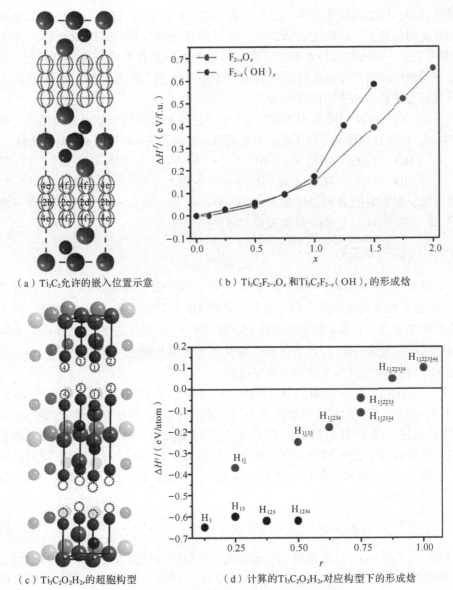

（a）Ti₃C₂允许的嵌入位置示意

（b）Ti₃C₂F₂₋ₓOₓ 和 Ti₃C₂F₂₋ₓ(OH)ₓ 的形成焓

（c）Ti₃C₂O₂H₂ 的超胞构型

（d）计算的 Ti₃C₂O₂H₂ 对应构型下的形成焓

图 7-1　计算形成焓（原图见彩插页图 7-1）

在热力学涨落条件下才允许直接取代[281]。但是，可以将能量允许的替换过程描述为两个连续的步骤：

$$[F—Ti_3C_2—F] + AOH \rightarrow [Ti_3C_2—F]^+ + AF + OH^- \qquad (7-4)$$

$$[Ti_3C_2—F]^+ + OH^- \rightarrow [HO—Ti_3C_2 - F] \qquad (7-5)$$

其中 A 是碱金属元素，例如 Li、Na、K。由于 AF 的总能低于 AF—Ti₃C₂—FA 的构型的总能，因此可以通过第一步形成氟化物。F 从表面剥落后，OH⁻ 可以被吸收到暴露的位置上，以稳定表面结构。计算结果表明，用—OH 取代所有—F 形成 HO—Ti₃C₂—OH 的结构是不稳定的，因此在表面上有 F 残留是很自然的。这就是在用碱性溶液对样品进行后处理或刻蚀溶液选用 LiF+HCl 时，端氧 Ti₃C₂Tₓ 单元被证明是最多的表面构型的原因。

但是，由于在反应溶液中不存在 O²⁻ 离子，因此应该质疑如何在构型中产生—O 基团。DFT 计算证实了以下反应为连续两步，为生成—O 提供了有利的途径：

$$[HO—Ti_3C_2—OH] + [—Al] \rightarrow [AlO—Ti_3C_2—OH] + [—H] \tag{7-6}$$

$$[AlO—Ti_3C_2—OH] + x[—F] \rightarrow [O—Ti_3C_2—OH] + [—AlF_x] \tag{7-7}$$

实验显示，解吸附的 H 可以形成 H₂ 以稳定—H。O—Ti₃C₂-OH 的生成物单元在决定 HF 刻蚀的 Ti₃C₂Tₓ 的 c 轴值方面起着主要作用。

7.3.2　Ti₃C₂Tₓ 的支柱

文献中一个令人困惑的问题是 Ti₃C₂Tₓ 的 c 轴值随合成过程而变化，但支撑 Ti₃C₂ 层的支柱及其变化规律仍不清楚。通过 HF 处理获得的 Ti₃C₂Tₓ 样品（以下称为片状 Ti₃C₂Tₓ），其 c 轴值通常在 19～21 Å[130,284]。相比之下，被 LiF+HCl 水溶液刻蚀的样品称为分层 Ti₃C₂Tₓ，可以将其值增加到大约 24～29 Å[111,285]。对于剥离的 Ti₃C₂Tₓ，DFT 计算支持以下反应过程：

$$[Ti_3C_2] + [—OH_{2r}] + [—O] \rightarrow [O—Ti_3C_2—(OH_{2r})]_{c_0=c(r)} \tag{7-8}$$

式（7-8）中的生成物的结构可表述为 Ti₃C₂O₂H₂ᵣ，其中 r 为 H 在各化学式单元（分子）中的占比。图 7-1（c）展示了 Ti₃C₂O₂H₂ᵣ 的超胞构型，其中编号的位点允许存在 H。尽管 H 原子以不同的比例占据不同的位点，但结构却表现出不同的稳定性，如图 7-1（d）所示，给出了被 H 嵌入的主体 Ti₃C₂O₂ 的嵌入形成焓。可以根据以下公式计算：

$$\Delta H_A^i(\text{site}, c_0) = \left[E_A^{\text{site}}(c_0) - E_{\text{host}} - n\mu_A^{\text{ref}} \right] \cdot \frac{1}{n} \tag{7-9}$$

其中 $E_A^{\text{site}}(c_0)$ 是 Ti₃C₂Tₓ 的总能，μ_A^{ref} 是取决于反应物的插层 A 原子的参考化学势。在这种情况下，主体结构为 Ti₃C₂O₂，如图 7-1（c）所示，可能的构型由 H 的占据位点表示。

从图 7-1（d）所示的计算结果中，我们可以发现，最稳定的构型需要在 O 和 OH 基团之间形成氢键。Ti₃C₂O₂H₂ᵣ 结构[图 7-1（d）中用 H₁₂₃₄ 表示]用—F 取代—O 可使形成焓增加约 0.64 eV。如果不同的构型采用相同的 r 值，则与 HₚO—Ti₃C₂—OH₂₋ₚ 相比，HO—Ti₃C₂—OH 的结构可以将 H 每个原子的嵌入焓降低 0.2 eV 以上。图 7-1（d）中的正值表示，它在能量上不利于对应的结构形成，在图 7-1（d）中用 H₁₁₂₂₃₃₄₄ 表示。从优化的结构中可以发现，Ti₃C₂O₂H₂ᵣ 的 c 轴值随 H 和 O 的比例以及 H 的占据位置而变化，因此，我们可以得出结论，剥落的 $Ti_3C_2T_x$ 的 c 轴值由 $O—Ti_3C_2—OH_{2r}$ 构型中的氢键数目决定，其中 $2r$ 不超过 1。可以将 c 轴值作为 r 的函数表示为

$$c = 21.6 - 12.9r + 28.98r^2 - 24.75r^3 \qquad (7-10)$$

如图 7-2 左侧所示，它是通过拟合计算的 c-r 曲线获得的，其中 c 轴值是从 $O—Ti_3C_2—OH_{2r}$ 的基态结构中获得的。图 7-2 左侧的黑点[165] 表明计算结果与实测数据一致。式(7-10)给出了没有夹层水的情况下 c 轴值与样品表面结构之间的定量关系。

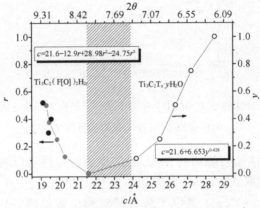

图 7-2 Ti_3C_2 随不同官能团结构 c 轴值变化的曲线

在图 7-2 右侧，当刻蚀溶液被选为 LiF+HCl 时，样品的 c 轴值总是比 21.6 Å 大。假定结构的支柱是插层 A 或—Cl，其中 A 是金属元素，例如 Li、Na、K 等，那么，由于 c 轴值的变化幅度较大，表面结构与 c 轴值之间的关系变得模糊。例如，我们计算的 $Ti_3C_2Cl_2$ 单元中—Cl 占据最有利的 4e 位，可以将 c 轴值扩展到 25.56 Å。由 Cl 确定的上限不能解释 c(24~29 Å)在后处理过程中的变化范围。如果我们将金属—A 作为支柱，问题仍然存在，因为退火程序会大大改变样品的 c 轴值。一种可能性是插层水可以控制层间距离。在 HF 刻蚀条件下，氢键可以在—O 和—OH 之间的 $Ti_3C_2O(OH)$ 单元中形成。计算出的具有正值的 $\Delta H^i_{H_2O}$ 如图 7-3 所示，表明 $Ti_3C_2T_x$ 的 c 轴值由 $O—Ti_3C_2—OH_{2r}$ ($r<0.5$)的结构决定时，对于层间空间中的水分子来说是不稳定的。嵌入 H_2O 可以降低 O 和—OH 基团之间氢键的相互作用，这也是从 HF 溶液处理获得的样品中不存在层间 H_2O 分子的原因。如图 7-3 所示，尽管增加嵌入水分子的数量可以使结构稳定，这是由于 H_2O 分子之间的相互作用，但是在这种情况下很难自发地嵌入水分子。因此，当 c 轴值不超过 21.6 Å 时，层间空间中将不存在水。然而，如实验结果所证实，水可能存在于纳米片之间的堆叠间隙中[160]。因此，嵌入的水可以区分为中间层和间隙分子。样品的间隙水可以通过退火处理从间隙中部分蒸发，这导致一些纳米片

重新结合成单片。实验显示，结构的改变可导致 XRD(0002)峰变小。可以预期，如果样品的 c 轴值增加到 24 Å 以上，则可以通过金属—A 来稳定嵌入的 H_2O。可以从 $Ti_3C_2T_xA_z$ 和 $Ti_3C_2T_xA_z \cdot yH_2O$ 的稳定性中确认预测结果。

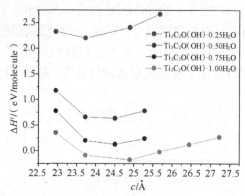

图 7-3　计算的 $Ti_3C_2O(OH)$ 构型下水分子的嵌入形成焓随浓度和
c 轴长度的变化(原图见彩插页图 7-3)

　　具有不同金属插层官能团的 $Ti_3C_2T_x$ 的形成稳定性可以利用金属 A 元素的 $\Delta H_A^i(\text{site}, c_0)$，根据式(7-9)来确定，其中 $\Delta H_A^i(\text{site}, c_0)$ 中的 E_{host} 对应于 $Ti_3C_2T_x$ 的基态能量。$E_A^{\text{site}}(c_0)$ 是位于最有利对称位置处的—A 的 $Ti_3C_2T_xA_z$ 的能量。μ_A^{ref} 是在体金属状态下引用的原子化学势。如图 7-4 所示，$\Delta H_A^i(\text{site}, c_0)$ 的负值表示结果是稳定的，可以归结为以下在能量上有利的反应过程：

$$[F\!-\!Ti_3C_2\!-\!F] + [-A] \rightarrow [F\!-\!\underset{2c}{\overset{\leftrightarrow}{Ti_3\,AC_2}}\!-\!F] \ (A\ 为\ Li) \tag{7-11}$$

$$[F\!-\!Ti_3C_2\!-\!F] + 2[-A] \rightarrow [AF\overset{4fC}{-\!}Ti_3C_2\overset{4fC}{-\!}FA] \ (A\ 为\ Li) \tag{7-12}$$

$$[O\!-\!Ti_3C_2\!-\!O] + [-A] \rightarrow [O\!-\!Ti_3AC_2\!-\!O] \ (A\ 为\ Li、Na、K) \tag{7-13}$$

$$[O\!-\!Ti_3C_2\!-\!O] + 2[-A] \rightarrow [AO\!-\!Ti_3C_2\!-\!OA] \ (A\ 为\ Li、Na、K)$$
$$\tag{7-14}$$

$$[O\!-\!Ti_3C_2\!-\!OH] + [-A] \rightarrow [AO\!-\!Ti_3C_2\!-\!OH] \ (A\ 为\ Li,、Na) \tag{7-15}$$

$$[O\!-\!Ti_3C_2\!-\!OH] + 2[-A] \rightarrow [AO\!-\!Ti_3C_2\!-\!OA] + [-H] \ (A\ 为\ Li、Na)$$
$$\tag{7-16}$$

其中，式(7-11)和式(7-12)中的 2c 和 4fc 表示嵌入的 A 占据 2c 和 4fc 位点，如图 7-1(a)所示，分别形成 $Ti_3AC_2F_2$ 和 $Ti_3C_2F_2A_2$ 结构，在其他类似情况下将其省略。引用的主体结构分别是式(7-11)和式(7-12)中的 $Ti_3C_2F_2$、式(7-13)和式(7-14)中的 $Ti_3C_2O_2$、式(7-15)和式(7-16)中的 $Ti_3C_2O(OH)$。括号中的元素是 Li、Na、K 中的能量允许类型。允许的能量范围与 c 轴值的关系如图 7-4 所示。允许讨论的碱金属元素 Li、Na 和 K 形成 $Ti_3AC_2O_2$ 或 $Ti_3C_2O_2A_2$ 的结构，在 $Ti_3C_2O(OH)$ 主体结构中，只有 Li 和 Na 稳定。

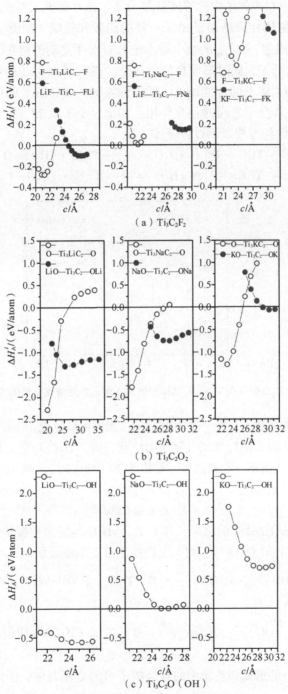

（a）Ti₃C₂F₂

（b）Ti₃C₂O₂

（c）Ti₃C₂O（OH）

图 7-4 元素 A（A 为 Li、Na、K）分别嵌入 Ti₃C₂F₂、
Ti₃C₂O₂、Ti₃C₂O(OH) 的表面结构的形成焓

相对于 $Ti_3C_2O_2$ 主体结构的游离 H_2O 分子，H_2O 的嵌入形成焓如图7-5所示。基于 $Ti_3C_2F_2$ 结构的计算结果给出了一致的趋势和范围。如图 7-5 所示，随着 H_2O 分子数量的增加，$\Delta H^f_{H_2O}$ 的减少是由于 H_2O 分子之间的相互作用。$Ti_3C_2O_2$ 单元可以稳定 H_2O 分子，同时形成良好的构型。嵌入 H_2O 分子的稳定构型可以归因于 H_2O 分子和主体上的官能团—O 形成的氢键。H_2O 分子的嵌入提高了稳定性，这是由于 H_2O 分子之间的相互作用。如果 y 小于 0.25，则无显著差异。允许嵌入水的主体结构可按以下过程表述：

$$[O—Ti_3C_2—O] + yH_2O \rightarrow [O—Ti_3C_2 \cdot yH_2O—O] \quad (7\text{-}17)$$

$$[F—Ti_3C_2—F] + yH_2O \rightarrow [F—Ti_3C_2 \cdot yH_2O—F] \quad (7\text{-}18)$$

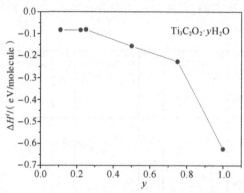

图 7-5　H_2O 分子在 $Ti_3C_2O_2$ 结构中的嵌入形成焓对浓度 y 值的变化曲线

其中 y 是 c 轴值的函数，如图 7-2 右侧所示。我们可以发现，当样品通过 LiF+HCl 处理或碱水溶液(如 LiOH、NaOH 和 KOH)获得时，$Ti_3C_2T_x$ 的 c 轴值由嵌入水的量决定。如图 7-2 所示，当样品的 c 轴值为 24~29 Å 时，y 的值小于 1。y 和 c 的关系可以表示为

$$c = 21.6 + 6.653y^{0.428} \quad (7\text{-}19)$$

结合式(7-11)~式(7-18)的结果，$Ti_3C_2T_x \cdot yH_2O$ 的稳定构型须使 T 为 O。如果主体单元结构为 $Ti_3C_2O(OH)$，则不允许发生以下中性过程：

$$[O—Ti_3C_2—OH] + [—H_2OA] \overset{×}{\longrightarrow} [O—Ti_3C_2 \cdot H_2OH—OA] \text{ (A 为 Li、Na)}$$
$$(7\text{-}20)$$

$$[O—Ti_3C_2—OH] + [—H_2OA] \overset{×}{\longrightarrow} [O—Ti_3C_2 \cdot H_2OA—OH] \text{ (A 为 K)}$$
$$(7\text{-}21)$$

但是，$[—H_2OA]$ 的形式与实验中的水合离子 H_2OA^+ 相对应，因此可以将预测的允许过程转换为

$$[\text{O—Ti}_3\text{C}_2\text{—OH}]^- + \text{H}_2\text{OA}^+ \rightarrow [\text{O—Ti}_3\text{C}_2^{\ -} \cdot \text{H}_2\text{OH}^+\text{—OA}] \ (\text{A 为 Li、Na})$$

$$(7-22)$$

$$[\text{O—Ti}_3\text{C}_2\text{—OH}]^- + \text{H}_2\text{OA}^+ \rightarrow [\text{O—Ti}_3\text{C}_2^{\ -} \cdot \text{H}_2\text{OA}^+\text{—OH}] \ (\text{A 为 K})$$

$$(7-23)$$

结果表明，由于水合离子与负主体层之间存在额外的静电相互作用，A 的存在确保了 $\text{Ti}_3\text{C}_2\text{O(OH)}$ 主体结构中 H_2O 的稳定性。H_2O 的稳定嵌入构型须基于 $\text{Ti}_3\text{C}_2\text{O(OH)}$ 单元的层间空间中存在金属离子。这些过程可以用来解释在实验中观察到的高 pH 值溶液（如 KOH、NaOH 和 LiOH）中的自发嵌入，并说明了 LiF+HCl 处理的样品的 c 轴变化机制。该机制可以总结如下。

H_2O 在层间空间中的稳定性要求以水合离子的形式存在碱金属离子，否则 H_2O 可以从层间逐渐脱嵌，如图 7-3 所示。如式（7-22）所示，由于它们在结构上的稳定性不同，因此可以激活 H^+ 和 A^+ 之间的离子交换反应。退火过程可以导致形成构型 $\text{AO—Ti}_3\text{C}_2 \cdot y\text{H}_2\text{O—OH}$（A 为 Li、Na），但是对于这种构型的 H_2O 分子来说不稳定，因此，如 XRD 光谱中所观察到的，H_2O 可以从层中部分脱嵌[286]。实验显示，H_2O 的脱嵌伴随 c 轴值的变化。如果碱金属为 K，则不允许由 $\text{O—Ti}_3\text{C}_2^{\ -} \cdot y\text{H}_2\text{OK}^+\text{—OH}$ 的稳定结构形成 $\text{KO—Ti}_3\text{C}_2 \cdot y\text{H}_2\text{O—OH}$ 的构型，如式（7-23）所示。因此，与 Li 或 Na 嵌入结构相比，从 K 嵌入结构中去除水的行为应该有所不同。

7.4　计算结论

$\text{Ti}_3\text{C}_2\text{T}_x$ 的表面结构和 c 轴值随合成步骤和后处理程序变化而变化。我们开发了 $\text{Ti}_3\text{C}_2\text{T}_x$ 的结构模型，并提出形成机理，定量建立了表面构型与 c 轴值之间的相关性。当样品是通过 HF 刻蚀方法获得时，样品的 c 轴值由相对两侧的两个 O 原子共享的氢键确定。氢键的数量和分布在 $19 \sim 21$ Å 主导着 c 轴值。当样品从 LiF+HCl 处理中获得或通过碱溶液进行后处理时，水的量决定了样品在 $24 \sim 29$ Å 的 c 轴值。结果清楚地说明了结构随操作步骤的变化，通过在实验过程中仅采用原位 XRD 技术，便可以由上述信息确定结构内部的微观状态。

第8章

二维储能材料不同类型的离子扩散机理

8.1 MXenes 的离子扩散问题

MXenes 的高嵌入电容对人们具有很大的吸引力，但随着电极厚度和质量载荷的增加，其作为超级电容器电极的性能受到质量输运的限制。在这里，我们给出一个结合实验和计算的范例，通过它揭示水合离子物种在层间空间的扩散。我们发现，剥落的 $Ti_3C_2T_x$ 在酸性（H_2SO_4）和碱性（KOH）电解液中的 CV 曲线表现出明显的差异特征。利用 DFT 计算出在有、无水的情况下的 K^+ 和 H^+ 的迁移曲线，表明插层 H_2O 分子稳定了带电离子，促进了其从二维向三维的扩散，表现为活化势垒的减小和运动途径的增多。此外，我们发现低浓度和高浓度质子的扩散有显著差异，即在层间空间的两侧可以吸附高浓度的质子，并且利用第一性原理分子动力学模拟可以看出，H_2O 驱动质子在稳定吸附位点之间频繁跳跃。因此，计算结果可以解释当在酸性或碱性电解液中进行实验时，电容的变化和 CV 曲线的畸变。

8.2 计算方法

使用 LiF+HCl 溶液的刻蚀剂可以除去 Ti_3AlC_2 中的 Al，合成分层的 $Ti_3C_2T_x$。合成和表征样品的实验细节见参考文献[285]。可以在标准的三电极结构下进行电化学实验，分别选择 Pt 板和碳棒作为 H_2SO_4 和 KOH 电解质的对电极，以 Ag/AgCl 作为参比电极。针对 $Ti_3C_2T_x$ 片电极主要进行 CV 曲线测量。电流和电容可以使用公式 $C = \int_{\Delta v} \frac{i\mathrm{d}V}{s\Delta V}$ 转换，其中 i 是体积电流密度，s 是扫描速率，ΔV 是电压窗。

使用 VASP 编码进行 DFT 计算[23]，交换和关联势在 PBE 泛函格式中采用广义梯度近似[9]。离子-电子相互作用是用 PAW 方法描述的[20]。所有单元结构模型均采用 400 eV 的平面波截止能量，并采用 9×9×1 的 k 点网格，每个单元有两个化学式单元。其他的超胞结构也采用了类似间距的网格分离。通过在每个原子

0.03 eV/Å 力的标准下，弛豫原子坐标得到均衡配置。总能包括了采用 Grimme 的 DFT-D2 方法的范德瓦耳斯校正[287]，提供了合理的界面原子结构[288]。在 AIMD 计算中，将时间步长设置为 1.5 fs，在能量守恒的情况下，通过每一步的速度尺度来确定温度。为了模拟实验条件，首先在室温（300 K）下进行了计算，但离子的迁移范围太小，无法用来阐明其扩散特性。因此，在模拟过程中，初始温度设置为 600 K，以加速离子扩散。

　　根据 $Ti_3C_2O_2 \cdot mH_2O$ 的公式，将 c 轴值（用 c 表示）与插层 H_2O 含量（用 m 表示）的关系[289] 解析为 $c = 21.6 + 6.653m^{0.428}$。分层实验示例样品的 c 轴值为 25.8 Å，因此计算采用 $Ti_3C_2O_2 \cdot \frac{1}{3}H_2O$ 的简化结构模型。计算结果和结论可以推广到不同浓度的水的样品，如下所述。为了模拟结构中的水的分数部分，我们构建了一个 1×3×1 超胞的构型，由 6 个化学式单元组成，如图 8-1 所示。

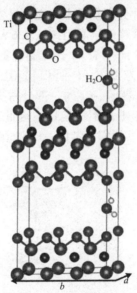

图 8-1　$Ti_3C_2O_2 \cdot \frac{1}{3}H_2O$ 原子结构模型（原图见彩插页图 8-1）

为评价 $Ti_3C_2O_2 \cdot \frac{1}{3}H_2O$ 层间嵌入原子的稳定性，根据如下公式计算化学势

$$\mu_A = \left[E_A^{site}(c) - E_{host}(c) - n\mu_A^{ref} \right] \cdot \frac{1}{n} \tag{8-1}$$

其中 $E_A^{site}(c)$ 和 $E_{host}(c)$ 分别为嵌入原子夹层结构和优化后的无嵌入本征主体的总能量，其 c 轴值一致，这是由于前面已经证明插层水含量决定了其层间距一致性[289]。n 是每个化学式单位中嵌入的 A 原子的个数，而 μ_A^{ref} 反映了 A 在本体常见相状态下的参考元素化学势。

8.3 离子扩散势能面

图 8-2（a）展示了样品的扫描电子显微镜（Scanning Electron Microscope，SEM）图像。一般认为，$Ti_3C_2T_x$ 样品的端部为—O、—OH 和—F 官能团，它们的比例和分布取决于实验条件和过程[134]。如果刻蚀过程在 HF 溶液中进行，主要的末端通常是—F 基团[134]。—F 基团被—OH 和—O 取代可通过热力学波动涨落实现，如第 7 章所述。如图 8-2（b）所示，如果使用 LiF+HCl 的混合物代替 HF，则可获得 $Ti_3C_2T_x$ 的分层片，每片都由 $Ti_3C_2T_x$ 单元的几个原子块组成。H_2O 分子和水合离子可以被吸附在薄片之间。样品经碱金属离子处理后[160]，水合离子的吸附可以减少层间的分离，使薄片更紧凑。如图 8-2（c）所示，在薄片的层间空间中观察到—F（—Cl）、—OH、—O、—Li 和层间水分子的存在[285]。与 HF 刻蚀的样品不同，分层后的薄片更有利的末端通常是含 O 的基团。此外，由于 H_2O 分子和水合离子的嵌入，使薄片的层间距离从 9.6 Å 扩大到 12.9 Å。DFT 计算表明，这种膨胀是由层间氢键向水合离子转变引起的（见图 8-3）[289]。因此，$Ti_3C_2T_x$ 的通用公式可以表示为 $Ti_3C_2(F—[Cl])_x O_y(OH)_z A_n \cdot mH_2O$，其中 A 表示嵌入的金属元素，F—[Cl] 表示—Cl 的一部分占据了—F 的同等位置。DFT 计算表明，含 F 单元吸附 K 或 H 是不稳定的，因此在接下来的讨论中，当选择 KOH 或 H_2SO_4 作为电解液时，我们不考虑—F 的贡献。

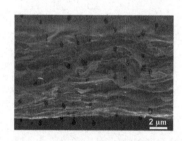 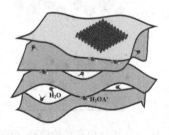 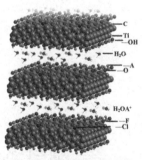

（a）样品的SEM图像　　（b）沿c轴堆叠的$Ti_3C_2T_x$板的构型　　（c）每个$Ti_3C_2T_x$薄板的原子结构

图 8-2　分层的 $Ti_3C_2T_x$ 样品的结构（原图见彩插页图 8-2）

图 8-4 所示为 1M KOH 和 1M H_2SO_4 电解液中电流电容和电位关系的 CV 曲线。在不同的扫描速率下，电流与电位曲线的差异变得更加明显。我们发现，在高扫描速率下，H_2SO_4 电解质中样品的电容行为（CV 曲线中的典型正方形）不能很好地保持，这与电解质变为 KOH 的情况不同。此外，在 H_2SO_4 中得到的电容要远远高于在 KOH 中得到的电容。这些显著差异可归因于质子和 K 离子在变化的扫描速率和相应的不同离子浓度下固有的不同扩散过程，这促使我们探索它们

在主体结构中的微观扩散过程。

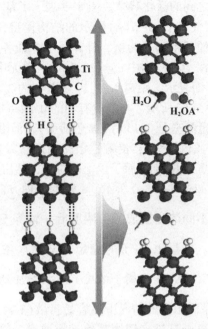

图 8-3　$Ti_3C_2T_x$ 原子结构示意(原图见彩插页图 8-3)

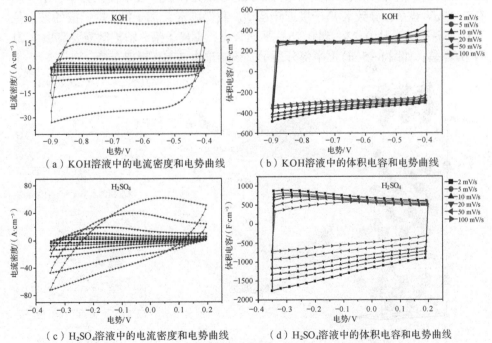

（a）KOH溶液中的电流密度和电势曲线　　　（b）KOH溶液中的体积电容和电势曲线

（c）H_2SO_4溶液中的电流密度和电势曲线　　（d）H_2SO_4溶液中的体积电容和电势曲线

图 8-4　$Ti_3C_2T_x$ 片电极的电化学性能(原图见彩插页图 8-4)

插层离子的迁移通道可以用来说明微观扩散过程。优选轨迹依赖于能量的局部最小值和两个最小值之间的活化势垒。图 8-5 展示了基于绝热轨迹法计算的插层 K 离子的三维能量面[290]。图 8-5(a)所示的结构模型说明了在典型迁移平面中的扩散路径。以单元的下半部分为例，计算了沿 c 轴各层间空间的扩散范围，范围为 $0.21c$ 至 $0.29c$(注：本样本中 $c = 25.8$ Å)。单元中 K 离子的整体最小值位于 $0.22c$(用 $0.22c$-平面表示，距离 $Ti_3C_2T_x$ 表面 O 约 2.06 Å)。K 位于 $Ti_3C_2T_x$ 层中的 C 上方。如图 8-5(b)所示，在能量有利的 $0.22c$-平面上可以区分出两条优化路径：沿 a 轴，能量势垒是 0.13 eV(紫色箭头)，而沿着 b 轴是 0.11 eV。沿 b 轴有两个局部极小值(黑色箭头)；沿着这条路径迁移需要克服 0.10 eV 的小势垒，从 C 原子以上的位置迁移到 Ti 原子以上的位置，然后通过克服 0.11 eV 的势垒迁移到另一个单元，如图 8-5(e)所示。a 轴和 b 轴方向的不对称行为是由 K 离子沿两个晶体方向的不同浓度造成的：浓度沿 a 轴等于 1，沿 b 轴相当于 $\frac{1}{3}$，基于 1×3×1 超胞的配置。插层 K 离子的稳定性随插层浓度的增加而降低，如图 8-6(a)所示。当 $Ti_3C_2O_2K_r$ 中 K 离子浓度 r 从 $\frac{1}{3}$ 增加到 1 时，化学势从 −2.0 eV 增加到 −0.5 eV。似乎高浓度的情况下更容易扩散(a 轴方向)。不仅在最稳定的 $0.22c$-平面扩散，K 离子有机会使用其他扩散通道。例如，图 8-5(c)表明，在 $0.25c$-平面上，即顶部 O 原子上方约 2.84 Å 处，扩散沿 a 轴无势垒，沿 b 轴有 0.03 eV 势垒，导致 K 离子接近热运动。我们确定 K 离子沿 c 轴扩散的鞍点位于 $0.25c$-平面。从 $0.22c$- 到 $0.25c$-平面鞍点，K 离子沿 c 轴扩散需要克服 0.21 eV 的势垒，如图 8-5(d)上半部分所示，该结论由 AIMD 模拟支持。

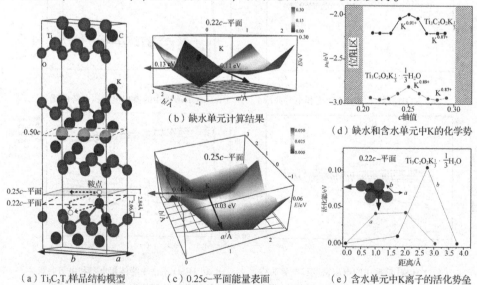

(a)$Ti_3C_2T_x$样品结构模型　(b)缺水单元计算结果　(c)$0.25c$-平面能量表面

(d)缺水和含水单元中K的化学势

(e)含水单元中K离子的活化势垒

图 8-5　缺水和含水单元中 K 离子的能量表面和迁移途径(原图见彩插页图 8-5)

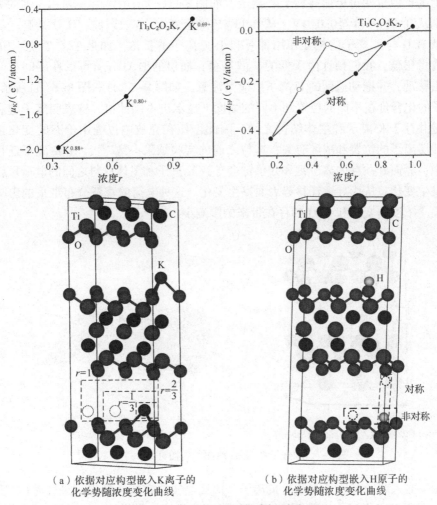

（a）依据对应构型嵌入 K 离子的
化学势随浓度变化曲线

（b）依据对应构型嵌入 H 原子的
化学势随浓度变化曲线

图 8-6　化学势（原图见彩插页图 8-6）

现在，我们研究 H_2O 对 K 离子扩散的影响。相对于游离 H_2O 分子，插层式 H_2O 分子的吸附能为 -0.44 eV。$Ti_3C_2T_x$ 层中 Ti 原子（由 2b 的 Wyckoff 字母表示）上方 $0.25c$-平面处的位置是吸水的最小能量位置（见图 8-7）。我们发现 H_2O 分子在层间空间的运动几乎是无屏障的，如图 8-7 所示，H_2O 分子的扩散势垒在 ab 平面上只有 0.03 eV，沿着 c 轴上约为 0.01 eV。中等的吸附能和边缘的扩散屏障表明水在层间几乎可以自由地吸附和扩散。插层 H_2O 可能会显著影响 K 的动力学。图 8-5（d）展示了有和没有 H_2O 分子时 K 离子的吸附和扩散（沿 c 轴）路径能量。离子与 H_2O 分子之间的额外相互作用可以使 K 离子的化学势降低 0.75 eV。有 H_2O 时 c 轴上的扩散势垒降低到 0.14 eV，低于无 H_2O 时的 0.21 eV。在 $0.22c$-

平面上的扩散也变得更加有利于 K 离子，如图 8-5(e)所示，沿 a 轴和 b 轴的势垒分别从 0.13 eV 降至 0.04 eV，从 0.11 eV 降至 0.10 eV。因此，H_2O 的高迁移率以及 H_2O 与 K 离子的相互作用都有利于 K 离子的扩散。如果 $Ti_3C_2T_x$ 层中的 H_2O 含量很低，我们预计由于低的扩散势垒，插层的 H_2O 分子可以在层间空间中自由移动，并拖动遇到的 K 离子。应当注意，如图 8-5(d)和图 8-6(a)所示，K 离子的化合价在不同的位置和不同的浓度下显示出不同的值，这表明离子键和共价键共存于 K 离子和主体结构之间。因此，Ti 在充放电过程中价态的变化也应与插层离子的位置和浓度有关，这与之前的实验结果一致[130]。在 K 离子迁移过程中，界面处共存的离子键和共价键会导致 K 离子和主体材料之间的电荷重新分布发生变化，从而导致迁移势表面发生变化。这种电荷的重新分布带来的影响应比离子浓度的变化和 H_2O 的存在带来的影响小。

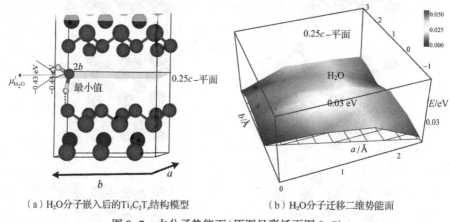

（a）H_2O 分子嵌入后的 $Ti_3C_2T_x$ 结构模型   （b）H_2O 分子迁移二维势能面

图 8-7　水分子势能面(原图见彩插页图 8-7)

如果嵌入离子是质子而不是 K 离子，那么当实验在酸性条件下进行时（见图 8-4），扩散路径表现出显著差异。如图 8-8(a)所示，在没有 H_2O 的情况下，质子的能量最小值位于 O 的顶部，位于 0.18c-平面（或对称的 0.32c-平面）。图 8-8(b)展示了有利的 0.18c-平面的偏移剖面。3 条最小能量路径（紫色箭头）可以连接一个 0.06 eV 的小势垒，这意味着如果周围的最小能量位点可用，质子在 0.18c-平面上的扩散几乎没有阻碍。一旦质子沿着 c 轴从 0.18c-平面跳跃到 0.25c-平面，在 0.25c-平面内的迁移几乎是自由的，如图 8-8(c)所示，这个平面上的势垒只有 0.01 eV。然而，质子很难从 0.18c-平面迁移到 0.25c-平面，因为沿 c 轴有 2.9 eV 的大势垒，如图 8-8(d)所示。图 8-8(d)还展示了在有 H_2O 和没有 H_2O 分子的单元中，H 物种的化学势相对于 H_2 沿 c 轴的变化曲线。在中间区域(0.25c-平面)，孤立的 H 原子的化学势比在 H_2 的状态下大得多，并且化合价接近于 0，因此当在该区域遇到两个孤立的 H 原子时，不可避免地会形成 H_2。

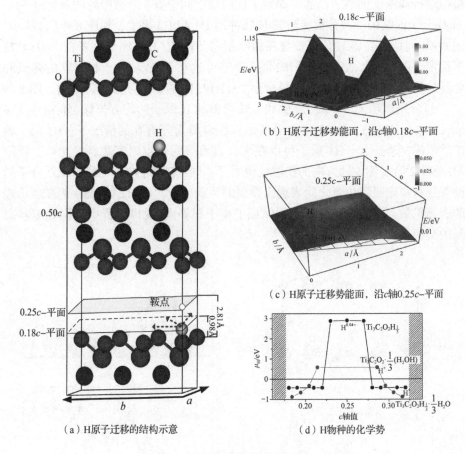

（a）H原子迁移的结构示意

（b）H原子迁移势能面，沿c轴0.18c-平面

（c）H原子迁移势能面，沿c轴0.25c-平面

（d）H物种的化学势

图 8-8　势能面（原图见彩插页图 8-8）

在 H_2O 分子存在的情况下，质子的扩散有显著的不同。H 原子的价态始终保持在+1 状态，说明 H_2O 分子有助于稳定正电荷。在能量最小时，质子的化学势比无 H_2O 单位降低了 0.45 eV。H_2O 将质子稍微提升到 0.19c-平面。与无 H_2O 单元相比，ab 平面内的允许路径没有明显变化。沿 c 轴（从 0.19c-平面到 0.25c-平面）的活化势垒降低到 1.46 eV，这比没有 H_2O 时的 2.9 eV 要低得多。如 AIMD 模拟所证实的，它可以显著增加质子从 0.19c-平面迁移到 0.25c-平面的机会。

8.4　离子扩散分子动力学模拟

我们发现，H 原子也可以吸附在层间空间的两侧，彼此指向，这可以解释为什么在酸性电解质中进行实验的电容比在 KOH 溶液中进行实验的电容更大。为了模拟这种高浓度的质子，我们探索了在层间空间中有 3 个被吸附的 H 原子和一个 H_2O 分子的结构。两种被吸附的 H 物种用 H1 和 H2 表示，如图 8-9（a）所示。如图 8-9（b）所示，将 H 原子放置在相互指向的两边（H1）比只放置在一边（H2）更不稳定。DFT 计算表明，它们的化学势差可达 0.11 eV。由于稳定性的降低和水介导的扩散，如 AIMD 模拟结果所示，H1 和 H2 的扩散分布显著不同。图 8-9（b）~（d）分别展示了沿 c 轴、a 轴和 b 轴投影的 H 原子的均方位移（Mean Square Displacement，MSD）。如图 8-9（b）所示，在 H_2O 分子存在的情况下，H1 沿 c 轴的扩散范围显著扩大。H1 质子可以在水和表面吸附位点之间跳跃。此外，吸附的 H1 和 H2 沿 a 和 b 轴方向的扩散也说明了不同的迁移行为。H1 在 H_2O 分子的辅助下，在稳定吸附位点之间表现出典型的跳跃行为，而 H2 的 MSD 剖面显示连续的表面扩散。水介导的跳跃行为保证了离子在嵌入/脱出过程中不同稳定状态之间的交换。

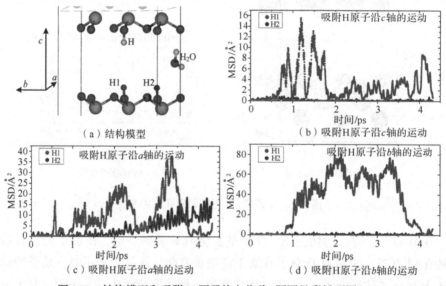

（a）结构模型

（b）吸附 H 原子沿 c 轴的运动

（c）吸附 H 原子沿 a 轴的运动

（d）吸附 H 原子沿 b 轴的运动

图 8-9　结构模型和吸附 H 原子均方位移（原图见彩插页图 8-9）

现在，如图 8-10（a）所示，我们可以把注意力转向有 H_2O 分子和没有 H_2O 分子的 K 离子的扩散。如图 8-10（b）所示，K 离子可以沿 c 轴周期性跳动，这与 DFT 计算中发现的垂直扩散的边际激活势垒一致（见图 8-5）。H_2O 的存在进一步增强了其在不同二维 ab 平面中的扩散。如图 8-10（c）和（d）所示，沿着 a 轴方向和 b 轴方向，我们观察到 K 离子在有 H_2O 和没有 H_2O 的稳定位点之间的表面扩散和偶有跳跃。这些结果证实了 H_2O 的存在可以促进离子在层间空间的三维移动，因为水合离子的活化障碍减少。

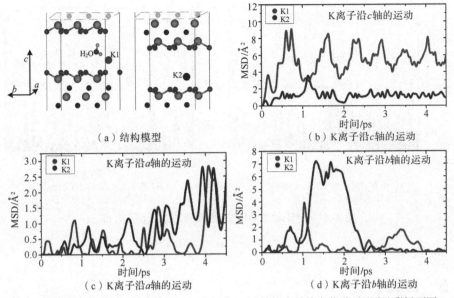

（a）结构模型　　　　　　　　　　　（b）K离子沿c轴的运动

（c）K离子沿a轴的运动　　　　　　　（d）K离子沿b轴的运动

图 8-10　结构模型和吸附 K 离子在含 H₂O 和不含 H₂O 结构中的均方位移（原图见彩插页图 8-10）

　　为便于比较，将 300 K 和 600 K 条件下 H 原子和 K 离子在 c 轴上的 MSD 一起绘制在图 8-11 中。可以根据室温条件从结果中识别主要运动属性，这与从 600 K 条件中获得的特征一致。DFT 计算和 AIMD 仿真的结果可以用来解释实验结果。通过实验，我们发现 H_2SO_4 中的电容高于 KOH 中的电容，并且在高扫描速率下无法很好地维持 H_2SO_4 电解质中样品的典型方形 CV 曲线的电容行为，但是如果电解液变为 KOH 溶液，线型会变得更稳定。这些差异可能归因于质子和 K 离子固有的吸附和扩散过程。K 离子只能位于层间空间的单层结构，而 DFT 计算证实样品的c 轴值不大于 29 Å。如果超过一层，K 的化学势就会是正的，而且不稳定[289]。这种限制不适用于质子。低扫描率使质子经历高浓度的条件。如图 8-9（a）和图 8-6 中所示的配置一样，许多单元可以在夹层空间的相对两侧容纳两个 H，因此像 H1 的情况一样，它们可以在水的帮助下更自由地移动。两层结构对 H_2SO_4 的电容比对 KOH 的高，与实验结果一致。相比之下，高扫描速率只能在单层吸附结构的低浓度条件下触发迁移过程，如图 8-9 中 H2 的情况。因此，由于在高浓度和低浓度下质子的吸附和扩散比其在 KOH 中的差异大，因此在 H_2SO_4 中获得的 CV 曲线的轮廓可以更明显地变形。曲线的变形不是不可避免的。一种策略是增加层间空间的水分含量，以提高插层离子的扩散能力，计算结果证实了这种策略可行。另一种策略是提高样品的电导率。电导率的提高可以直接影响电极中电子的净积累，并提供额外的力帮助离子在层间空间移动。

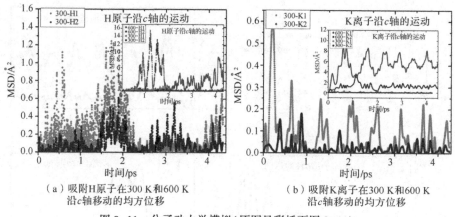

（a）吸附H原子在300 K和600 K
沿c轴移动的均方位移

（b）吸附K离子在300 K和600 K
沿c轴移动的均方位移

图8-11　分子动力学模拟（原图见彩插页图8-11）

8.5　计算结论

我们研究了水合质子和 K 离子在 H_2SO_4 和 KOH 电解质中分层 $Ti_3C_2T_x$ 的层间空间中的扩散行为。离子的扩散过程取决于迁移途径、活化屏障、浓度、H_2O 分子和插层离子的稳定性，导致 CV 测量在低扫描速率和高扫描速率下表现出不同的充放电行为。与 K 离子的三维扩散路径不同，无论 H_2O 分子是否存在，在室温下，低浓度条件下，质子的扩散仅限于 ab 面。H_2O 分子的存在促进了 K 离子和质子的跳跃行为和三维多路径运动。两层占据构型下质子的不同稳定性使得其迁移过程更容易受到扫描速率的影响，从而导致实验中观察到的 CV 曲线发生更明显的变形。这些结果可为优化晶体结构以保持高质量载荷和厚度的材料的电容行为提供指导。

参考文献

[1] KOHN W,SHAM L J. Self-consistent equations including exchange and correlation effects[J]. Physical Review, 1965, 140(4A):A1133-A1138.

[2] MARTIN R M.Electronic structure:basic theory and practical methods[M]. Cambridge:Cambridge university press, 2004.

[3] HOHENBERG P, KOHN W. Inhomogeneous electron gas[J]. Physical Review, 1964, 136(3B): B864-B871.

[4] GUNNARSSON O, LUNDQVIST B. Exchange and correlation in atoms, molecules, and solids by the spin-density-functional formalism[J]. Physical Review B, 1976, 13(10):4274-4298.

[5] OLIVER G, PERDEW J. Spin-density gradient expansion for the kinetic energy[J]. Physical Review A, 1979, 20(2):397-403.

[6] CEPERLEY D M, ALDER B. Ground state of the electron gas by a stochastic method[J]. Physical Review Letter, 1980, 45(7):566-569.

[7] PERDEW J P, ZUNGER A. Self-interaction correction to density-functional approximations for many-electron systems[J]. Physical Review B, 1981, 23(10):5048-5079.

[8] ORTIZ G, BALLONE P. Correlation energy, structure factor, radial distribution function, and momentum distribution of the spin-polarized uniform electron gas[J]. Physical Review B, 1994, 50 (3):1391-1405.

[9] PERDEW J P, BURKE K, ERNZERHOF M. Generalized gradient approximation made simple[J]. Physical Review Letters, 1996, 77(18):3865-3868.

[10] ANISIMOV V I, ARYASETIAWAN F, LICHTENSTEIN A. First-principles calculations of the electronic structure and spectra of strongly correlated systems: the LDA+ U method[J]. Journal of Physics: Condensed Matter, 1997, 9(4):767-808.

[11] JANAK J. Proof that $\frac{\partial E}{\partial n_i} = \varepsilon$ in density-functional theory[J]. Physical Review B, 1978, 18(12): 7165-7168.

[12] DUDAREV S, BOTTON G, SAVRASOV S, et al. Electron-energy-loss spectra and the structural stability of nickel oxide: An LSDA+ U study[J]. Physical Review B, 1998, 57(3): 1505-1509.

[13] COCOCCIONI M, DE GIRONCOLI S. Linear response approach to the calculation of the effective interaction parameters in the LDA+ U method[J]. Physical Review B, 2005, 71(3):035105.

[14] HELLMANN H, KASSATOTSCHKIN W. Metallic binding according to the combined approximation procedure[J]. The Journal of Chemical Physics, 1936, 4(5):324-325.

[15] HAMANN D, SCHLÜTER M, CHIANG C. Norm-conserving pseudopotentials[J]. Physical Review Letters, 1979, 43(20):1494-1497.

[16] FUCHS M, SCHEFFLER M. Ab initio pseudopotentials for electronic structure calculations of poly-atomic systems using density-functional theory[J]. Computer Physics Communications 1999, 119(1):67-98.

[17] KLEINMAN L, BYLANDER D. Efficacious form for model pseudopotentials[J]. Physical Review Letters, 1982, 48(20):1425-1428.

[18] TROULLIER N, MARTINS J L. Efficient pseudopotentials for plane-wave calculations[J]. Physical Review B, 1991, 43(3):1993-2006.

[19] VANDERBILT D. Soft self-consistent pseudopotentials in a generalized eigenvalue formalism[J]. Physical Review B, 1990, 41(11):7892-7895.

[20] BLÖCHL P E. Projector augmented-wave method[J]. Physical Review B, 1994, 50(24): 17953-17979.

[21] KRESSE G, JOUBERT D. From ultrasoft pseudopotentials to the projector augmented-wave method[J]. Physical Review B, 1999, 59(3):1758-1775.

[22] MONKHORST H J, PACK J D. Special points for Brillouin-zone integrations[J]. Physical Review B, 1976, 13(12):5188-5192.

[23] KRESSE G, FURTHMÜLLER J. Efficient iterative schemes for ab initio total-energy calculations using a plane-wave basis set[J]. Physical Review B, 1996, 54(16):11169-11186.

[24] KAXIRAS E. Atomic and electronic structure of solids[M]. Cambridge: Cambridge University Press, 2003.

[25] PAYNE M C, TETER M P, ALLAN D C, et al. Iterative minimization techniques for ab initio total-energy calculations: molecular dynamics and conjugate gradients[J]. Reviews of Modern Physics, 1992, 64(4):1045-1097.

[26] PULAY P. Ab initio calculation of force constants and equilibrium geometries in polyatomic molecules:I. Theory[J]. Molecular Physics, 1969, 17(2):197-204.

[27] Nielsen O, Martin R M. Quantum-mechanical theory of stress and force[J]. Physical Review B, 1985, 32(6):3780-3791.

[28] PFROMMER B G, CÔTÉ M, LOUIE S G, et al. Relaxation of crystals with the quasi-Newton method[J]. Journal of Computational Physics, 1997, 131(1):233-240.

[29] ACKLAND G. Embrittlement and the bistable crystal structure of zirconium hydride[J]. Physical Review Letters, 1998, 80(10):2233-2236.

[30] SEGALL M, PICKARD C, SHAH R, et al. Population analysis in plane wave electronic structure calculations[J]. Molecular Physics, 1996, 89(2):571-577.

[31] FRANK D J, DENNARD R H, NOWAK E, et al. Device scaling limits of Si MOSFETs and their application dependencies[J]. Proceedings of the IEEE 2001, 89 (3):259-288.

[32] IIJIMA S. Helical microtubules of graphitic carbon[J]. Nature, 1991, 354(6348):56-58.

[33] LU W, LIEBER C M. Semiconductor nanowires[J]. Journal of Physics D: Applied Physics, 2006, 39(21): R387-R406.

[34] RAO C, DEEPAK F L, GUNDIAH G, et al. Inorganic nanowires[J]. Progress in Solid State Chemistry, 2003, 31(1):5-147.

[35] SNIDER G S, WILLIAMS R S. Nano/CMOS architectures using a field-programmable nanowire interconnect[J]. Nanotechnology, 2007, 18(3):035204.

[36] XIA Q, ROBINETT W, CUMBIE M W, et al. Memristor-CMOS hybrid integrated circuits for reconfigurable logic[J]. Nano Letters, 2009, 9(10):3640-3645.

[37] CHUEH Y L, KO M T, CHOU L J, et al. TaSi$_2$ nanowires: A potential field emitter and inter-connect[J]. Nano Letters, 2006, 6(8):1637-1644.

[38] CUI Q, GAO F, MUKHERJEE S, et al. Joining and interconnect formation of nanowires and carbon nanotubes for nanoelectronics and nanosystems[J]. Small, 2009, 5(11):1246-1257.

[39] TOMIOKA K, YOSHIMURA M, FUKUI T. A II I-V nanowire channel on silicon for high-performance vertical transistors[J]. Nature, 2012, 488(7410):189-192.

[40] MIAO X, ZHANG C, LI X. Monolithic barrier-all-around high electron mobility transistor with planar GaAs nanowire channel[J]. Nano Letters, 2013, 13(6):2548-2552.

[41] Nasr B, Wang D, Kruk R, et al. Flexible electronics: High-speed, low-voltage, and environmentally stable operation of electrochemically gated zinc oxide nanowire field-effect transistors [J]. Advanced Functional Materials, 2013, 23(14):1729-1729.

[42] LIAO T C, KANG T K, LIN C M, et al. Gate-all-around polycrystalline-silicon thin-film transistors with self-aligned grain-growth nanowire channels[J]. Applied Physics Letters, 2012, 100 (9):093501.

[43] COHEN-KARNI T, CASANOVA D, CAHOON J F, et al. Synthetically encoded ultrashort-channel nanowire transistors for fast, pointlike cellular signal detection[J]. Nano Letters, 2012, 12 (5):2639-2644.

[44] WESSELY F, KRAUSS T, SCHWALKE U. Virtually dopant-free CMOS: Midgap Schottky-barrier nanowire field-effect-transistors for high temperature applications[J]. Solid-State Electronics, 2012, 74:91-96.

[45] PATOLSKY F, LIEBER C M. Nanowire nanosensors[J]. Materials Today, 2005, 8(4):20-28.

[46] ZHENG G, PATOLSKY F, CUI Y, et al. Multiplexed electrical detection of cancer markers with nanowire sensor arrays[J]. Nature biotechnology, 2005, 23(10):1294-1301.

[47] CVELBAR U, OSTRIKOV K K, DRENIK A, et al. Nanowire sensor response to reactive gas environment[J]. Applied Physics Letters, 2008, 92(13):133505.

[48] TIAN B, ZHENG X, KEMPA T J, et al. Coaxial silicon nanowires as solar cells and nanoelectronic power sources[J]. Nature, 2007, 449(7164):885-889.

[49] GARNETT E C, YANG P. Silicon nanowire radial p-n junction solar cells[J]. Journal of the American Chemical Society, 2008, 130(29):9224-9225.

［50］TSAKALAKOS L, BALCH J, FRONHEISER J, et al. Silicon nanowire solar cells［J］. Applied Physics Letters, 2007, 91: 233117.

［51］BRISENO A L, MANNSFELD S C, REESE C, et al. Perylenediimide nanowires and their use in fabricating field-effect transistors and complementary inverters［J］. Nano Letters, 2007, 7(9): 2847-2853.

［52］ZHONG Z, QIAN F, WANG D, et al. Synthesis of p-type gallium nitride nanowires for electronic and photonic nanodevices［J］. Nano Letters, 2003, 3(3):343-346.

［53］BAO J, ZIMMLER M A, CAPASSO F, et al. Broadband ZnO single-nanowire light-emitting diode［J］. Nano Letters, 2006, 6(8):1719-1722.

［54］COLINGE J P, LEE C W, AFZALIAN A, et al. Nanowire transistors without junctions［J］. Nature Nanotechnology, 2010, 5(3):225-229.

［55］HUANG Y, DUAN X, CUI Y, et al. Logic gates and computation from assembled nanowire building blocks［J］. Science, 2001, 294 (5545):1313-1317.

［56］HYUN J K, ZHANG S, LAUHON L J. Nanowire heterostructures［J］. Annual Review of Materials Research, 2013, 43(1):451-479.

［57］WAGER J F. Transparent electronics［J］. Science, 2003, 300(5623):1245-1246.

［58］NOMURA K, OHTA H, UEDA K, et al. Thin-film transistor fabricated in single-crystalline transparent oxide semiconductor［J］. Science, 2003, 300(5623):1269-1272.

［59］KIM M, JEONG J H, LEE H J. et al. High mobility bottom gate InGaZnO thin film transistors with SiO_x etch stopper［J］. Applied Physics Letters, 2007, 90(21):212114.

［60］ISOBE S, TANI T, MASUDA Y, et al. Thermoelectric performance of yttrium-substituted $(ZnO)_5In_2O_3$ improved through ceramic texturing［J］. Japanese Journal of Applied Physics, 2002, 41(2R): 731-732.

［61］MALOCHKIN O, SEO W S, KOUMOTO K. Thermoelectric properties of $(ZnO)_5In_2O_3$ single crystal grown by a flux method［J］. Japanese Journal of Applied Physics, 2004, 43(2A): L194-L196.

［62］KAGA H, ASAHI R, TANI T. Thermoelectric properties of highly textured Ca-doped $(ZnO)_mIn_2O_3$ ceramics［J］. Japanese Journal of Applied Physics, 2004, 43(10R):7133-7136.

［63］HOPPER E M, ZHU Q, SONG J H, et al. Electronic and thermoelectric analysis of phases in the $In_2O_3(ZnO)_k$ system［J］. Journal of Applied Physics, 2011, 109(1):013713.

［64］PARK J S, KIM T W, STRYAKHILEV D, et al. Flexible full color organic light-emitting diode display on polyimide plastic substrate driven by amorphous indium gallium zinc oxide thin-film transistors［J］. Applied Physics Letters, 2009, 95(1):013503.

［65］NA C W, BAE S Y, PARK J. Short-period superlattice structure of Sn-doped $In_2O_3(ZnO)_4$ and $In_2O_3(ZnO)_5$ nanowires［J］. The Journal of Physical Chemistry B, 2005, 109 (26): 12785-12790.

［66］ALEMÁN B, FERNÁNDEZ P, PIQUERAS J. Indium-zinc-oxide nanobelts with superlattice structure[J]. Applied Physics Letters, 2009, 95(1):013111.

[67] LI D P, WANG G Z, YANG Q H, et al. Synthesis and photoluminescence of $InGaO_3(ZnO)_m$ nanowires with perfect superlattice structure[J]. The Journal of Physical Chemistry C, 2009, 113(52): 21512-21515.

[68] ZHANG X, LU H, GAO H, et al. Crystal structure of $In_2O_3(ZnO)_m$ superlattice wires and their photoluminescence properties[J]. Crystal Growth and Design, 2008, 9(1):364-367.

[69] ZHANG J, LANG Y, CHU Z, et al. Synthesis and transport properties of Si-doped $In_2O_3(ZnO)_3$ superlattice nanobelts[J]. CrystEngComm, 2011, 13(10):3569-3572.

[70] HUANG D, WU L, ZHANG X. Size-Dependent $InAlO_3(ZnO)_m$ Nanowires with a Perfect Super-lattice Structure[J]. The Journal of Physical Chemistry C, 2010, 114(27):11783-11786.

[71] WU L, ZHANG X, WANG Z, et al. Synthesis and optical properties of ZnO nanowires with a modulated structure[J]. Journal of Physics D: Applied Physics, 2008, 41(19):195406.

[72] NIU B, WU L, ZHANG X. Low-temperature synthesis and characterization of unique hierarchi-cal $In_2O_3(ZnO)_{10}$ superlattice nanostructures[J]. CrystEngComm, 2010, 12(10): 3305-3309.

[73] WU L, LIU F, CHU Z, et al. High-yield synthesis of $In_{2-x}Ga_xO_3(ZnO)_3$ nanobelts with a planar superlattice structure[J]. CrystEngComm, 2010, 12(7):2047-2050.

[74] WU L, LI Q, ZHANG X, et al. Enhanced field emission performance of Ga-doped $In_2O_3(ZnO)_3$ superlattice nanobelts[J]. The Journal of Physical Chemistry C, 2011, 115(50):24564-24568.

[75] WU L, LIANG Y, LIU F, et al. Preparation of $ZnO/In_2O_3(ZnO)_n$ heterostructure nanobelts[J]. CrystEngComm, 2010, 12(12):4152-4155.

[76] KASPER H. Neuartige phasen mit wurtzitähnlichen strukturen im system $ZnO-In_2O_3$ [J]. Zeitschrift für anorganische und allgemeine Chemie, 1967, 349(3-4):113-123.

[77] KIMIZUKA N, ISOBE M, NAKAMURA M. Syntheses and single-crystal data of homologous compounds, $In_2O_3(ZnO)_m(m=3, 4,$ and 5): $InGaO_3(ZnO)_3$, and $Ga_2O_3(ZnO)_m(m=7, 8, 9,$ and 16) in the $In_2O_3-ZnGa_2O_4-ZnO$ system[J]. Journal of Solid State Chemistry, 1995, 116(1): 170-178.

[78] UCHIDA N, BANDO Y, NAKAMURA M, et al. High-resolution electron microscopy of homologous compounds $InFeO_3(ZnO)_m$[J]. Journal of Electron Microscopy, 1994, 43(3):146-150.

[79] LI C, BANDO Y, NAKAMURA M, et al. A modulated structure of $In_2O_3(ZnO)_m$ as revealed by high-resolution electron microscopy [J]. Journal of Electron Microscopy, 1997, 46(2): 119-127.

[80] HIRAMATSU H, SEO W S, KOUMOTO K. Electrical and optical properties of radio-frequency-sputtered thin films of $(ZnO)_5In_2O_3$[J]. Chemistry of Materials, 1998, 10(10):3033-3039.

[81] NOMURA K, KAMIYA T, OHTA H, et al. Carrier transport in transparent oxide semiconductor with intrinsic structural randomness probed using single-crystalline $InGaO_3(ZnO)_5$ films[J]. Applied Physics Letters, 2004, 85(11):1993-1995.

[82] YOSHIOKA S, TOYOURA K, OBA F, et al. First-principles investigation of $R_2O_3(ZnO)_3(R=Al,$

Ga, and In) in homologous series of compounds[J]. Journal of Solid State Chemistry, 2008, 181(1):137-142.

[83] DA SILVA J L, YAN Y, WEI S H. Rules of structure formation for the homologous InMO$_3$ (ZnO)$_n$ Compounds[J]. Physical Review Letter, 2008, 100(25):255501.

[84] WALSH A, DA SILVA J L, YAN Y, et al. Origin of electronic and optical trends in ternary In$_2$O$_3$(ZnO)$_n$ transparent conducting oxides (n=1, 3, 5): Hybrid density functional theory calculations[J]. Physical Review B 2009, 79(7):073105.

[85] PENG H, SONG J H, HOPPER E M, et al. Possible n-type carrier sources in In$_2$O$_3$(ZnO)$_k$ [J]. Chemistry of Materials, 2012, 24(1):106-114.

[86] GOLDSTEIN A P, ANDREWS S C, BERGER R F, et al. Zigzag inversion domain boundaries in indium zinc oxide-based nanowires: Structure and formation[J]. ACS nano, 2013, 7(12): 10747-10751.

[87] HOEL C A, MASON T O, GAILLARD J F, et al. Transparent conducting oxides in the ZnO-In$_2$O$_3$-SnO$_2$ system[J]. Chemistry of Materials, 2010, 22(12):3569-3579.

[88] CANNARD P, TILLEY R. New intergrowth phases in the ZnO-In$_2$O$_3$ system[J]. Journal of Solid State Chemistry, 1988, 73(2):418-426.

[89] LI C, BANDO Y, NAKAMURA M, et al. Modulated structures of homologous compounds InMO$_3$(ZnO)$_m$ (M=In, Ga; m=Integer) described by four-dimensional superspace group[J]. Journal of Solid State Chemistry, 1998, 139(2):347-355.

[90] LI C, BANDO Y, NAKAMURA M, et al. Relation between In ion ordering and crystal structure variation in homologous compounds InMO$_3$(ZnO)$_m$(M= Al and In; m= integer)[J]. Micron, 2000, 31(5):543-550.

[91] SCHINZER C, HEYD F F, MATAR S. Zn$_3$In$_2$O$_6$-crystallographic and electronic structure[J]. Journal of Materials Chemistry, 1999, 9(7):1569-1573.

[92] MORIGA T, EDWARDS D D, MASON T O, et al. Phase relationships and physical properties of homologous compounds in the zinc oxide-indium oxide system[J]. Journal of the American Ceramic Society, 1998, 81(5):1310-1316.

[93] MINAMI T, SONOHARA H, KAKUMU T, et al. Highly transparent and conductive Zn$_2$In$_2$O$_5$ thin films prepared by RF magnetron sputtering[J]. Japanese Journal of Applied Physics, 1995, 34(8A):L971-L974.

[94] BURSTEIN E. Anomalous optical absorption limit in InSb[J]. Physical Review, 1954, 93(3): 632-633.

[95] BÉRARDAN D, GUILMEAU E, MAIGNAN A, et al. Ge, a promising n-type thermoelectric oxide composite[J]. Solid State Communications, 2008, 146(1):97-101.

[96] OHTAKI M, TSUBOTA T, EGUCHI K, et al. High-temperature thermoelectric properties of (Zn$_{1-x}$Al$_x$) O[J]. Journal of Applied Physics, 1996, 79(3):1816-1818.

[97] YAN Y, DA SILVA J L, WEI S H, et al. Atomic structure of In$_2$O$_3$-ZnO systems[J]. Applied

Physics Letters, 2007, 90(26):261904.

[98] ÁGOSTON P, ALBE K, NIEMINEN R M, et al. Intrinsic n-type behavior in transparent conducting oxides: A comparative hybrid-functional study of In_2O_3, SnO_2, and ZnO[J]. Physical Review Letters, 2009, 103(24):245501.

[99] FREYSOLDT C, GRABOWSKI B, HICKEL T, et al. First-principles calculations for point defects in solids[J]. Reviews of Modern Physics, 2014, 86(1): 253-305.

[100] CHU S, CUI Y, LIU N. The path towards sustainable energy[J]. Nature Materials, 2016, 16(1): 16-22.

[101] GREY C P, TARASCON J M. Sustainability and in situ monitoring in battery development[J]. Nature Materials, 2016, 16(1):45-56.

[102] SALANNE M, ROTENBERG B, NAOI K, et al. Efficient storage mechanisms for building better supercapacitors[J]. Nature Energy, 2016, 1(6):16070.

[103] AUGUSTYN V, COME J, LOWE M A, et al. High-rate electrochemical energy storage through Li^+ intercalation pseudocapacitance[J]. Nature Materials, 2013, 12(6):518-522.

[104] CHEN D, WANG J H, CHOU T F, et al. Unraveling the nature of anomalously fast energy storage in $T-Nb_2O_5$[J]. Journal of the American Chemical Society, 2017, 139(20):7071-7081.

[105] GENG X, ZHANG Y, HAN Y, et al. Two-dimensional water-coupled metallic MoS_2 with nanochannels for ultrafast supercapacitors[J]. Nano Letters, 2017, 17(3):1825-1832.

[106] OH S H, NAZAR L F. Direct synthesis of electroactive mesoporous hydrous crystalline RuO_2 templated by a cationic surfactant [J]. Journal of Materials Chemistry, 2010, 20(19): 3834-3839.

[107] BUTLER S Z, HOLLEN S M, CAO L, et al. Progress, challenges, and opportunities in two-dimensional materials beyond graphene[J]. ACS nano, 2013, 7(4):2898-2926.

[108] YOO E, KIM J, HOSONO E, et al. Large reversible Li storage of graphene nanosheet families for use in rechargeable lithium ion batteries[J]. Nano Letters, 2008, 8(8):2277-2282.

[109] XIAO J, CHOI D, COSIMBESCU L, et al. Exfoliated MoS_2 nanocomposite as an anode material for lithium ion batteries[J]. Chemistry of Materials, 2010, 22(16):4522-4524.

[110] LUKATSKAYA M R, MASHTALIR O, REN C E, et al. Cation intercalation and high volumetric capacitance of two-dimensional titanium carbide[J]. Science, 2013, 341(6153):1502-1505.

[111] GHIDIU M, LUKATSKAYA M R, ZHAO M Q, et al. Conductive two-dimensional titanium carbide 'clay' with high volumetric capacitance[J]. Nature, 2014, 516(7529):78-81.

[112] ANASORI B, LUKATSKAYA M R, GOGOTSI Y. 2D metal carbides and nitrides (MXenes) for energy storage[J]. Nature Reviews Materials, 2017, 2:16098.

[113] SHAO M, SHAO Y, CHAI J, et al. Synergistic effect of 2D Ti_2C and $g-C_3N_4$ for efficient photocatalytic hydrogen production [J]. Journal of Materials Chemistry A, 2017, 5(32): 16748-16756.

[114] PAN H. Ultra-high electrochemical catalytic activity of MXenes[J]. Scientific Reports, 2016,

6:32531.

[115] CHEN W, LI H F, SHI X, et al. Tension-tailored electronic and magnetic switching of 2D Ti_2NO_2[J]. The Journal of Physical Chemistry C, 2017, 121(46):25729-25735.

[116] SHAO Y, SHI X, PAN H. Electronic, magnetic, and catalytic properties of thermodynamically stable two-dimensional transition-metal phosphides[J]. Chemistry of Materials, 2017, 29(20): 8892-8900.

[117] SHAO Y, ZHANG F, SHI X, et al. N-functionalized MXenes: ultrahigh carrier mobility and multifunctional properties [J]. Physical Chemistry Chemical Physics 2017, 19 (42): 28710-28717.

[118] NAGUIB M, KURTOGLU M, PRESSER V, et al. Two-dimensional nanocrystals produced by exfoliation of Ti_3AlC_2[J]. Advanced Materials, 2011, 23(37):4248-4253.

[119] TANG Q, ZHOU Z, SHEN P. Are MXenes promising anode materials for Li ion batteries? Computational studies on electronic properties and Li storage capability of Ti_3C_2 and $Ti_3C_2X_2$(X=F, OH) monolayer [J]. Journal of the American Chemical Society, 2012, 134 (40): 16909-16916.

[120] EKLUND P, BECKERS M, JANSSON U, et al. The $M_{n+1}AX_n$ phases: Materials science and thin-film processing[J]. Thin Solid Films, 2010, 518(8):1851-1878.

[121] NAGUIB M, MOCHALIN V N, BARSOUM M W, et al. 25th anniversary article: MXenes: A new family of two-dimensional materials[J]. Advanced Materials, 2014, 26(7):992-1005.

[122] NAGUIB M, HALIM J, LU J, et al. New two-dimensional niobium and vanadium carbides as promising materials for Li-ion batteries[J]. Journal of the American Chemical Society, 2013, 135(43):15966-15969.

[123] ER D, LI J, NAGUIB M, et al. Ti_3C_2 MXene as a high capacity electrode material for metal (Li, Na, K, Ca) ion batteries[J]. ACS Applied Materials & Interfaces, 2014, 6(14): 11173-11179.

[124] WANG X, KAJIYAMA S, IINUMA H, et al. Pseudocapacitance of MXene nanosheets for high-power sodium-ion hybrid capacitors[J]. Nature communications, 2015, 6:6544.

[125] PENG Q, GUO J, ZHANG Q, et al. Unique lead adsorption behavior of activated hydroxyl group in two-dimensional titanium carbide[J]. Journal of the American Chemical Society, 2014, 136(11):4113-4116.

[126] MASHTALIR O, COOK K M, MOCHALIN V N, et al. Dye adsorption and decomposition on two-dimensional titanium carbide in aqueous media[J]. Journal of Materials Chemistry A, 2014, 2(35):14334-14338.

[127] MASHTALIR O, NAGUIB M, MOCHALIN V N, et al. Intercalation and delamination of layered carbides and carbonitrides[J]. Nature communications, 2013, 4:1716.

[128] WANG Y, YANG X, PANDOLFO A G, et al. High-rate and high-volumetric capacitance of compact graphene - polyaniline hydrogel electrodes [j]. advanced energy materials, 2016,

6(11):1600185.

[129] HALIM J, KOTA S, LUKATSKAYA M R, et al. Synthesis and characterization of 2D molybdenum carbide (MXene)[J]. Advanced Functional Materials, 2016, 26(18):3118–3127.

[130] XIE Y, NAGUIB M, MOCHALIN V N, et al. Role of surface structure on Li–ion energy storage capacity of two–dimensional transition–metal carbides[J]. Journal of the American Chemical Society, 2014, 136(17):6385–6394.

[131] WANG X, SHEN X, GAO Y, et al. Atomic–scale recognition of surface structure and intercalation mechanism of Ti_3C_2X[J]. Journal of the American Chemical Society, 2015, 137(7): 2715–2721.

[132] HALIM J, COOK K M, NAGUIB M, et al. X–ray photoelectron spectroscopy of select multilayered transition metal carbides (MXenes)[J]. Applied Surface Science, 2016, 362:406–417.

[133] SHI C, BEIDAGHI M, NAGUIB M, et al. Structure of nanocrystalline Ti_3C_2 MXene using atomic pair distribution function[J]. Physical Review Letters, 2014, 112(12):125501.

[134] HOPE M A, FORSE A C, GRIFFITH K J, et al. NMR reveals the surface functionalisation of Ti_3C_2 MXene[J]. Physical Chemistry Chemical Physics, 2016, 18(7):5099–5102.

[135] SHEIN I R, IVANOVSKII A L. Graphene–like titanium carbides and nitrides $Ti_{n+1}C_n$, $Ti_{n+1}N_n$ ($n = 1, 2$, and 3) from de–intercalated MAX phases: First–principles probing of their structural, electronic properties and relative stability[J]. Computational Materials Science, 2012, 65:104–114.

[136] BOOTA M, ANASORI B, VOIGT C, et al. Pseudocapacitive electrodes produced by oxidant–free polymerization of pyrrole between the layers of 2d titanium carbide (MXene)[J]. Advanced Materials, 2015, 28(7): 1517–1522.

[137] KHAZAEI M, ARAI M, SASAKI T, et al. Novel electronic and magnetic properties of two–dimensional transition metal carbides and nitrides[J]. Advanced Functional Materials, 2013, 23(17):2185–2192.

[138] XIE Y, KENT P. Hybrid density functional study of structural and electronic properties of functionalized $Ti_{n+1}X_n(X=C, N)$ monolayers. Physical Review B, 2013, 87(23):235441.

[139] CHARLIER J C, BLASE X, ROCHE S. Electronic and transport properties of nanotubes[J]. Reviews of Modern Physics, 2007, 79(2):677.

[140] DRUMMOND T J, MASSELINK W T, MORKOC H. Modulation–doped GaAs/(Al, Ga) As heterojunction field–effect transistors: MODFETs[J]. Proceedings of the IEEE, 1986, 74(6): 773–822.

[141] MELLOCH M R. Molecular beam epitaxy for high electron mobility modulation–doped two–dimensional electron gases[J]. Thin Solid Films, 1993, 231(1):74–85.

[142] VAN WEES B, KOUWENHOVEN L, VAN HOUTEN H, et al. Quantized conductance of magnetoelectric subbands in ballistic point contacts[J]. Physical Review B, 1988, 38(5):3625.

[143] WHARAM D, THORNTON T, NEWBURY R, et al. One–dimensional transport and the quan-

tisation of the ballistic resistance[J]. Journal of Physics C: Solid State Shysics, 1988, 21(8): L209-L214.

[144] ANDO T, FOWLER A B, STERN F. Electronic properties of two-dimensional systems[J]. Reviews of Modern Physics, 1982, 54:437-672.

[145] KUBO R. The fluctuation-dissipation theorem[J]. Reports on Progress in Physics, 1966, 29(1): 255.

[146] BÜTTIKER M. IMRY Y, LANDAUER R, et al. Generalized many-channel conductance formula with application to small rings[J]. Physical Review B, 1985, 31(10):6207.

[147] BEENAKKER C, VAN HOUTEN H. Quantum transport in semiconductor nanostructures[J]. Solid State Physics, 1991, 44:1-228.

[148] CHOI H J, IHM J. Ab initio pseudopotential method for the calculation of conductance in quantum wires[J]. Physical Review B, 1999, 59(3):2267.

[149] BRANDBYGE M, MOZOS J L, ORDEJÓN P, et al. Density-functional method for nonequilibrium electron transport[J]. Physical Review B, 2002, 65(16):165401.

[150] TAYLOR J, GUO H, WANG J. Ab initio modeling of quantum transport properties of molecular electronic devices[J]. Physical Review B, 2001, 63(24):245407.

[151] KIM W Y, KIM K S. Carbon nanotube, graphene, nanowire, and molecule-based electron and spin transport phenomena using the nonequilibrium Green's function method at the level of first principles theory[J]. Journal of Computational Chemistry, 2008, 29(7):1073-1083.

[152] CHEN J, THYGESEN K S, JACOBSEN K W. Ab initio nonequilibrium quantum transport and forces with the real-space projector augmented wave method[J]. Physical Review B, 2012, 85(15):155140.

[153] OZAKI T, NISHIO K, KINO H. Efficient implementation of the nonequilibrium Green function method for electronic transport calculations[J]. Physical Review B, 2010, 81(3):035116.

[154] YANG Z, WAN L, YU Y, et al. Electron transport through Al-ZnO-Al: An ab initio calculation [J]. Journal of Applied Physics, 2010, 108(3): 033704.

[155] ANDERSON P W. Absence of diffusion in certain random lattices[J]. Physical Review, 1958, 109 (5): 1492-1505.

[156] VOIT J. One-dimensional Fermi liquids[J]. Reports on Progress in Physics, 1995, 58(9): 977-1116.

[157] ZHANG Z Y, JIN C H, LIANG X L, et al. Current-voltage characteristics and parameter retrieval of semiconducting nanowires[J]. Applied Physics Letters, 2006, 88(7):073102.

[158] ZHANG Z, YAO K, LIU Y, et al. Quantitative analysis of current-voltage characteristics of semiconducting nanowires: Decoupling of contact effects[J]. Advanced Functional Materials, 2007, 17(14):2478-2489.

[159] PAN H. Electronic properties and lithium storage capacities of two-dimensional transition-metal nitride monolayers[J]. Journal of Materials Chemistry A, 2015, 3(43):21486-21493.

[160] OSTI N C, NAGUIB M, OSTADHOSSEIN A, et al. Effect of metal ion intercalation on the structure of MXene and water dynamics on its internal surfaces[J]. ACS Applied Materials & Interfaces, 2016, 8(14):8859-8863.

[161] ENYASHIN A N, IVANOVSKII A L. Two-dimensional titanium carbonitrides and their hydroxylated derivatives: Structural, electronic properties and stability of MXenes $Ti_3C_{2-x}N_x(OH)_2$ from DFTB calculations[J]. Journal of Solid State Chemistry, 2013, 207:42-48.

[162] KHAZAEI M, RANJBAR A, GHORBANI-ASL M, et al. Nearly free electron states in MXenes [J]. Physical Review B, 2016, 93(20):205125.

[163] HONG L, KLIE R F, ÖĞÜT S. First-principles study of size- and edge-dependent properties of MXene nanoribbons[J]. Physical Review B, 2016, 93(11):115412.

[164] MAGNE D, MAUCHAMP V, CELERIER S, et al. Site-projected electronic structure of two-dimensional Ti_3C_2 MXene: the role of the surface functionalization groups[J]. Physical Chemistry Chemical Physics, 2016, 18(45):30946-30953.

[165] WANG H W, NAGUIB M, PAGE K, et al. Resolving the structure of $Ti_3C_2T_x$ MXenes through multilevel structural modeling of the atomic pair distribution function[J]. Chemistry of Materials 2016, 28(1):349-359.

[166] KARLSSON L H, BIRCH J, HALIM J, et al. Atomically resolved structural and chemical investigation of single MXene sheets[J]. Nano Letters, 2015, 15(8):4955-4960.

[167] CUSKELLY D, RICHARDS E, KISI E. MAX phase-alumina composites via elemental and exchange reactions in the $Ti_{n+1}AC_n$ systems (A = Al, Si, Ga, Ge, In and Sn)[J]. Journal of Solid State Chemistry, 2016, 237:48-56.

[168] CUSKELLY D T, RICHARDS E R, KISI E H, et al. Ti_3GaC_2 and Ti_3InC_2: First bulk synthesis, DFT stability calculations and structural systematics[J]. Journal of Solid State Chemistry, 2015, 230:418-425.

[169] BARSOUM M W. The $M_{N+1}AX_N$ phases: a new class of solids: thermodynamically stable nanolaminates[J]. Progress in Solid State Chemistry, 2000, 28(1):201-281.

[170] KEAST V, HARRIS S, SMITH D. Prediction of the stability of the $M_{n+1}AX_n$ phases from first principles[J]. Physical Review B, 2009, 80(21):214113.

[171] NAGUIB M, GOGOTSI Y. Synthesis of two-dimensional materials by selective extraction[J]. Accounts of Chemical Research, 2014, 48(1):128-135.

[172] XIE Y, DALL'AGNESE Y, NAGUIB M, et al. Prediction and characterization of MXene nanosheet anodes for non-lithium-ion batteries[J]. ACS nano, 2014, 8(9):9606-9615.

[173] EAMES C, ISLAM M S. Ion intercalation into two-dimensional transition-metal carbides: Global screening for new high-capacity battery materials[J]. Journal of the American Chemical Society, 2014, 136(46):16270-16276.

[174] ZHAO S, KANG W, XUE J. Role of strain and concentration on the Li adsorption and diffusion properties on Ti_2C layer [J]. The Journal of Physical Chemistry C, 2014, 118 (27):

14983-14990.

[175] YU Y X. Prediction of mobility, enhanced storage capacity, and volume change during sodiation on interlayer-expanded functionalized Ti_3C_2 MXene anode materials for sodium-ion batteries[J]. The Journal of Physical Chemistry C, 2016, 120(10):5288-5296.

[176] TOUPIN M, BROUSSE T, BÉLANGER D. Charge storage mechanism of MnO_2 electrode used in aqueous electrochemical capacitor[J]. Chemistry of Materials, 2004, 16(16):3184-3190.

[177] LUKATSKAYA M R, BAK S M, YU X, et al. Probing the mechanism of high capacitance in 2D titanium carbide using in situ X-Ray absorption spectroscopy[J]. Advanced Energy Materials, 2015, 5(15):1500589.

[178] XIA Y, MATHIS T S, ZHAO M Q, et al. Thickness-independent capacitance of vertically aligned liquid-crystalline MXenes[J]. Nature, 2018, 557(7705):409-412.

[179] MINAMI T, KAKUMU T, TAKEDA Y, et al. Highly transparent and conductive $ZnO-In_2O_3$ thin films prepared by dc magnetron sputtering[J]. Thin Solid Films, 1996, 290:1-5.

[180] MINAMI T, KAKUMU T, TAKATA S. Preparation of transparent and conductive In_2O_3-ZnO films by radio frequency magnetron sputtering[J]. Journal of Vacuum Science & Technology A, 1996, 14(3):1704-1708.

[181] OHTA H, SEO W S, KOUMOTO K. Thermoelectric properties of homologous compounds in the $ZnO-In_2O_3$ system[J]. Journal of the American Ceramic Society, 1996, 79(8):2193-2196.

[182] HIRAMATSU H, OHTA H, WON-SEON S, et al. Thermoelectric properties of $(ZnO)_5In_2O_3$ thin films prepared by r. f. sputtering method[J]. Journal of the Japan Society of Powder and Powder Metallurgy, 1997, 44(1):44-49.

[183] KAZEOKA M, HIRAMATSU H, SEO W S, et al. Improvement in thermoelectric properties of $(ZnO)_5In_2O_3$ through partial substitution of yttrium for indium [J]. Journal of Materials Research, 1998, 13 (03):523-526.

[184] MASUDA Y, OHTA M, SEO W S, et al. Structure and thermoelectric transport properties of isoelectronically substituted $(ZnO)_5In_2O_3$[J]. Journal of Solid State Chemistry, 2000, 150(1):221-227.

[185] OHASHI N, SAKAGUCHI I, HISHITA S, et al. Crystallinity of $In_2O_3(ZnO)_5$ films by epitaxial growth with a self-buffer-layer[J]. Journal of Applied Physics, 2002, 92(5):2378-2384.

[186] OHTA H, NOMURA K, ORITA M, et al. Single-crystalline films of the homologous series $InGaO_3(ZnO)_m$ grown by reactive solid-phase epitaxy[J]. Advanced Functional Materials, 2003, 13(2):139-144.

[187] OHTA H, NOMURA K, HIRAMATSU H, et al. Frontier of transparent oxide semiconductors [J]. Solid-State Electronics, 2003, 47(12):2261-2267.

[188] KIMIZUKA N, TAKAYAMA E. Ln ($Fe^{3+}M^{2+}$) O_4 Compounds with Layer Structure [Ln: Y, Er, Tm, Yb, and Lu, M: Mg, Mn, Co, Cu, and Zn][J]. Journal of Solid State Chemistry, 1981, 40(1):109-116.

[189] ISOBE M, KIMIZUKA N, NAKAMURA M, et al. Structures of $LuFeO_3(ZnO)_m$ ($m=$ 1, 4, 5 and 6) [J]. Acta Crystallographica Section C: Crystal Structure Communications, 1994, 50(3): 332-336.

[190] SEGALL M, LINDAN P J, PROBERT M, et al. First – principles simulation: ideas, illustrations and the CASTEP code[J]. Journal of Physics: Condensed Matter, 2002, 14(11): 2717-2744.

[191] KRESSE G, FURTHMÜLLER J. Efficiency of ab–initio total energy calculations for metals and semiconductors using a plane–wave basis set[J]. Computational Materials Science, 1996, 6(1): 15-50.

[192] KIRKLAND E J. Advanced computing in electron microscopy[M]. Boston: Springer Science & Business Media, 2010.

[193] SEKO A, YUGE K, OBA F, et al. Prediction of ground–state structures and order–disorder phase transitions in II–III spinel oxides: A combined cluster–expansion method and first–principles study[J]. Physical Review B, 2006, 73(18):184117.

[194] SHANNON R D. Revised effective ionic radii and systematic studies of interatomic distances in halides and chalcogenides[J]. Acta Crystallographica Section A, 1976, 32(5):751-767.

[195] LI C, BANDO Y, NAKAMURA M, et al. antiphase modulated structure of $Fe_2O_3(ZnO)_{15}$ studied by high–resolution electron microscopy[J]. Journal of Solid State Chemistry, 1999, 142 (1):174-179.

[196] HARTNAGEL H, DAWAR A, JAIN A, et al. Semiconducting transparent thin films[M]. Bristol: Institute of Physics Pub, 1995.

[197] KILIÇ Ç, ZUNGER A. Origins of coexistence of conductivity and transparency in SnO_2 [J]. Physical Review Letters, 2002, 88(9):095501.

[198] GORDON R G. Criteria for choosing transparent conductors[J]. MRS Bulletin, 2000, 25(08): 52-57.

[199] COUTTS T J, YOUNG D L, LI X. Characterization of transparent conducting oxides[J]. MRS Bulletin, 2000, 25(8):58-65.

[200] CHOPRA K, MAJOR S, PANDYA D. Transparent conductors—a status review[J]. Thin Solid Films, 1983, 102(1):1-46.

[201] WAGER J F, YEH B, HOFFMAN R L, et al. An amorphous oxide semiconductor thin–film transistor route to oxide electronics[J]. Current Opinion in Solid State and Materials Science, 2014, 18(2):53-61.

[202] FARRELL L, FLEISCHER K, CAFFREY D, et al. Conducting mechanism in the epitaxial p–type transparent conducting oxide Cr_2O_3: Mg[J]. Physical Review B, 2015, 91(12):125202.

[203] KIM A, WON Y, WOO K, et al. All–solution–processed indium–free transparent composite electrodes based on Ag nanowire and metal oxide for thin–film solar cells[J]. Advanced Functional Materials, 2014, 24(17):2462-2471.

[204] MINAMI T. Transparent conducting oxide semiconductors for transparent electrodes[J]. Semiconductor Science and Technology, 2005, 20(4):S35-S44.

[205] BEL HADJ TAHAR R, BAN T, OHYA Y, et al. Tin doped indium oxide thin films: Electrical properties[J]. Journal of Applied Physics, 1998, 83(5):2631-2645.

[206] CALNAN S, TIWARI A N. High mobility transparent conducting oxides for thin film solar cells [J]. Thin Solid Films, 2010, 518(7):1839-1849.

[207] OLIVER B. Indium oxide—a transparent, wide-band gap semiconductor for (opto)electronic applications[J]. Semiconductor Science and Technology, 2015, 30(2):024001.

[208] RAVICHANDRAN K, ANANDHI R, KARTHIKA K, et al. Effect of annealing on the transparent conducting properties of fluorine doped zinc oxide and tin oxide thin films – A comparative study [J]. Superlattices and Microstructures, 2015, 83:121-130.

[209] YEH T C, ZHU Q, BUCHHOLZ D B, et al. Amorphous transparent conducting oxides in context: Work function survey, trends, and facile modification[J]. Applied Surface Science, 2015, 330:405-410.

[210] PEELAERS H, STEIAUF D, VARLEY J B, et al. $(In_xGa_{1-x})_2O_3$ alloys for transparent electronics[J]. Physical Review B, 2015, 92(8): 085206.

[211] SATOSHI I, THANG DUY D, KAI C, et al. Transparent oxides forming conductor/insulator/conductor heterojunctions for photodetection[J]. Nanotechnology, 2015, 26(21):215203.

[212] CATELLANI A, RUINI A, CALZOLARI A. Optoelectronic properties and color chemistry of native point defects in Al:ZnO transparent conductive oxide[J]. Journal of Materials Chemistry C, 2015, 3(32):8419-8424.

[213] GRISOLIA J, DECORDE N, GAUVIN M, et al. Electron transport within transparent assemblies of tin-doped indium oxide colloidal nanocrystals[J]. Nanotechnology, 2015, 26(33):335702.

[214] GRANQVIST C G, HULTÅKER A. Transparent and conducting ITO films: new developments and applications[J]. Thin Solid Films, 2002, 411(1):1-5.

[215] WALSH A, DA SILVA J L, WEI S H. Multi-component transparent conducting oxides: progress in materials modelling[J]. Journal of Physics: Condensed Matter, 2011, 23(33):334210.

[216] NOMURA K, OHTA H, UEDA K, et al. Growth mechanism for single-crystalline thin film of $InGaO_3(ZnO)_5$ by reactive solid-phase epitaxy[J]. Journal of Applied Physics, 2004, 95(10): 5532-5539.

[217] DA SILVA J L, WALSH A, WEI S H. Theoretical investigation of atomic and electronic structures of $Ga_2O_3(ZnO)_6$[J]. Physical Review B, 2009, 80 (21):214118.

[218] NOMURA K, OHTA H, UEDA K, et al. Novel film growth technique of single crystalline In_2O_3 $(ZnO)_m(m=$ integer) homologous compound[J]. Thin Solid Films, 2002, 411(1):147-151.

[219] ZHANG X, LU H, GAO H, et al. Crystal structure of $In_2O_3(ZnO)_m$ superlattice wires and their photoluminescence properties[J]. Crystal Growth & Design, 2009, 9(1):364-367.

[220] DUPONT L, MAUGY C, NAGHAVI N, et al. Structures and textures of transparent conducting

pulsed laser deposited In_2O_3–ZnO thin films revealed by transmission electron microscopy[J]. Journal of Solid State Chemistry, 2001, 158(2):119-133.

[221] YAN Y, PENNYCOOK S, XU Z, et al. Determination of the ordered structures of $Pb(Mg_{1/3}Nb_{2/3})O_3$ and $Ba(Mg_{1/3}Nb_{2/3})O_3$ by atomic–resolution Z–contrast imaging[J]. Applied Physics Letters, 1998, 72(24):3145-3147.

[222] WEN J, WU L, ZHANG X. A unique arrangement of atoms for the homologous compounds $InMO_3(ZnO)_m$ (M = Al, Fe, Ga, and In) [J]. Journal of Applied Physics, 2012, 111 (11):113716.

[223] ERHART P, ALBE K, KLEIN A. First–principles study of intrinsic point defects in ZnO: Role of band structure, volume relaxation, and finite–size effects[J]. Physical Review B, 2006, 73 (20): 205203.

[224] ERHART P, KLEIN A, EGDELL R G, et al. Band structure of indium oxide: Indirect versus direct band gap[J]. Physical Review B, 2007, 75(15):153205.

[225] JANOTTI A, VAN DE WALLE C G. Native point defects in ZnO[J]. Physical Review B, 2007, 76(16):165202.

[226] PRESTON A, RUCK B, PIPER L, et al. Band structure of ZnO from resonant x–ray emission spectroscopy[J]. Physical Review B, 2008, 78(15):155114.

[227] U RÖSSLER. Landolt–Börnstein, Group III: Condensed Matter. Semiconductors: II – VI and I–VII Compounds, vol. 41B[M]. Berlin Heidelberg: Springer, 1999.

[228] ÖZGÜR Ü, ALIVOV Y I, LIU C, et al. A comprehensive review of ZnO materials and devices [J]. Journal of Applied Physics, 2005, 98(4):041301.

[229] REYNOLDS D, LOOK D C, JOGAI B, et al. Valence–band ordering in ZnO[J]. Physical Review B, 1999, 60(4):2340-2344.

[230] BENI G, RICE T M. Theory of electron–hole liquid in semiconductors[J]. Physical Review B, 1978, 18(2):768-785.

[231] VOGEL D, KRÜGER P, POLLMANN J. Self–interaction and relaxation–corrected pseudopotentials for II – VI semiconductors[J]. Physical Review B, 1996, 54(8):5495.

[232] KLEIN A. Electronic properties of In_2O_3 surfaces[J]. Applied Physics Letters, 2000, 77: 2009-2011.

[233] HAMBERG I, GRANQVIST C, BERGGREN K F, et al. Band–gap widening in heavily Sn–doped In_2O_3[J]. Physical Review B, 1984, 30(6):3240-3249.

[234] OHHATA Y, SHINOKI F, YOSHIDA S. Optical properties of rf reactive sputtered tin–doped In_2O_3 films[J]. Thin Solid Films, 1979, 59(2):255-261.

[235] WALSH A, DA SILVA J L, WEI S H, et al. Nature of the band gap of In_2O_3 revealed by first–principles calculations and X – ray spectroscopy [J]. Physical Review Letters, 2008, 100 (16):167402.

[236] LIU Z, XU J, CHEN D, et al. Flexible electronics based on inorganic nanowires[J]. Chemical

Society Reviews, 2015, 44(1):161-192.

[237] RURALI R. Colloquium: Structural, electronic, and transport properties of silicon nanowires [J]. Reviews of Modern Physics, 2010, 82(1):427-449.

[238] ZHAI T, FANG X, LIAO M, et al. A comprehensive review of one-dimensional metal-oxide nanostructure photodetectors[J]. Sensors, 2009, 9(8):6504-6529.

[239] DEVAN R S, PATIL R A, LIN J H, et al. One-dimensional metal-oxide nanostructures: Recent developments in synthesis, characterization, and applications[J]. Advanced Functional Materials, 2012, 22(16):3326-3370.

[240] YANG F, TAGGART D K, PENNER R M. Joule heating a palladium nanowire sensor for accelerated response and recovery to hydrogen gas[J]. Small, 2010, 6(13):1422-1429.

[241] KEEM K, KIM H, KIM G T, et al. Photocurrent in ZnO nanowires grown from Au electrodes [J]. Applied Physics Letters, 2004, 84(22):4376-4378.

[242] ZHAO S, SALEHZADEH O, ALAGHA S, et al. Probing the electrical transport properties of intrinsic InN nanowires[J]. Applied Physics Letters, 2013, 102(7):073102.

[243] MALLAMPATI B, SINGH A, SHIK A, et al. Electro-physical characterization of individual and arrays of ZnO nanowires[J]. Journal of Applied Physics, 2015, 118(3):034302.

[244] LÉONARD F, TALIN A A. Electrical contacts to one-and two-dimensional nanomaterials[J]. Nature nanotechnology, 2011, 6(12):773-783.

[245] WEI T Y, YEH P H, LU S Y, et al. Gigantic enhancement in sensitivity using Schottky contacted nanowire nanosensor [J]. Journal of the American Chemical Society, 2009, 131 (48): 17690-17695.

[246] HU Y, ZHOU J, YEH P H, et al. Supersensitive, fast-response nanowire sensors by using Schottky contacts[J]. Advanced Materials, 2010, 22(30):3327-3332.

[247] SHARMA D, ANSARI L, FELDMAN B, et al. Transport properties and electrical device characteristics with the TiMeS computational platform: Application in silicon nanowires[J]. Journal of Applied Physics, 2013, 113(20):203708.

[248] LEE Y, KAKUSHIMA K, SHIRAISHI K, et al. Size-dependent properties of ballistic silicon nanowire field effect transistors[J]. Journal of Applied Physics, 2010, 107(11):113705.

[249] JIN S, PARK Y J, MIN H S. A three-dimensional simulation of quantum transport in silicon nanowire transistor in the presence of electron-phonon interactions[J]. Journal of Applied Physics, 2006, 99(12):123719.

[250] SEOANE N, MARTINEZ A. A detailed coupled-mode-space non-equilibrium Green's function simulation study of source-to-drain tunnelling in gate-all-around Si nanowire metal oxide semiconductor field effect transistors[J]. Journal of Applied Physics, 2013, 114(10):104307.

[251] HERNANDEZ-RAMIREZ F, TARANCON A, CASALS O, et al. Electrical properties of individual tin oxide nanowires contacted to platinum electrodes [J]. Physical Review B, 2007, 76 (8):085429.

[252] LIAO Z M, LIU K J, ZHANG J M, et al. Effect of surface states on electron transport in individual ZnO nanowires[J]. Physics Letters A, 2007, 367(3):207-210.

[253] HEO Y W, TIEN L C, NORTON D P, et al. Pt/ZnO nanowire Schottky diodes[J]. Applied Physics Letters, 2004, 85(15):3107-3109.

[254] ZHOU J, FEI P, GU Y, et al. Piezoelectric-potential-controlled polarity-reversible Schottky diodes and switches of ZnO wires[J]. Nano Letters, 2008, 8(11):3973-3977.

[255] FAN Z, LU J G. Electrical properties of ZnO nanowire field effect transistors characterized with scanning probes[J]. Applied Physics Letters, 2005, 86(3):032111.

[256] SHAO Y, YOON J, KIM H, et al. Analysis of surface states in ZnO nanowire field effect transistors[J]. Applied Surface Science, 2014, 301:2-8.

[257] KIND H, YAN H, MESSER B, et al. Nanowire ultraviolet photodetectors and optical switches[J]. Advanced Materials, 2002, 14(2):158-160.

[258] NAM C Y, KIM J Y, FISCHER J E. Focused-ion-beam platinum nanopatterning for GaN nanowires: Ohmic contacts and patterned growth [J]. Applied Physics Letters, 2005, 86(19):193112.

[259] NAM C Y, THAM D, FISCHER J E. Disorder effects in focused-ion-beam-deposited Pt contacts on GaN nanowires[J]. Nano Letters, 2005, 5(10):2029-2033.

[260] LIANG W, RABIN O, HOCHBAUM A I, et al. Thermoelectric properties of p-type PbSe nanowires[J]. Nano Research, 2009, 2(5):394-399.

[261] SZE S, NG K. Physics of semiconductor devices[M]. Hoboken: John Wiley & Sons, 2006.

[262] SZE S, CROWELL C, KAHNG D. Photoelectric determination of the image force dielectric constant for hot electrons in Schottky barriers [J]. Journal of Applied Physics, 1964, 35(8):2534-2536.

[263] DUKE C B. Tunneling in solids Vol. 10[M]. New York: Academic Press, 1969.

[264] CROWELL C, RIDEOUT V. Normalized thermionic-field (TF) emission in metal-semiconductor (Schottky) barriers[J]. Solid-State Electronics, 1969, 12(2):89-105.

[265] YAN Y, LIAO Z M, BIE Y Q, et al. Luminescence blue-shift of CdSe nanowires beyond the quantum confinement regime[J]. Applied Physics Letters, 2011, 99(10):103103.

[266] WANG T, ZHANG X, WEN J, et al. Diameter-dependent luminescence properties of ZnO wires by mapping[J]. Journal of Physics D: Applied Physics, 2014, 47(17):175304.

[267] TANG X Y, GAO H, WU L L, et al. Synthesis and electrical properties of $In_2O_3(ZnO)_m$ superlattice nanobelt[J]. Chinese Physics B, 2015, 24(2):027305.

[268] JIANG W, GAO H, XU L L et al. Optoelectronic characterisation of an individual ZnO nanowire in contact with a micro-grid template[J]. Chinese Physics B, 2011, 20(3):037307.

[269] WEN J, ZHANG X, GAO H, et al. Current-voltage characteristics of the semiconductor nanowires under the metal-semiconductor-metal structure [J]. Journal of Applied Physics, 2013, 114(22):223713.

[270] WEN J, ZHANG X, GAO H. Effects of the slab thickness on the crystal and electronic structures of $In_2O_3(ZnO)_m$ revealed by first-principles calculations[J]. Journal of Solid State Chemistry, 2015, 222(0):25-36.

[271] ROSE A. Space-charge-limited currents in solids[J]. Physical Review, 1955, 97(6): 1538-1544.

[272] LAMPERT M A. Simplified theory of space-charge-limited currents in an insulator with traps [J]. Physical Review, 1956, 103(6):1648-1656.

[273] AMBEGAOKAR V, HALPERIN B, LANGER J. Hopping Conductivity in Disordered Systems [J]. Physical Review B, 1971, 4(8):2612-2620.

[274] KULBACHINSKII V, KYTIN V, REUKOVA O, et al. Electron transport and low-temperature electrical and galvanomagnetic properties of zinc oxide and indium oxide films[J]. Low Temperature Physics, 2015, 41(2):116-124.

[275] HALIM J, LUKATSKAYA M R, COOK K, et al. Transparent conductive two-dimensional titanium carbideepitaxial thin films[J]. Chemistry of Materials, 2014, 26(7):2374-2381.

[276] YANG E, JI H, KIM J, et al. Exploring the possibilities of two-dimensional transition metal carbides as anode materials for sodium batteries[J]. Physical Chemistry Chemical Physics, 2015, 17(7):5000-5005.

[277] GUO X, ZHANG X, ZHAO S, et al. High adsorption capacity of heavy metals on two-dimensional MXenes: an ab initio study with molecular dynamics simulation[J]. Physical Chemistry Chemical Physics, 2016, 18(1):228-233.

[278] HARRIS K J, BUGNET M, NAGUIB M, et al. Direct measurement of surface termination groups and their connectivity in the 2D MXene V_2CT_x using NMR spectroscopy[J]. The Journal of Physical Chemistry C, 2015, 119(24):13713-13720.

[279] BARSOUM M W, EL-RAGHY T, RAWN C J, et al. Thermal properties of Ti_3SiC_2[J]. Journal of Physics and Chemistry of Solids, 1999, 60(4):429-439.

[280] ZHOU Y, WANG X, SUN Z, et al. Electronic and structural properties of the layered ternary carbide Ti_3AlC_2[J]. Journal of Materials Chemistry, 2001, 11(9):2335-2339.

[281] WEN J, ZHANG X, GAO H. Structural formation and charge storage mechanisms for intercalated two-dimensional carbides MXenes[J]. Physical Chemistry Chemical Physics, 2017, 19(14): 9509-9518.

[282] ZHAO Y, WANG S, LI C Y, et al. Nanostructured molybdenum phosphide/N, P dual-doped carbon nanotube composite as electrocatalysts for hydrogen evolution[J]. RSC Advances, 2016, 6(9):7370-7377.

[283] DALL'AGNESE Y, LUKATSKAYA M R, COOK K M, et al. High capacitance of surface-modified 2D titanium carbide in acidic electrolyte[J]. Electrochemistry Communications, 2014, 48:118-122.

[284] LIN S Y, ZHANG X. Two-dimensional titanium carbide electrode with large mass loading for supercapacitor[J]. Journal of Power Sources, 2015, 294:354-359.

[285] FU Q, WEN J, ZHANG N, et al. Free-standing $Ti_3C_2T_x$ electrode with ultrahigh volumetric capacitance[J]. RSC Advances, 2017, 7(20):11998-12005.

[286] QU B, ZHU C L, LI C Y, et al. Coupling hollow Fe_3O_4-Fe nanoparticles with graphene sheets for high-performance electromagnetic wave absorbing material[J]. ACS Applied Materials & Interfaces, 2016, 8 (6):3730-3735.

[287] GRIMME S. Semiempirical GGA-type density functional constructed with a long-range dispersion correction[J]. Journal of Computational Chemistry, 2006, 27(15):1787-1799.

[288] DEIMEL P S, BABABRIK R M, WANG B, et al. Direct quantitative identification of the "surface trans-effect"[J]. Chemical Science, 2016, 7(9):5647-5656.

[289] WEN J, ZHANG X, GAO H. Role of the H-containing groups on the structural dynamics of $Ti_3C_2T_x$ MXene[J]. Physica B: Condensed Matter, 2018, 537:155-161.

[290] ZHANG Q M, ROLAND C, BOGUSŁAWSKI P, et al. Ab initio studies of the diffusion barriers at single-height Si(100) steps[J]. Physical Review Letters, 1995, 75(1):101-104.

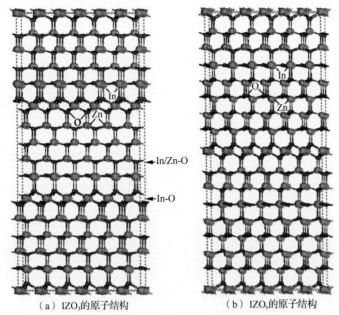

（a）IZO_3的原子结构 （b）IZO_6的原子结构

In/Zn-O

In-O

图2-1 IZO_m化合物平面原子结构模型

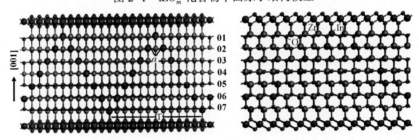

（a）沿[$\bar{1}$10]方向投影的单元原子结构 （b）沿[010]方向投影的同一单元原子结构

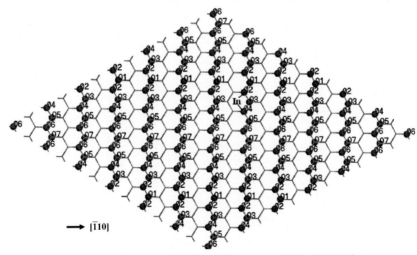

（c）沿[001]方向投影观察In原子在In/Zn-O原子层中的位置示意

图3-1 IZO_6单元原子结构示意

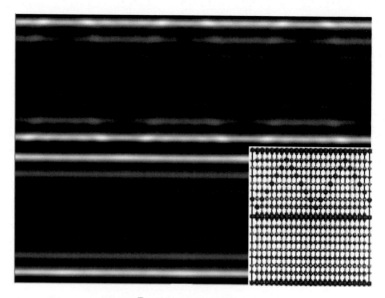

图3-3　IZO$_6$沿[$\bar{1}$10]方向投影得到的 HRTEM 模拟图像

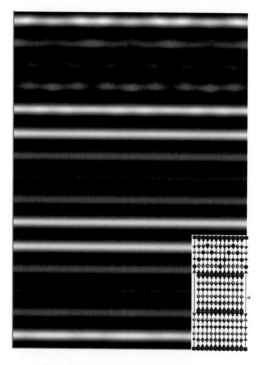

图3-4　IMZO$_3$(M 为 In 和 Al)沿[110]方向投影得到的 HRTEM 模拟图像

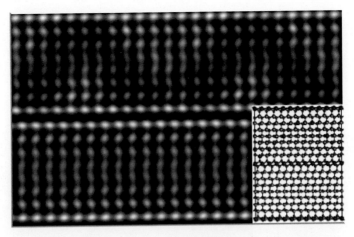

图 3-5　IZO$_6$ 沿 [110] 方向投影得到的 HRTEM 模拟图像

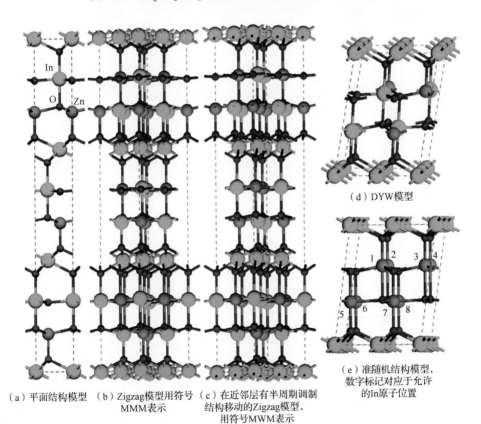

（a）平面结构模型　（b）Zigzag模型用符号　（c）在近邻层有半周期调制
MMM表示　　　　　结构移动的Zigzag模型，
用符号MWM表示

（d）DYW模型

（e）准随机结构模型，
数字标记对应于允许
的In原子位置

图 3-6　IZO 晶体结构模型

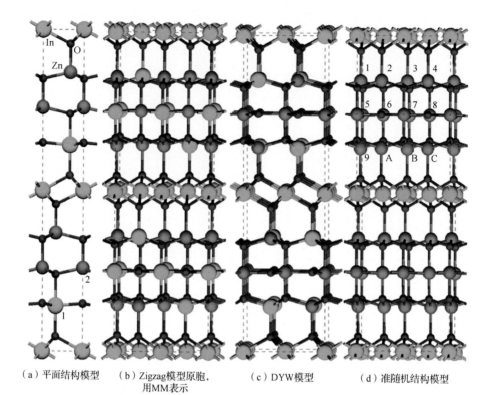

（a）平面结构模型 　（b）Zigzag模型原胞， 　（c）DYW模型 　（d）准随机结构模型
用MM表示

图 3-7　IZO$_2$ 晶体结构模型

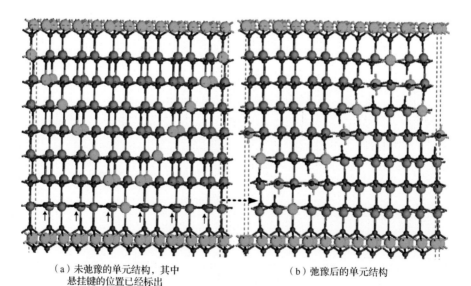

（a）未弛豫的单元结构，其中 　　　　（b）弛豫后的单元结构
悬挂键的位置已经标出

图 3-9　未弛豫和弛豫后的 MM-IZO$_6$ 单元结构

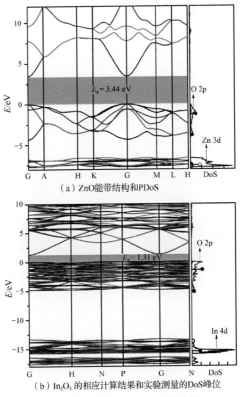

（a）ZnO能带结构和PDoS

（b）In₂O₃的相应计算结果和实验测量的DoS峰位

图 4-1　ZnO 和 In₂O₃ 能带结构

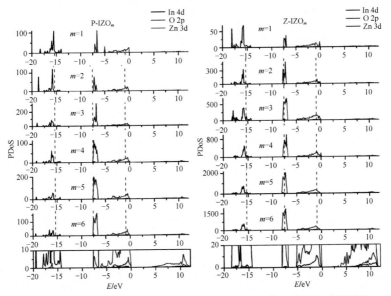

（a）P-IZOₘ的PDoS来自In 4d、O 2p、Zn 3d态的贡献

（b）Z-IZOₘ的PDoS对应于m=6的计算结果
（在纵轴截取的部分结果）

图 4-2　P-IZOₘ 和 Z-IZOₘ 对应于 m=1，2，3，4，5，6 的 PDoS

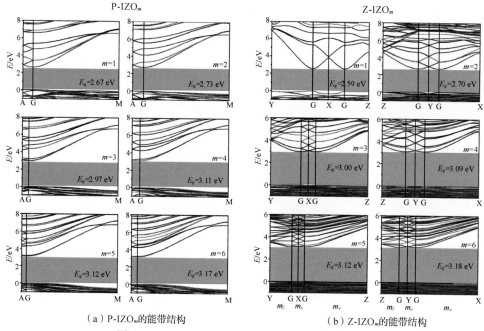

（a）P-IZO$_m$的能带结构　　　　　　（b）Z-IZO$_m$的能带结构

图4-4　IZO$_m$(m=1，2，3，4，5，6)的能带结构

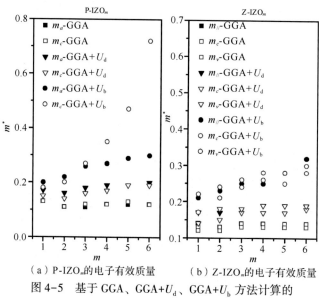

（a）P-IZO$_m$的电子有效质量　　　（b）Z-IZO$_m$的电子有效质量

图4-5　基于 GGA、GGA+U_d、GGA+U_b 方法计算的

IZO$_m$(m=1，2，3，4，5，6)的电子有效质量

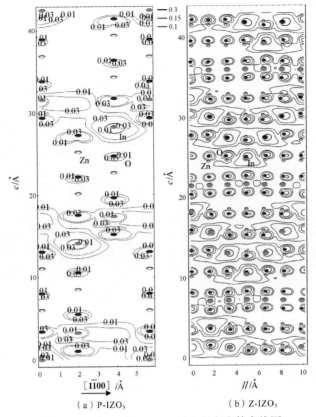

（a）P-IZO₃

（b）Z-IZO₃

图 4-6　P-IZO₃ 和 Z-IZO₃ 的电子密度等高线图

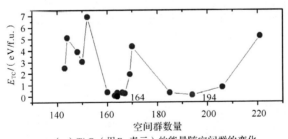

（a）Ti₃C₂（用 E_{TC} 表示）的能量随空间群的变化

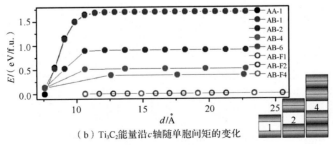

（b）Ti₃C₂能量沿 c 轴随单胞间矩的变化

图 6-1　计算总能

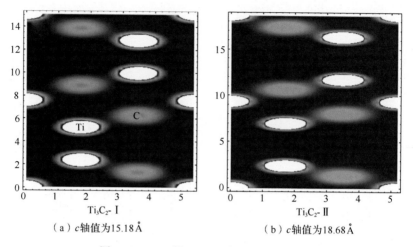

（a）c轴值为15.18Å

（b）c轴值为18.68Å

图6-3 Ti_3C_2 沿(110)面投影的电荷密度

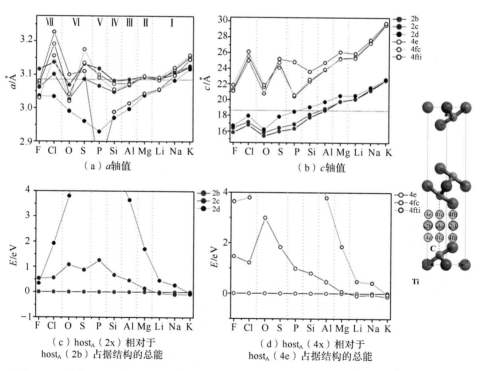

（a）a轴值

（b）c轴值

（c）$host_A$（2x）相对于
$host_A$（2b）占据结构的总能

（d）$host_A$（4x）相对于
$host_A$（4e）占据结构的总能

图6-4 不同 A 原子在 $host_A$(位点)表示的 6 个高对称位处嵌入 Ti_3C_2 的晶格参数和能量

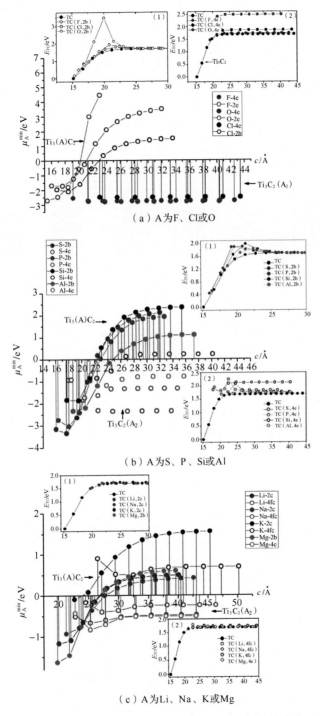

（a）A为F、Cl或O

（b）A为S、P、Si或Al

（c）A为Li、Na、K或Mg

图 6-5　Ti$_3$C$_2$ 中插层原子的临界化学势随 c 轴值的变化

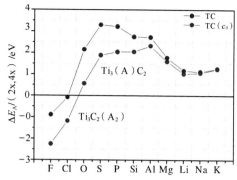

图 6-6　根据式(6-3)计算不同原子的 Ti$_3$AC$_2$ 和 Ti$_3$C$_2$A 结构之间的能量差

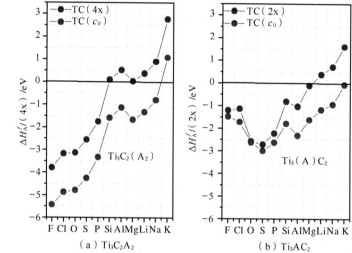

（a）Ti$_3$C$_2$A$_2$ 　　　　　　　　　（b）Ti$_3$AC$_2$

图 6-7　根据式(6-2)计算不同原子的生成焓

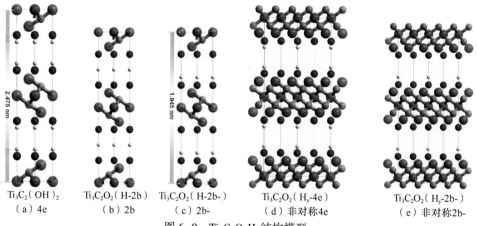

Ti$_3$C$_2$(OH)$_2$　　Ti$_3$C$_2$O$_2$(H-2b)　　Ti$_3$C$_2$O$_2$(H-2b-)　　Ti$_3$C$_2$O$_2$(H$_y$-4e)　　Ti$_3$C$_2$O$_2$(H$_y$-2b-)

（a）4e　　　　　（b）2b　　　　　（c）2b-　　　　（d）非对称4e　　　　（e）非对称2b-

图 6-9　Ti$_3$C$_2$O$_2$H$_y$ 结构模型

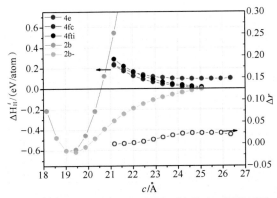

图 6-10 $Ti_3C_2F_{2-x}O_xH_y$ 的生成焓随 c 轴值和不同构型的变化

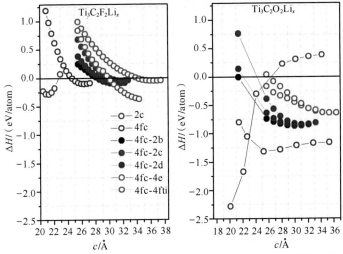

图 6-12 $Ti_3C_2F_2Li_x$ 和 $Ti_3C_2O_2Li_x$ 的插层形成焓随各自 c 轴值的变化

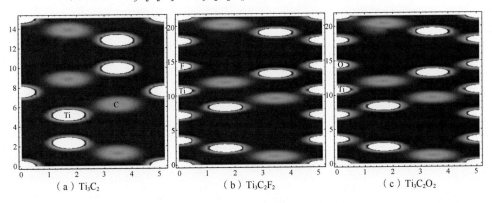

（a）Ti_3C_2 （b）$Ti_3C_2F_2$ （c）$Ti_3C_2O_2$

图 6-14 Ti_3C_2 沿（110）的电荷密度投影

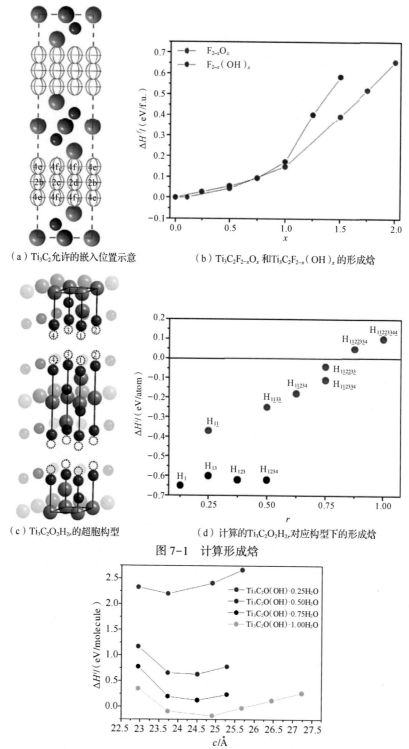

（a）Ti$_3$C$_2$允许的嵌入位置示意

（b）Ti$_3$C$_2$F$_{2-x}$O$_x$和Ti$_3$C$_2$F$_{2-x}$（OH）$_x$的形成焓

（c）Ti$_3$C$_2$O$_2$H$_{2r}$的超胞构型

（d）计算的Ti$_3$C$_2$O$_2$H$_{2r}$对应构型下的形成焓

图 7-1　计算形成焓

图 7-3　计算的 Ti$_3$C$_2$O（OH）构型下水分子的嵌入形成焓随浓度和 c 轴长度的变化

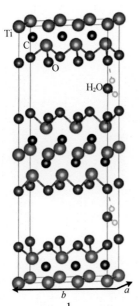

图 8-1 Ti$_3$C$_2$O$_2$ · $\dfrac{1}{3}$H$_2$O 原子结构模型

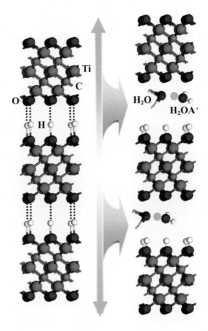

图 8-3 Ti$_3$C$_2$T$_x$ 原子结构示意

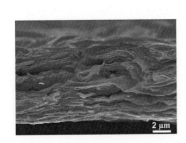

（a）样品的SEM图像

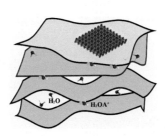

（b）沿c轴堆叠的Ti$_3$C$_2$T$_x$板的构型

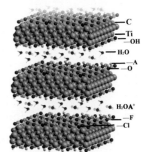

（c）每个Ti$_3$C$_2$T$_x$薄板的原子结构

图 8-2 分层的 Ti$_3$C$_2$T$_x$ 样品的结构

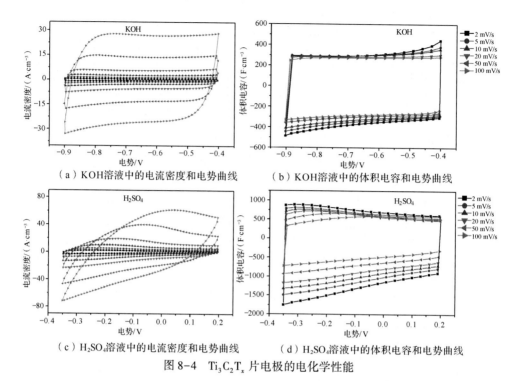

（a）KOH溶液中的电流密度和电势曲线

（b）KOH溶液中的体积电容和电势曲线

（c）H₂SO₄溶液中的电流密度和电势曲线

（d）H₂SO₄溶液中的体积电容和电势曲线

图 8-4　Ti₃C₂Tₓ 片电极的电化学性能

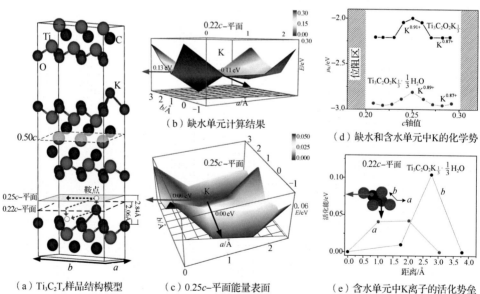

（a）Ti₃C₂Tₓ样品结构模型

（b）缺水单元计算结果

（c）0.25c-平面能量表面

（d）缺水和含水单元中K的化学势

（e）含水单元中K离子的活化势垒

图 8-5　缺水和含水单元中 K 离子的能量表面和迁移途径

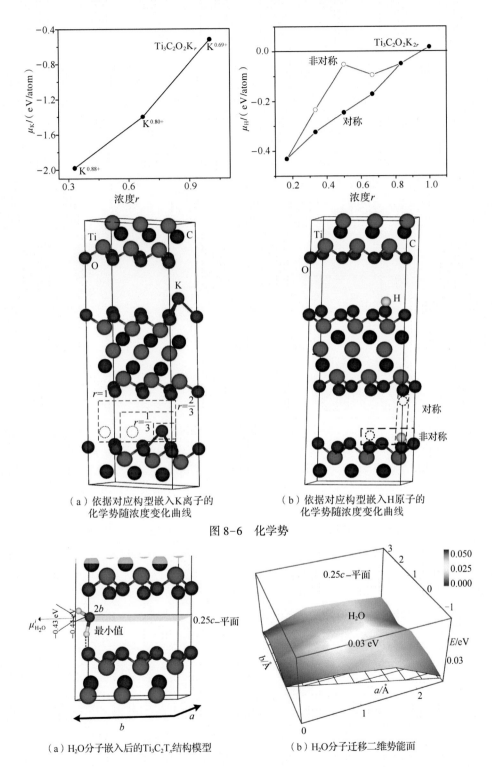

（a）依据对应构型嵌入K离子的
化学势随浓度变化曲线

（b）依据对应构型嵌入H原子的
化学势随浓度变化曲线

图 8-6　化学势

（a）H₂O分子嵌入后的Ti₃C₂Tₓ结构模型

（b）H₂O分子迁移二维势能面

图 8-7　水分子势能面

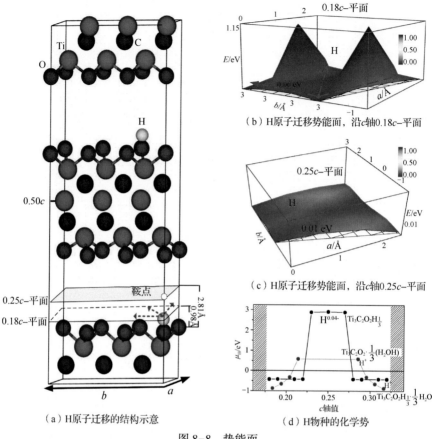

（b）H原子迁移势能面，沿c轴0.18c-平面

（c）H原子迁移势能面，沿c轴0.25c-平面

（a）H原子迁移的结构示意

（d）H物种的化学势

图 8-8 势能面

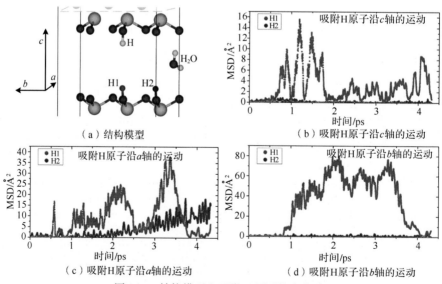

（a）结构模型

（b）吸附H原子沿c轴的运动

（c）吸附H原子沿a轴的运动

（d）吸附H原子沿b轴的运动

图 8-9 结构模型和吸附 H 原子均方位移

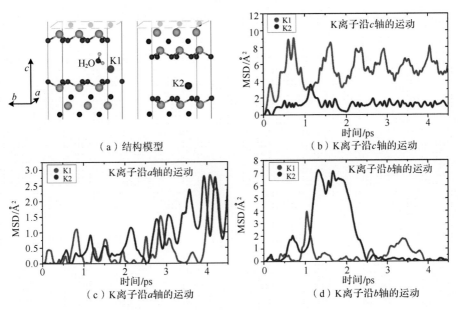

（a）结构模型

（b）K 离子沿 c 轴的运动

（c）K 离子沿 a 轴的运动

（d）K 离子沿 b 轴的运动

图 8-10　结构模型和吸附 K 离子在含 H_2O 和不含 H_2O 结构中的均方位移

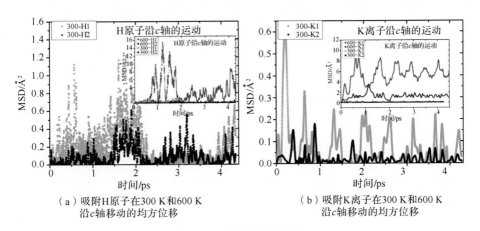

（a）吸附 H 原子在 300 K 和 600 K
沿 c 轴移动的均方位移

（b）吸附 K 离子在 300 K 和 600 K
沿 c 轴移动的均方位移

图 8-11　分子动力学模拟